# 반도체 설계 실습과 이론

이병진, 김한기, 엄우용 共著

21세기사

# | 차 례 |

## 제1장 | 출제기준



## 제2장 | 실 기

## 제3장 | 이 론

반도체설계산업기사

# 제1장 | 출제기준

## 1. 출제기준(필기)

| 직무 분야 | 전자 | 자격 종목 | 반도체설계산업기사 | 적용 기간 | 2011.1.1 ~ 2014. 12. 31 |
|---|---|---|---|---|---|
| ○직무내용 : 회로설계기술, 회로설계 소프트웨어 활용 그리고 반도체 제조를 위한 데이터 생성 등 반도체 설계 직무 수행 | | | | | |
| 필기검정방법 | 객관식 | 문제수 | 80 | 시험시간 | 2시간 |

| 필기과목명 | 출제 문제수 | 주요항목 | 세부항목 | 세 세 항 목 |
|---|---|---|---|---|
| 반도체공학 | 20 | 1. 반도체 기초 | 1. 반도체의 기초적 성질 | 1. 결정구조<br>2. 에너지 밴드<br>3. 페르미준위와 상태 밀도<br>4. 이동도와 전도도<br>5. 확산 |
| | | 2. PN 접합 | 2. 반도체 재료 | 1. 반도체 재료의 정제<br>2. 반도체 제조법 |
| | | | 1. 반도체내의 전자와 정공 | 1. 순수 반도체<br>2. 불순물 반도체 |
| | | | 2. PN 접합의 특성 | 1. 평형상태에서의 PN 접합<br>2. 바이어스 상태의 PN 접합<br>3. PN 접합의 스위칭 특성 |
| | | 3. 반도체소자 | 1. PN 접합 다이오드 | 1. 다이오드의 특성<br>2. 제너 다이오드<br>3. 터널 다이오드 |
| | | | 2. 접합 트랜지스터 | 1. NPN 및 PNP 트랜지스터의 구조<br>2. 트랜지스터의 특성 |
| | | | 3. FET | 1. JFET의 구조 및 특성<br>2. MOSFET의 구조 및 특성 |

| 필기과목명 | 출제 문제수 | 주요항목 | 세부항목 | 세 세 항 목 |
|---|---|---|---|---|
| 전자회로 | 20 | 1. 전원회로 | 1. 전원회로 | 1. 반파, 전파 및 배전압 정류회로의 기본구성 및 특징<br>2. 평활회로 |
| | | 2. 증폭회로 | 1. 증폭회로의 기초 | 1. 반도체의 구조 및 특성<br>2. TR회로의 구성과 특징<br>3. h 정수모델<br>4. 소신호 증폭 및 안정도<br>5. FET의 소신호 등가회로<br>6. FET의 회로 |
| | | | 2. 궤환증폭회로 | 1. 부궤환의 장·단점<br>2. 증폭기의 분류, 입·출력 임피던스 및 이득특성 |
| | | | 3. 연산증폭회로 | 1. 직류증폭회로의 Level shift 및 drift 방지법<br>2. 연산증폭기의 개념과 특징<br>3. 부호변환기, 상수기, 미분연산기, 적분 연산기 및 가산기의 응용 |
| | | | 4. 전력증폭회로 | 1. Single 증폭회로의 동작점, 부하선, 효율 및 출력계산<br>2. Push-pull 증폭회로의 특징, 종류 및 출력계산 |
| | | 3. 발진 및 변조회로 | 1. 발진회로 | 1. 발진조건과 주파수 안정<br>2. 각종 발진회로와 특성 |
| | | | 2. 변조 및 복조회로 | 1. 변조회로<br>2. 복조회로 |
| | | | 3. 펄스회로 | 1. 각종 펄스회로 |

| 필기과목명 | 출제 문제수 | 주요항목 | 세부항목 | 세 세 항 목 |
|---|---|---|---|---|
| 논리회로 | 20 | 1. 코드화 이론 (게이트이론) | 1. 수의 진법 연산 | 1. 진법<br>2. 2진 연산 |
| | | | 2. 수의 코드화 | 1. 수치 코드<br>2. 오류 교정 부호 |
| | | | 3. 게이트이론 | 1. 진리표<br>2. 게이트를 이용한 설계이론 |
| | | 2. 불 대수 | 1.불 대수의 기본법칙 | 1. 불 대수 정리<br>2. 드모르간의 법칙 |
| | | | 2.논리식의 간소화 | 1. 불 대수를 이용한 논리식 간소화<br>2. 카르노 도표에 의한 간략화 |
| | | 3. 조합논리회로 | 1. 기본 연산 논리회로 | 1. 가산기와 감산기<br>2. 연산 응용회로 |
| | | | 2. 기본 조합 논리회로 | 1. 디코더와 인코더<br>2. 멀티플렉서와 디멀티플렉서 |
| | | | 3. 응용회로 | 1. 산술논리 연산장치<br>2. 조합논리 응용회로 |
| | | 4. 순서논리회로 | 1.플립플롭의 종류와 동작 | 1. 래치회로<br>2. 플립플롭의 종류와 동작 |
| | | | 2. 카운터 회로의 기초 | 1. 비동기식 카운터<br>2. 동기식 카운터 |
| | | | 3. 순서 논리회로의 설계 | 1. 순서논리회로의 설계<br>2. 유한상태머신 회로 |
| | | | 4. 레지스터 | 1. 시프트레지스터<br>2. 기억장치 |

| 필기과목명 | 출제 문제수 | 주요항목 | 세부항목 | 세 세 항 목 |
|---|---|---|---|---|
| 집적회로 설계이론 | 20 | 1. 집적회로의 개요 및 공정 | 1. 집적회로 개요 | 1. 집적회로 기술 및 종류<br>2. 집적회로 설계과정<br>3. 집적회로 제작 과정 |
| | | | 2. 집적회로 공정과 레이아웃 | 1. 실리콘 웨이퍼 제조<br>2. 단위공정<br>3. CMOS 공정<br>4. 레이아웃 설계 규칙 |
| | | 2. MOS 디지털 회로 | 1. MOS 회로 동작 및 특성 | 1. MOS의 구조 및 동작 특성<br>2. MOS 인버터의 DC 특성<br>3. MOS 인버터의 스위칭 특성 |
| | | | 2. MOS 정적 논리회로 | 1 .nMOS 논리회로<br>2. CMOS 논리회로<br>3. Pseudo-nMOS 논리회로<br>4. 전달 게이트 논리회로 |
| | | | 3. MOS 동적 논리회로 | 1. 동적 CMOS 논리회로<br>2. Clocked CMOS 논리회로<br>3. 클럭의 종류 및 특성 |
| | | 3. MOS 아날로그 회로 | 1. 전류원 회로 | 1. 전류미러<br>2. 전류원 구조 및 동작 특성 |
| | | | 2.레퍼런스 회로 | 1. 전압분배기<br>2. 밴드갭전압 레퍼런스 |
| | | | 3. 증폭기 회로 | 1. 단일 증폭기<br>2. 차동증폭기<br>3. 연산증폭기 |
| | | 4. VLSI 칩 설계 | 1. VLSI 설계방법 | 1. Full Custom 설계<br>2. 게이트 어레이, 표준 셀, FPGA<br>3. 하드웨어 기술언어 |

## 2. 출제기준(실기)

| 직무 분야 | 전자 | 자격 종목 | 반도체설계산업기사 | 적용 기간 | 2011.1.1 ~ 2014. 12. 31 |
|---|---|---|---|---|---|

○ 직무내용 : 반도체 설계에 관련된 회로설계 기술, 회로설계 소프트웨어 활용, 반도체 제조를 위한 데이터 생성 등에 관련된 업무수행

○ 수행준거 : 반도체 설계에 대한 전문적 지식과 기술을 바탕으로
- 아날로그 레이아웃 Design Kit를 사용할 수 있다.
- 단위 소자 및 블록의 레이아웃 설계를 할 수 있다.
- 타이밍을 분석하고, Extraction을 수행할 수 있다.
- DRC 및 LVS 검증하고 오류를 수정할 수 있다.

| 실기검정방법 | 작업형 | 시험시간 | 4시간 정도 |
|---|---|---|---|

| 실기과목명 | 주요항목 | 세부항목 | 세 세 항 목 |
|---|---|---|---|
| 반도체설계실무<br>(집적회로 레이아웃 설계 및 검증) | 1. 아날로그 Back-end 설계 | 1. 아날로그 레이아웃 설계 준비하기 | 1. 회로 사양과 레이아웃 요청 사항을 검토할 수 있어야 한다.<br>2. 사용되는 공정을 파악할 수 있어야 한다.<br>3. 아날로그 레이아웃의 설계 환경을 구축할 수 있어야 한다.<br>4. 플로어 플랜을 검토할 수 있어야 한다. |
| | | 2. 아날로그 레이아웃 설계하기 | 1. 아날로그 레이아웃 Design Kit를 사용할 수 있어야 한다.<br>2. 단위 소자 및 블록의 레이아웃 설계를 할 수 있어야 한다.<br>3. 전체 칩을 플로어 플랜에 따라 배치할 수 있어야 한다.<br>4. 블록 및 I/O 패드 들을 배치 및 배선할 수 있어야 한다.<br>5. 타이밍을 분석하고, Extraction을 수행할 수 있어야 한다. |
| | | 3. 아날로그 레이아웃 설계 검증하기 | 1. DRC 검증하고 오류를 수정할 수 있어야 한다.<br>2. LVS 검증하고 오류를 수정할 수 있어야 한다.<br>3. LPE를 수행하고 결과 파일을 생성할 수 있어야 한다.<br>4. GDS 파일을 생성할 수 있어야 한다. |

반도체설계산업기사

# 제2장 | 실기

반도체설계산업기사

# 1. GPDK180 Design Rules

## 1.1 Nwell rules

| Rule No. | Description | Rule (um) |
|---|---|---|
| 1A | Minimum width of an Nwell. | 1.0 |
| 1B | Minimum space between two Nwell. | 1.0 |

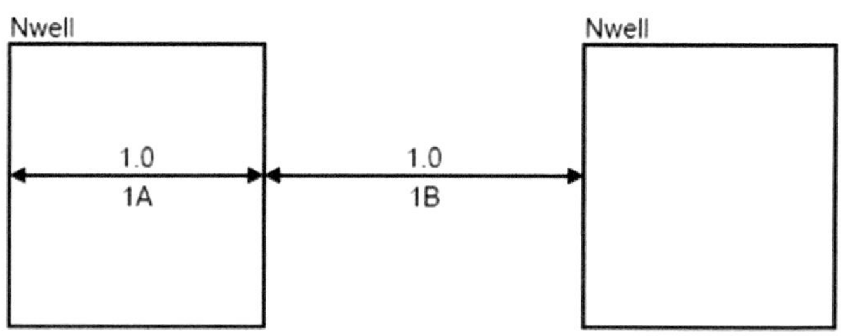


- **1A :** Nwell의 최소 width : 1um
- **1B :** Nwell과 다른 Nwell의 최소 간격 : 1um

## 1.2 Pwell rules

| Rule No. | Description | Rule (um) |
|---|---|---|
| 1D | Minimum width of an Pwell. | 1.0 |
| 1E | Minimum space between two Pwell. | 1.0 |

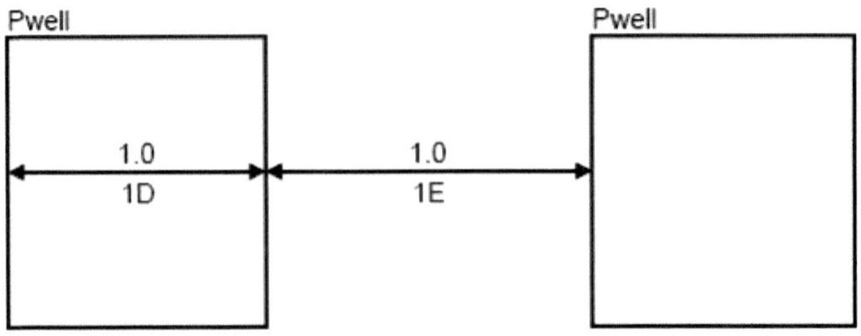


- 1D : Pwell의 최소 width : 1um
- 1E : Pwell과 다른 Nwell의 최소 간격 : 1um

## 1.3 Oxide rules

| Rule No. | Description | Rule (um) |
|---|---|---|
| 2A | Minimum width of an Oxide. | 0.4 |
| 2B | Minimum space between two Oxides. | 0.3 |
| 2C | Minimum Nwell overlap of Oxide. | 0.5 |
| 2C | Minimum Pwell overlap of Oxide. | 0.5 |
| 2D | Minimum spacing between Nwell and Oxide. | 0.5 |
| 2D | Minimum spacing between Pwell and Oxide. | 0.5 |

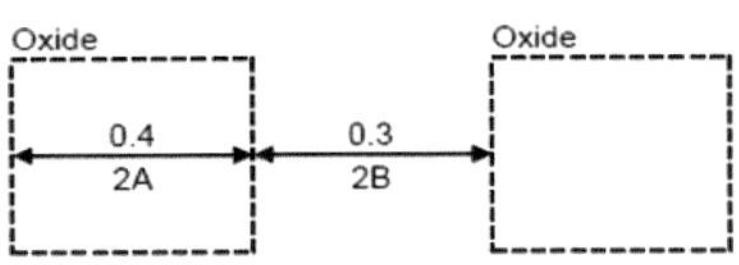


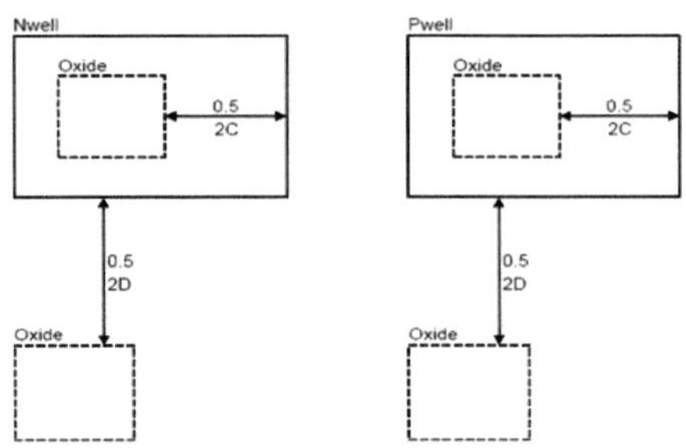

- **2A** : Oxide의 최소 width : 0.4um
- **2B** : Oxide과 다른 Oxide의 최소 간격 : 0.3um
- **2C** : Nwell이 Oxide를 overlap할 때, Oxide보다 최소 0.5um 이상 overlap
- **2C** : Pwell이 Oxide를 overlap할 때, Oxide보다 최소 0.5um 이상 overlap
- **2D** : Nwell과 Oxide의 최소 간격 : 0.5um
- **2D** : Pwell과 Oxide의 최소 간격 : 0.5um

## 1.4 Thick Oxide rules

| Rule No. | Description | Rule (um) |
|---|---|---|
| 2.5A | Minimum width of an Oxide. | 0.5 |
| 2.5B | Minimum space between two Oxides. | 0.4 |
| 2.5C | Thick Oxide to Oxide enclosure. | 0.25 |
| 2.5D | ThickOxide to Oxide spacing. | 0.25 |
| 2.5E | ThickOxide to Poly spacing. | 0.4 |
| 2.5F | ThickOxide to Poly enclosure. | 0.4 |

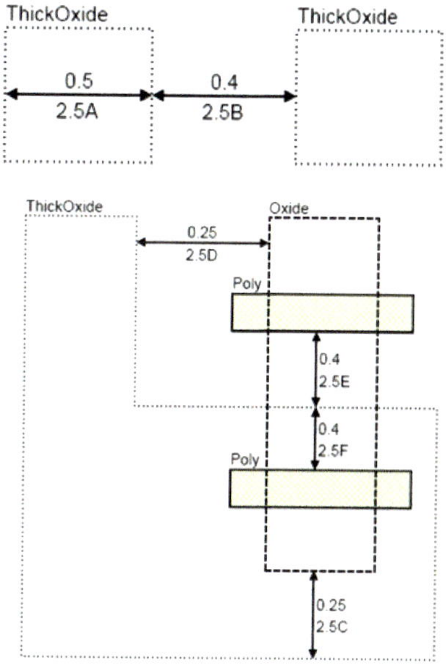


- **2.5A** : Thick Oxide의 최소 width : 0.5um
- **2.5B** : Thick Oxide과 다른 Thick Oxide의 최소 간격 : 0.4um
- **2.5C** : Thick Oxide로 Oxide를 둘러쌓을 시 최소 0.25um보다 커야 함.
- **2.5D** : Thick Oxide과 다른 Oxide의 최소 간격 : 0.25um
- **2.5E** : Thick Oxide과 다른 Poly의 최소 간격 : 0.4um
- **2.5F** : Thick Oxide로 Poly를 둘러쌓을 시 최소 0.4um보다 커야 함.

## 1.5 N+ Implant rules, P+ Implant rules

| Rule No. | Description | Rule (um) |
|---|---|---|
| 3A | Minimum width of an Nimp. | 0.4 |
| 3B | Minimum space between two Nimp. | 0.4 |

| Rule No. | Description | Rule (um) |
|---|---|---|
| 4A | Minimum width of an Pimp. | 0.4 |
| 4B | Minimum space between two Pimp. | 0.4 |

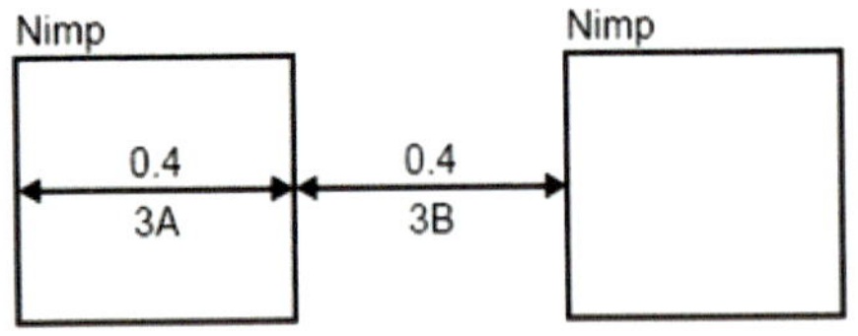


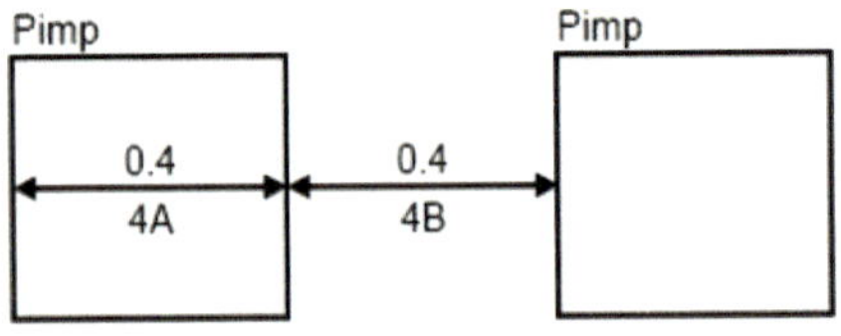


- 3A : Nimp의 최소 width : 0.4um
- 3B : Nimp와 다른 Nimp의 최소 간격 : 0.4um
- 4A : Pimp의 최소 width : 0.4um
- 4B : Pimp와 다른 Nimp의 최소 간격 : 0.4um

## 1.6 Poly rules

| Rule No. | Description | Rule (um) |
|---|---|---|
| 5A | Minimum width of an Poly. | 0.18 |
| 5B | Minimum space between two Poly. | 0.3 |
| 5C | Minimum Poly extension over Oxide. | 0.2 |
| 5D | Minimum Oxide extension over Poly. | 0.4 |
| 5E | Minimum Poly space to Oxide. | 0.2 |

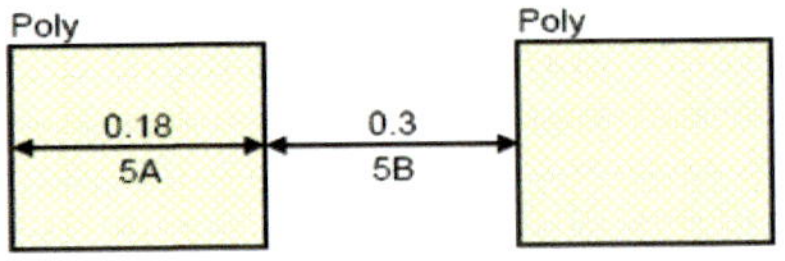


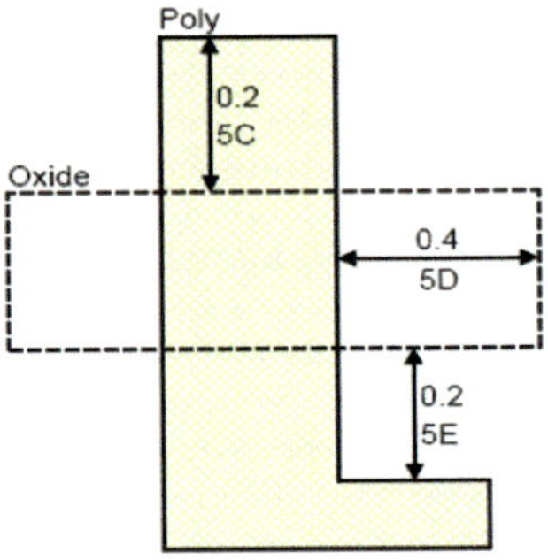

- **5A** : Poly의 최소 width : 0.18um
- **5B** : Poly와 다른 Poly의 최소 간격 : 0.3um
- **5C** : Poly가 Oxide를 최소 0.2um이상 벗어나야 함.
- **5D** : Oxide가 Poly를 최소 0.4um이상 벗어나야 함.
- **5E** : Poly와 Oxide의 최소 간격 : 0.2um

## 1.7 Contact rules

| Rule No. | Description | Rule (um) |
|---|---|---|
| 6A | Absolute width and length of Contact. | 0.2x0.2 |
| 6B | Minimum space between two Contact. | 0.2 |
| 6C | Minimum Oxide overlap of Contact. | 0.2 |
| 6D | Minimum Poly overlap of Contact. | 0.2 |
| 6E | Minimum Poly space to Contact. | 0.2 |
| 6F | Minimum Pimp overlap of Contact. | 0.1 |
| 6G | Minimum Nimp overlap of Contact. | 0.1 |
| 6H | Mimimum Contact space to Oxide. | 0.2 |

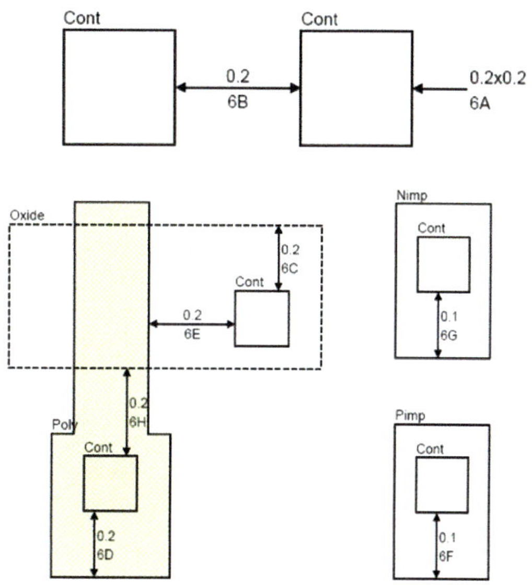


- **6A** : Contact의 width와 length : 0.2um×0.2um
- **6B** : Contact과 다른 Contact의 최소 간격 : 0.3um
- **6C** : Oxide가 Contact을 overlap할 때, Contact보다 최소 0.2um 이상 overlap
- **6D** : Poly가 Contact을 overlap할 때, Contact보다 최소 0.2um 이상 overlap
- **6E** : Poly와 Contact의 최소 간격 : 0.2um
- **6F** : Pimp가 Contact을 overlap할 때, Contact보다 최소 0.1um 이상 overlap
- **6G** : Nimp가 Contact을 overlap할 때, Contact보다 최소 0.1um 이상 overlap
- **6H** : Contact과 Oxide의 최소 간격 : 0.2um

## 1.8 Metal rules

| Rule No. | Description | Rule (um) |
|---|---|---|
| 7A, 9A, 11A, 15A, 17A, 19A | Minimum width of an Metalx. | 0.3 |
| 7B, 9B, 11B, 15B, 17B, 19B | Minimum space between two Metalx. | 0.3 |
| 7C | Minimum Metal1 overlap of Contact. | 0.1 |
| 9C, 11C, 15C, 17C, 19C | Minimum Metalx overlap of Viax. | 0.1 |

Macro Table

| $layer1 | $layer2 | $id1 | $id2 | $id3 |
|---|---|---|---|---|
| Metal1 | Cont | 7A | 7B | 7C |
| Metal2 | Via1 | 9A | 9B | 9C |
| Metal3 | Via2NoCapInd | 11A | 11B | 11C |
| Metal4 | Via3 | 15A | 15B | 15C |
| Metal5 | Via4 | 17A | 17B | 17C |
| Metal6 | Via5 | 19A | 19B | 19C |

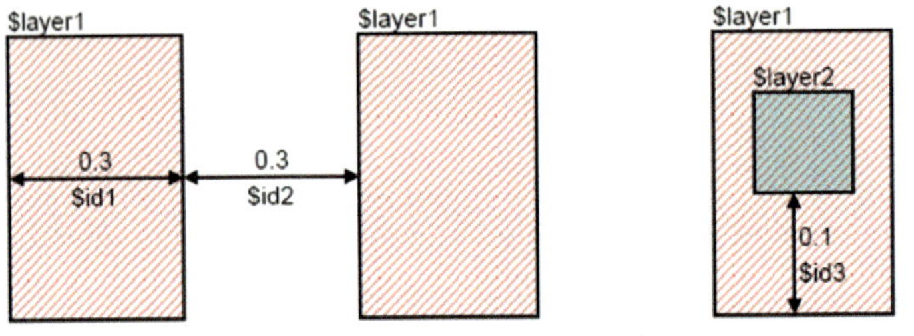


- **7A, 9A, 11A, 15A, 17A, 19A** : Metal X의 최소 width : 0.3um
- **7B, 9B, 11B, 15B, 17B, 19B** : Metal X와 다른 Metal X와의 최소 간격 : 0.3um
- **7C** : Metal X가 Contact을 overlap할 때, Contact보다 최소 0.1um 이상 overlap
- **9C, 11C, 15C, 17C, 19C** : Metal X가 Via를 overlap할 때, Via보다 최소 0.1um 이상 overlap

## 1.9 Via rules

| Rule No. | Description | Rule (um) |
|---|---|---|
| 8,10,14,16,18A | Absolute width and Length of Viax. | 0.2x0.2 |
| 8,10,14,16,18B | Minimum space between two Viax. | 0.3 |
| 8,10,14,16,18C | Minimum Metalx overlap of Viax. | 0.1 |

Macro Table

| $layer1 | $layer2 | $id1 | $id2 | $id3 |
|---|---|---|---|---|
| Metal1 | Via1 | 8A | 8B | 8C |
| Metal2 | Via2 | 10A | 10B | 10C |
| Metal3 | Via3 | 14A | 14B | 14C |
| Metal4 | Via4 | 16A | 16B | 16C |
| Metal5 | Via5 | 18A | 18B | 18C |

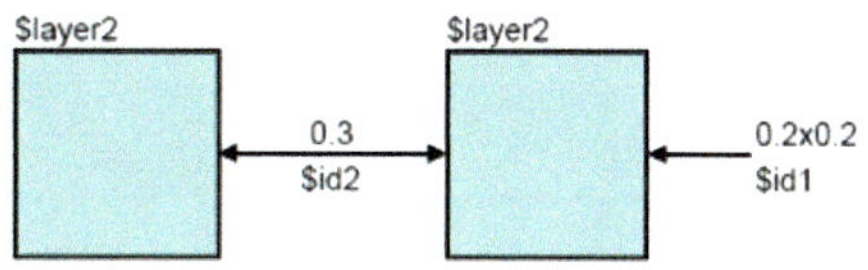


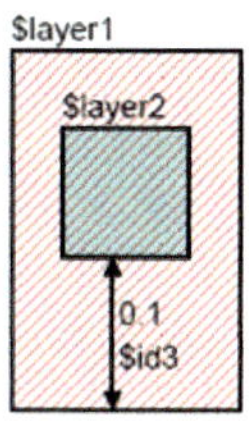


- 8A, 10A, 14A, 16A, 18A : Via의 width와 length : 0.2um×0.2um
- 8B, 10B, 14B, 16B, 18B : Via과 다른 Via의 최소 간격 : 0.3um
- 8C, 10C, 14C, 16C, 18C : Metal X가 Via를 overlap할 때, Via보다 최소 0.1um 이상 overlap

## 1.10 Capacitor Metal rules

| Rule No. | Description | Rule (um) |
|---|---|---|
| 12A | Minimum width of CapMetal. | 0.5 |
| 12B | Minimum Metal2 overlap of Via2 on CapMetal. | 0.4 |
| 12C | Minimum CapMetal overlap of Via2. | 0.2 |
| 11D | Minimum Metal3 overlap of Via2 on CapMetal. | 0.1 |
| 12D | Minimum CapMetal overlap of Metal3. | 0.3 |

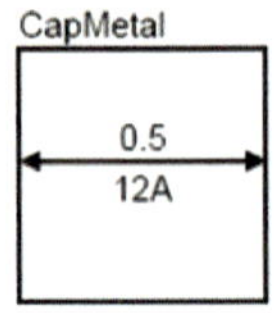


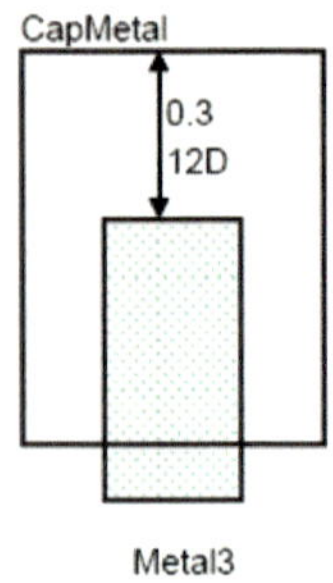


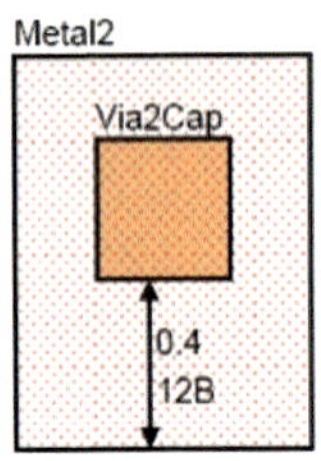


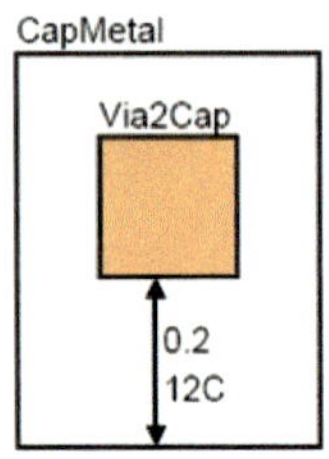


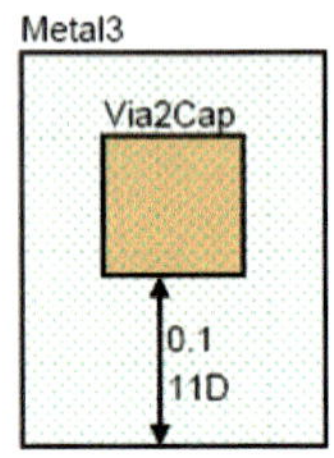


- **12A** : CapMetal의 최소 width : 0.5um
- **12B** : Metal 2가 Via2를 overlap할 때, Via2보다 최소 0.4um 이상 overlap
- **12C** : CapMetal이 Via2를 overlap할 때, Via2보다 최소 0.4um 이상 overlap
- **11D** : Metal 3이 Via2를 overlap할 때, Via2보다 최소 0.4um 이상 overlap
- **12D** : CapMetal이 Metal 3을 overlap할 때, Metal3보다 최소 0.4um 이상 overlap

반도체설계산업기사

# 2. Cadence Tools 기본구성

## 2.1 Cadence Tools 실행

### 1) 기본적인 Linux명령어

| | |
|---|---|
| ls | 현재 디렉토리 내에 있는 모든 파일과 폴더를 알림 |
| cd | 처음 login한 디렉토리로 이동 |
| cd .. | 현재 디렉토리에서 한 단계 상위 디렉토리로 이동 |
| cd (directory name) | 현재 디렉토리 내에 있는 다른 디렉토리로 이동 |
| mkdir (directory name) | 현재 디렉토리에 새로운 디렉토리 생성 |
| rm -rf (directory name) | 디렉토리 삭제(하위 디렉토리도 삭제) |
| pwd | 현재 자신이 위치한 디렉토리의 위치 알림 |
| cp (file name) (route) | 현재 디렉토리에 있는 파일을 지정한 경로로 복사 |
| csh | c shell 적용 |
| vi (file name) | 파일 안의 내용을 편집할 수 있는 편집기를 실행함 |

### 2) 편집기 명령어

| 커서 이동 명령 | | | |
|---|---|---|---|
| h | 왼쪽으로 한 칸 이동 | H | 화면의 처음으로 이동 |
| O | 커서를 라인의 시작으로 이동 | $ | 커서를 라인의 끝으로 이동 |
| k | 커서를 한 라인 위로 이동 | j | 커서를 한 라인 아래로 이동 |
| l | 오른쪽으로 한 칸 이동 | L | 화면 끝으로 이동 |

| **삽입 명령** | | | |
|---|---|---|---|
| i | 커서 앞에 입력 | I | 라인 시작 부분에 입력 |
| a | 커서 뒤에 입력 | A | 라인 끝에 입력 |
| o | 커서 있는 라인 밑에 입력 | O | 커서가 있는 라인 위에 입력 |
| **삭제 명령** | | | |
| x | 커서가 있는 문자 삭제 | X | 커서가 있는 문자 앞에 있는 문자 삭제 |
| dw | 커서가 있는 단어 삭제 | db | 커서가 앞에 있는 단어 삭제 |
| dd | 커서가 있는 라인 삭제 | D | 커서가 있는 라인의 나머지 삭제 |
| **바꾸기 명령** | | | |
| r | 커서에 있는 문자 대치 | R | 입력 모드로 한 문자씩 덮어씀 |
| **이동** | | | |
| p | 삭제나 복사된 텍스트를 커서가 있는 문자나 라인 뒤에 삽입 | P | 삭제나 복사된 텍스트를 커서가 있는 문자나 라인 앞에 삽입 |
| **복사** | | | |
| yw | 커서가 있는 단어를 복사 | yb | 커서가 있는 앞 단어를 복사 |
| yy | 커서가 있는 라인을 복사 | yG | 파일의 나머지 복사 |
| **검색** | | | |
| / | 전 검색을 앞으로 반복 | ? | 전 검색을 뒤로 반복 |
| **편집기 종료 명령** | | | |
| : q | 그대로 종료하기 | : q! | 변경된 내용을 저장 않고 종료 |
| : wq | 변경된 내용을 저장하고 종료 | | |

## 3) cadence 실행

① 실행명령어 icfb &를 누른 뒤 Enter.

② 실행되는 cadence 화면.

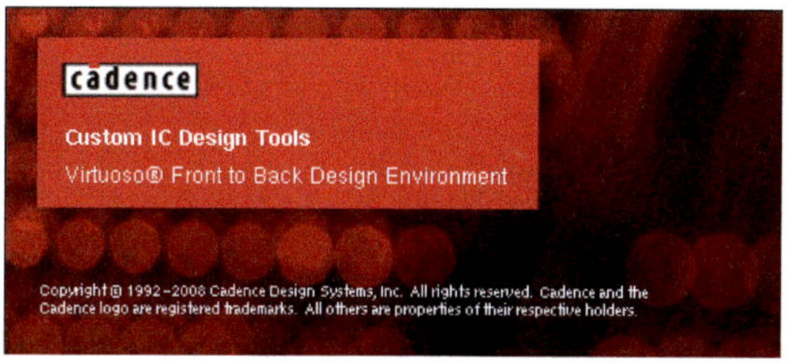


③ 실행된 Cadence 시작 창.

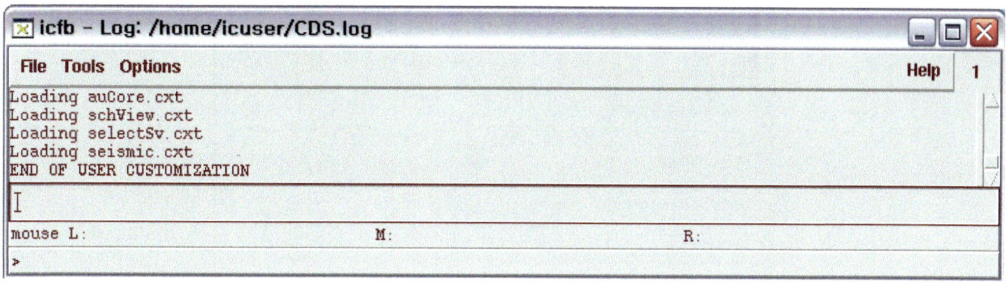


## 4) Cadence 초기 설정

① **Options→ User Preferences... 클릭.**

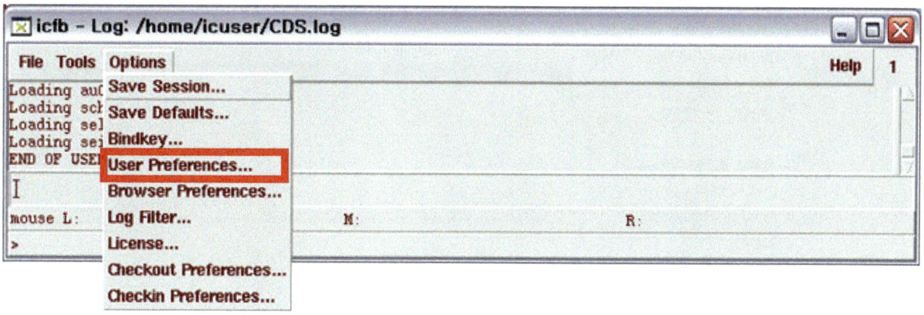


② User Preferences setting

▶ Options Displayed When Commands Starts 클릭.
(Cadence에서 명령어 실행시 command창을 나타내준다.)

▶

▶ Undo Limit 1→10으로 setting.

(Cadence에서 Undo Limit를 1개에서 10개로 늘려준다.)

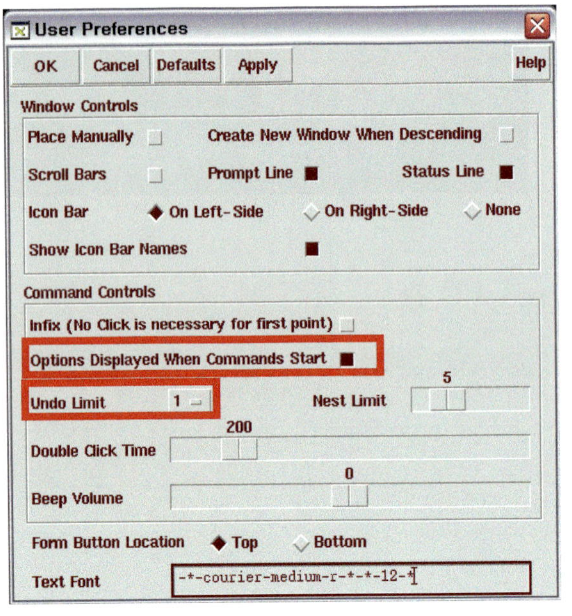


③ **Tools → Library Path Editor... 클릭.**

▶ PDK의 추가나 기존의 Library추가나 삭제에 이용.

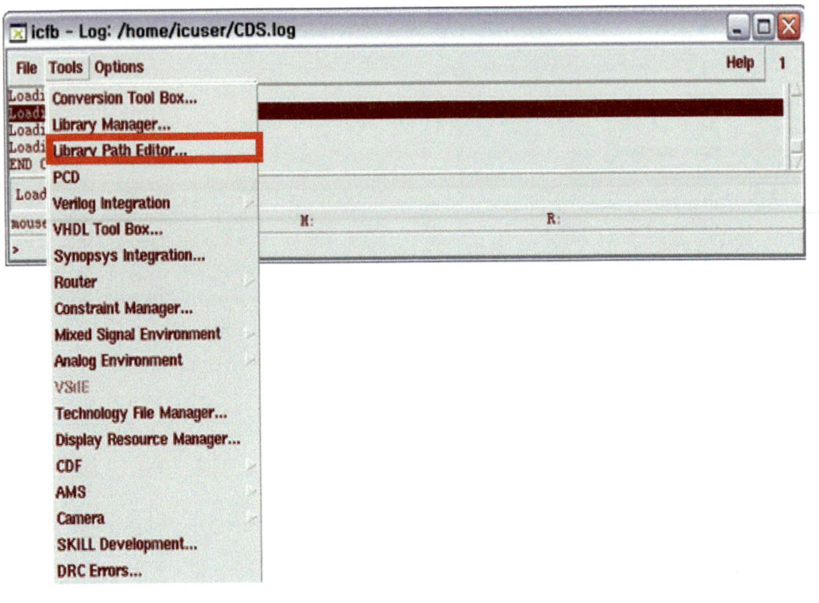

③ Library Path Editor.

▶ **Edit → Add Library...**

(원하는 Library나 PDK 추가시.)

▶ **Edit → Remove Library Definition.**

(원하지 않는 Library나 PDK 삭제시.)

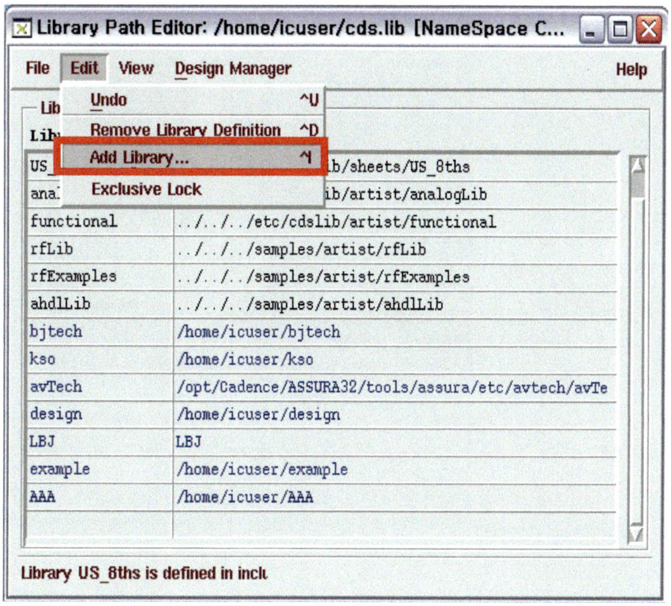

④ Add Library.

▶ 원하는 Library나 PDK의 경로를 입력한 뒤 오른쪽엔 있는 Library 칸의 Library 나 PDK를 click 후 OK.

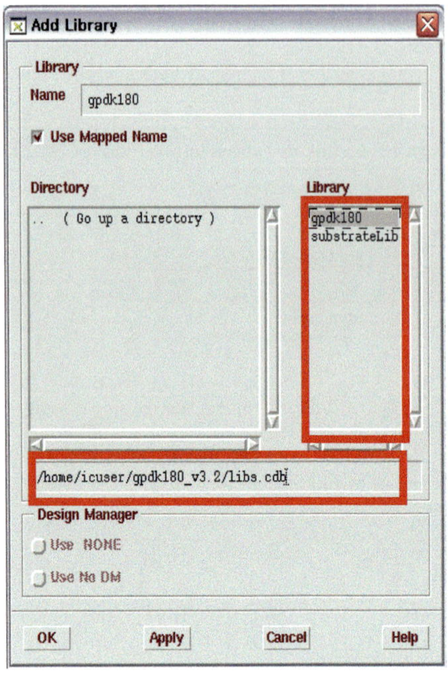


⑤ 추가된 Library.

▶ ▶ gpdk180이란 PDK가 추가된 것을 확인할 수 있다.

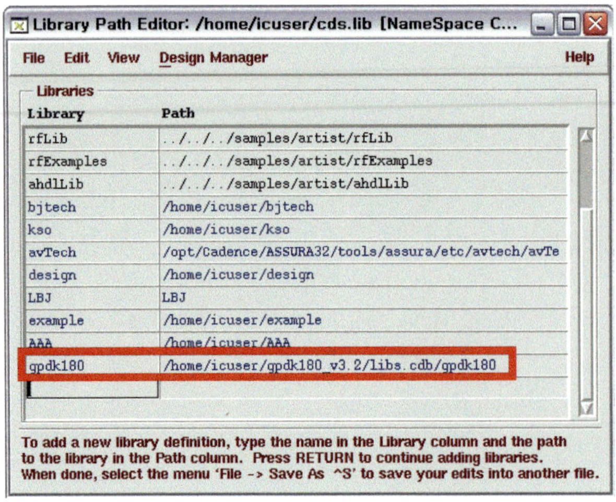

⑥ **File → Save As... 후 종료.**

▶ 원하는 Library나 PDK의 추가가 완료 되었으면 저장 후 종료를 해야 된다.

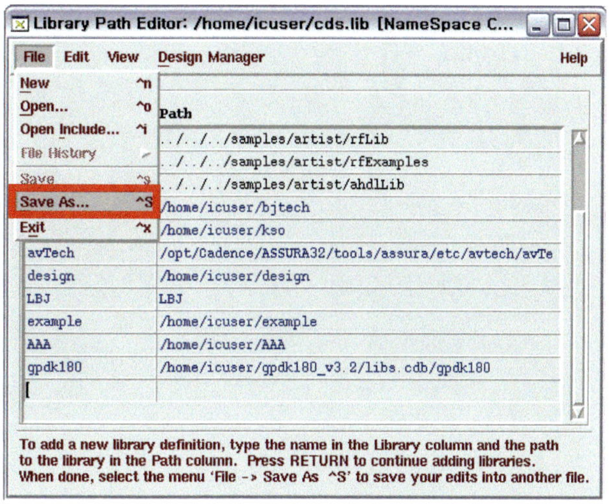


## 5) Library 생성

① **Tools → Library Manager...** click.

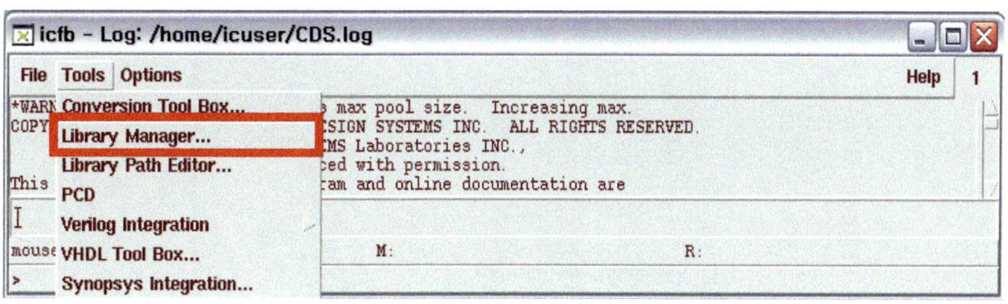


② **File → New → Library...**

▶ 새로운 작업을 하기 위해서는 각 techfile에 따라 새로운 Library…를 만들어야 한다.

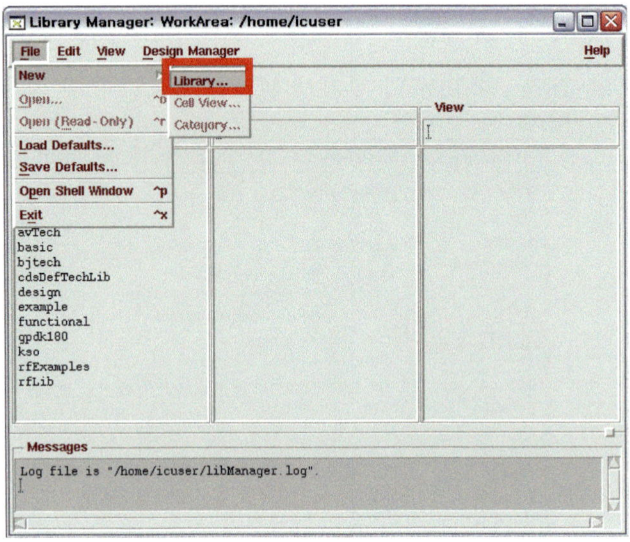


③ New Library 이름을 Name의 빈칸에 적어 넣고 OK.

④ Technology File 적용

▶ Attach to an existing techfile을 check한 뒤 OK를 누른다.

▶ Technology의 오른쪽을 활성화 시키면 현재 Cadence Tool에 적용되어 있는 tech

-file의 목록이 나온다. 그 중에 자신이 설계의 쓸 techfile을 고른 뒤 OK.

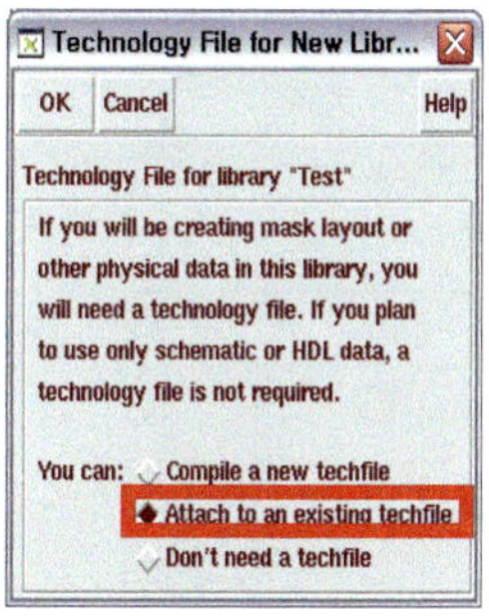


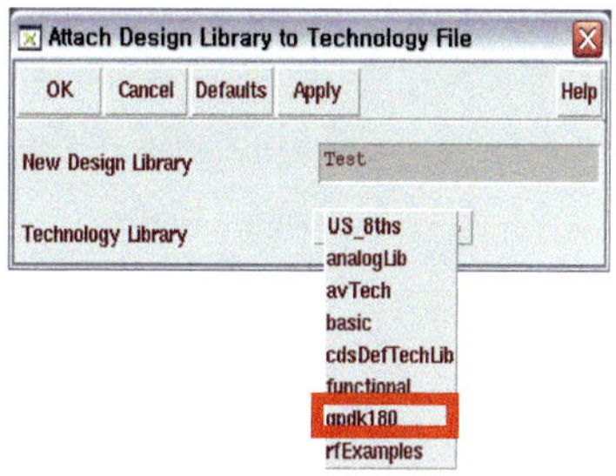


▶ techfile을 적용한 결과를 볼 수 있다.

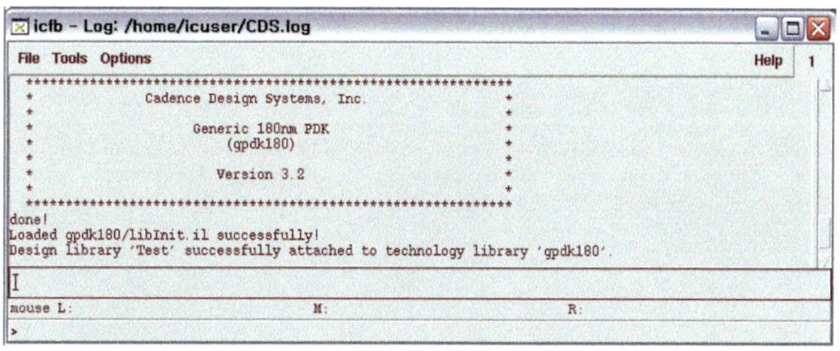


## 6) Cell View 생성

### < Schematic >

① 만들어진 Library의 Test를 click하고 **File → New → Cell View...** click.

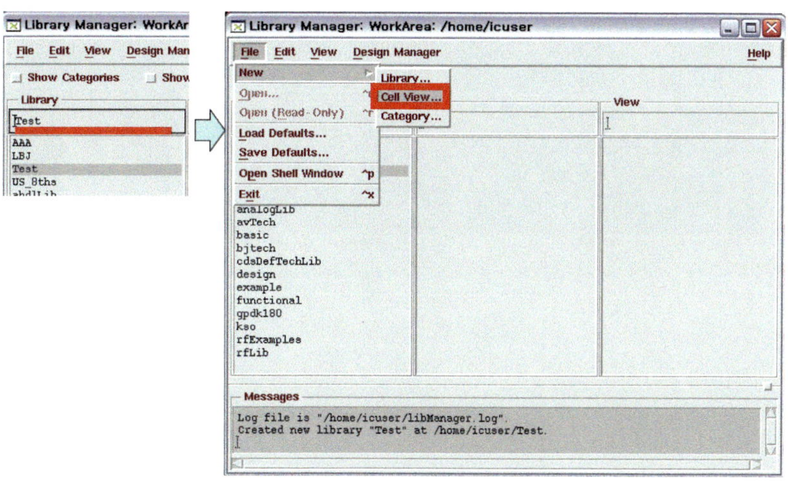

② Cell 이름을 정하고 click.

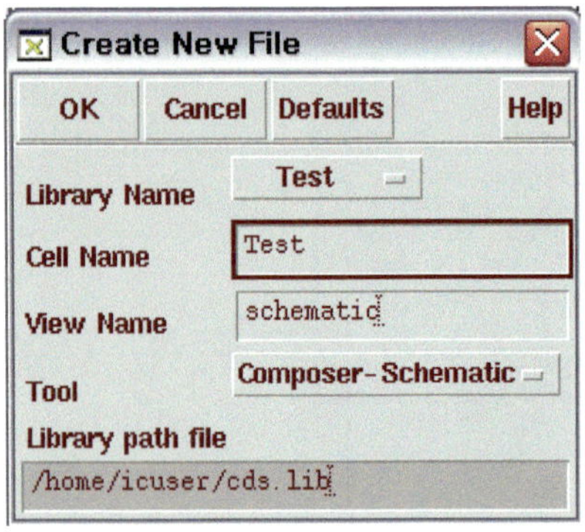


③ Cell 화면을 확인 할 수 있다.

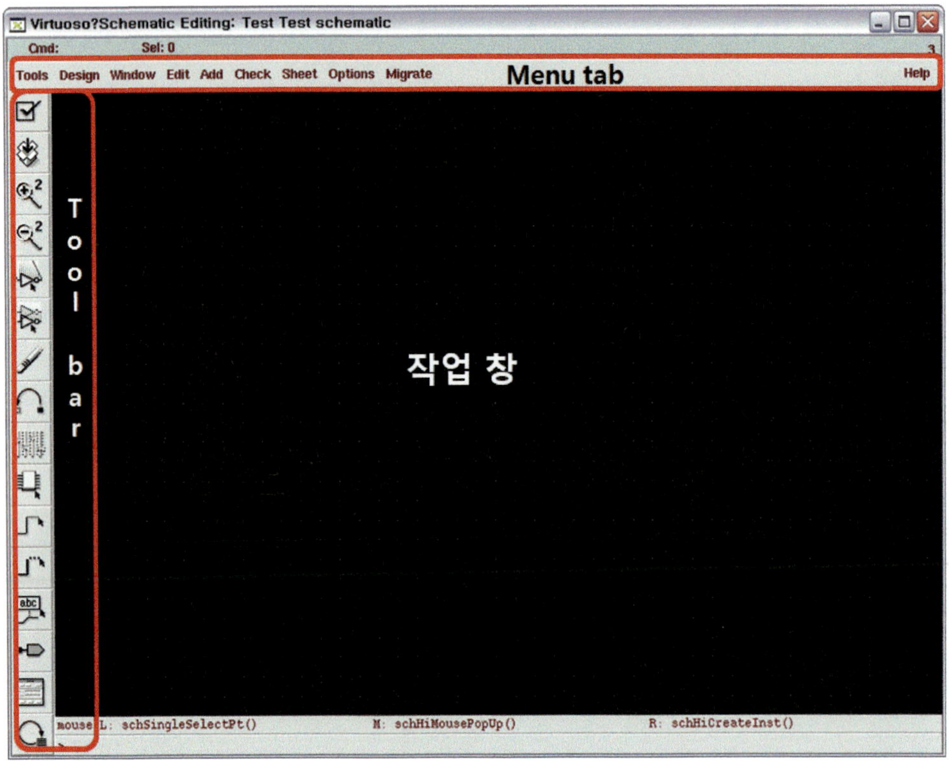

④ Tool bar

| | | | |
|---|---|---|---|
| | Check and Save | shift +x | 오류 Check후 저장 |
| | Save | shift +s | 저장 |
| | Zoom in by 2 | [ | Zoom in |
| | Zoom out by 2 | ] | Zoon out |
| | Stretch | m | 이동이나 늘이기 |
| | Copy | c | 복사 |
| | Delete | del | 삭제 |
| | Undo | u | 실행취소 |
| | Property | q | 속성보기 |
| | Instance | i | 소자 불러오기 |
| | Wire(narrow) | w | 선 긋기 |
| | Wire(wide) | shift +w | 굵은 선 긋기 |
| | Wire name | l | 선 이름 붙이기 |
| | Pin | p | Pin 만들기 |
| | Cmd Options | F3 | Command창 부르기 |
| | Repeat | | 전 명령어 다시 사용하기 |

⑤ 설계를 용이 하게 하기 위하여 **Option → Display → Grid**를 아래와 같이 세팅해준다.

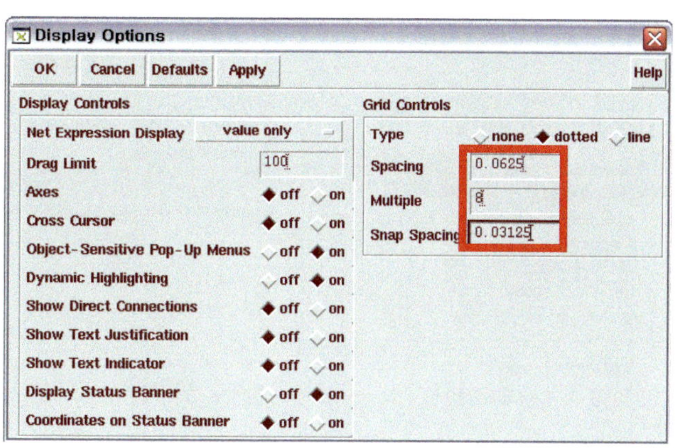

## < Layout >

① 만들어진 Library의 Test를 click하고 **File → New → Cell View...** click.

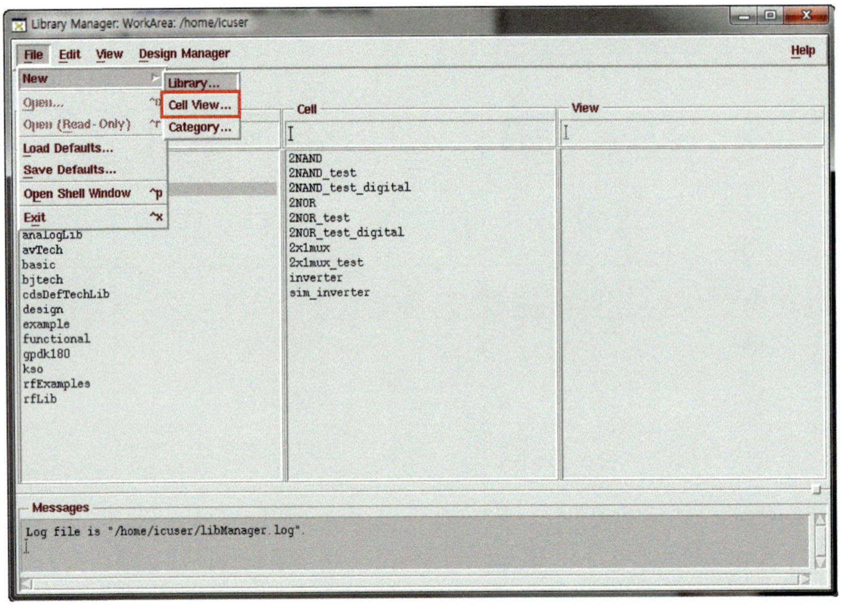


② Cell 이름을 정하고 click. (Tool을 **Composer-Schematic → Virtuoso**로 변환)

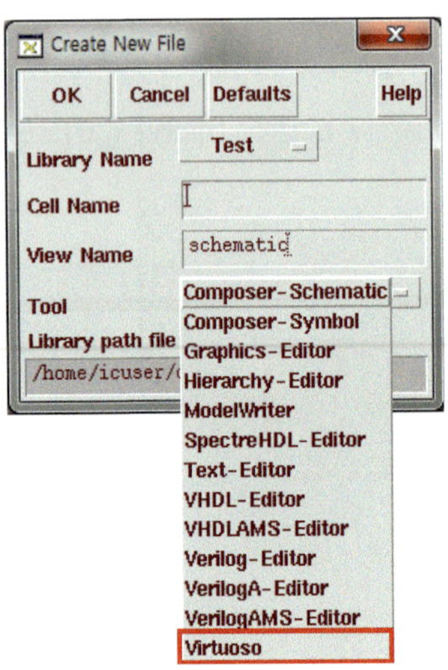


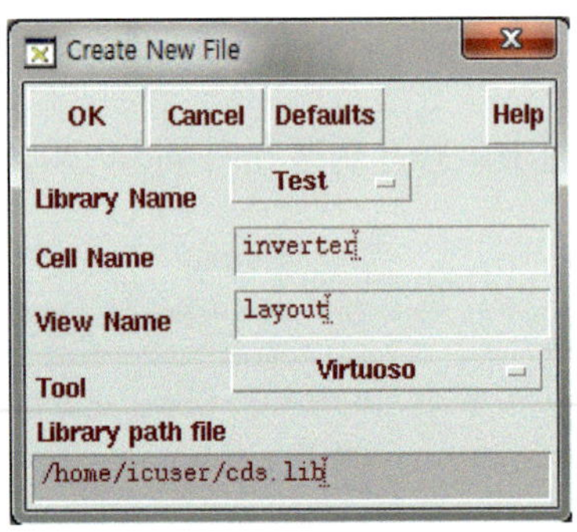

③ OK를 클릭하면 LSW 창과 Virtuoso 작업이 생성되고 이제부터 layout을 할 수 있는 환경이 만들어 진다.

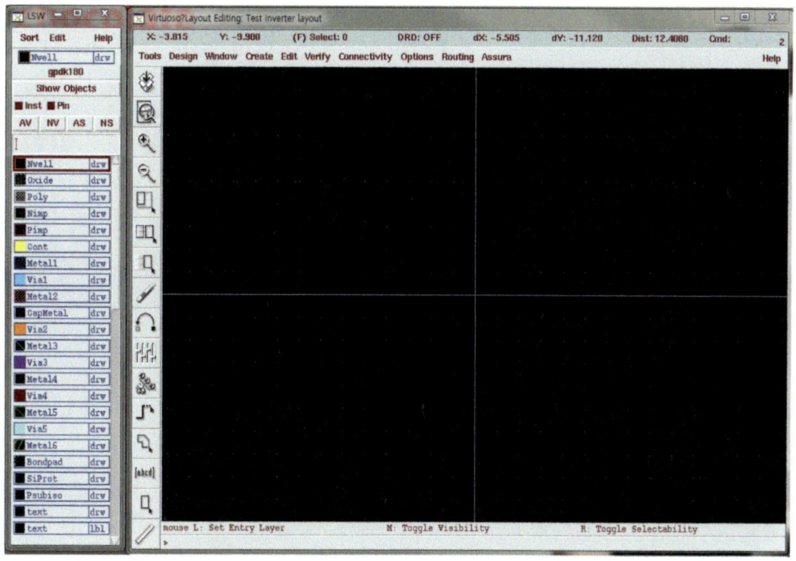


④ LSW 창(Layout 작업 시 사용하게 되는 layer를 표시해주는 창)

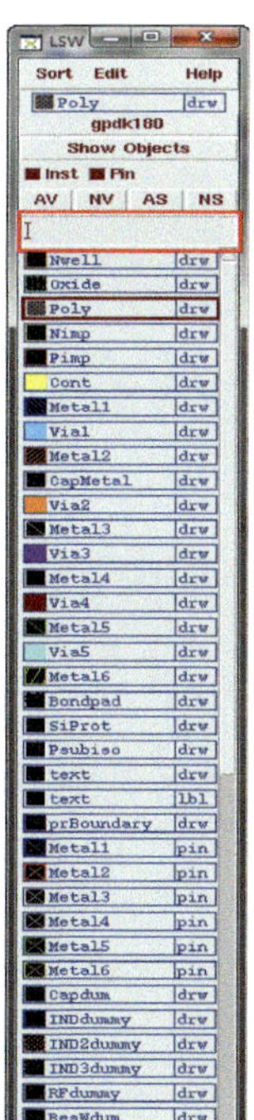


▶ AV(All Visible) – 모든 layer를 보여줌.

▶ NV(Non Visible) – 선택한 layer만 보여줌.

▶ AS(All Select) – instance와 pin layer 모두를 선택한 상태 보여줌.

▶ NS(Non Select) – instance와 pin layer 모두를 선택하지 않는 상태로 보여줌.

▶ 빨간 사각형으로 되어 있는 부분에 원하는 layer명을 입력하면 해당 layer를 찾아줌.

### ⑤ Layout 작업 창

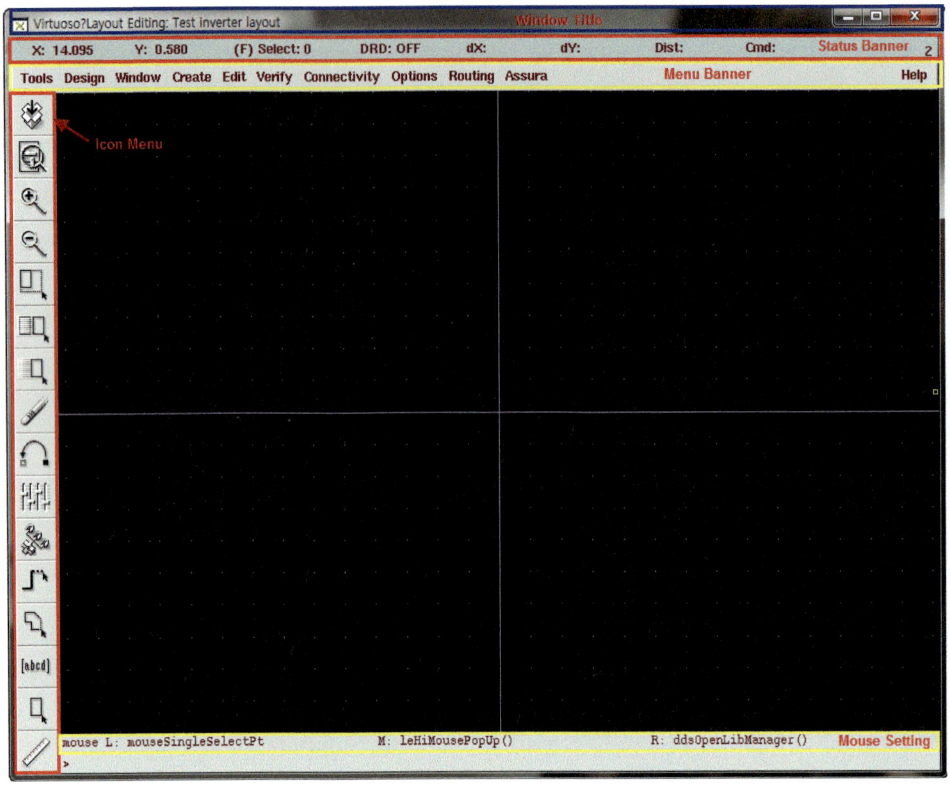


▶ 검은 색 부분 – layout을 하게 될 작업창이고 회색 실선이 교차하는 곳은 (0,0)의 위치.

▶ Window Title – 현재 열려 있는 창이 어떤 작업창인지를 알려줌.

▶ Status Banner – 작업 중인 곳의 X, Y 좌표와 X, Y 각각에 대한 두 지점 사이의 차이(dX, dY)와 거리(Dist), 현재 실행되고 있는 명령(Cmd)을 알려줌.

▶ 한 번 명령을 실행하면 키보드의 Esc키를 눌러서 명령 취소를 하기 전까지는 계속 그 명령이 실행 중.

▶ Mouse Setting – 마우스의 왼쪽, 중간, 오른쪽 버튼을 눌렀을 때 어떤 동작을 하게 되는지를 나타내고 있는데 왼쪽은 선택, 중간은 pop-up 메뉴, 오른쪽은 Library Manager를 띄워줌.

⑥ Icon Menu

| 아이콘 | 도구명 | 설명 | 단축키 |
|---|---|---|---|
|  | Save | 작업 한 내용을 저장 | |
|  | Fit Edit | 작업 창의 화면에 꽉 차게 보여 줌 | f |
|  | Zoom In | 화면 확대 | Ctrl+z |
|  | Zoom Out | 화면 축소 | Shift+z |
|  | Stretch | layer, path 등을 늘리거나 줄여 줌 | s |
| 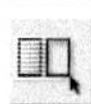 | Copy | layer, instance, path, label 등을 복사 | c |
|  | Move | layer, instance, path, label 등을 이동 | m |
|  | Delete | layer, instance, path, label 등을 삭제 | del |
|  | Undo | 실행 취소 | u |
| 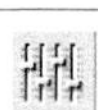 | Properties | instance, path, label 등을 특성 확인 및 수정 | q |
|  | Instance | instance를 불러 옴 | i |
|  | Path | instance나 layer를 연결할 때 사용 | p |
|  | Polygon | 선택한 layer를 다각형으로 그림 | shift+p |
|  | Label | 회로 설계 시 지정한 pin과 layout에서의 pin을 같게 인식 | l |
|  | Rectangle | 선택한 layer를 사각형으로 그림 | r |
| 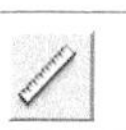 | Ruler | 자 | k |

▶ 여기서 화면 확대의 단축키 'Ctrl+z' 대신 마우스 오른쪽 버튼으로 확대하고 싶은 곳을 드래그

▶ Path 대신 rectangle 명령으로 metal을 그린 후 instance를 연결

▶ Ruler로 거리를 잰 후 표시되어 자의 눈금을 없애기 위해서 'shift+k'(virtuoso의 모든 단위는 ㎛)

### ⑦ 기본적인 도구 사용법

#### ▶ Stretch 명령

단축키 'r'을 누르거나 Rectangle 아이콘을 선택하고 LSW 창에서 layer 하나를 선택한 다음 작업창에 그린다. 키보드의 Esc 키를 눌러 이전 명령을 취소하고 단축키 's'를 누르거나 Stretch 아이콘을 눌러 그려진 layer의 오른쪽 아래를 마우스로 드래그 하여 선택하면 그림의 빨간색 사각형처럼 색이 바뀐다. 색이 바뀐 부분을 마우스 왼쪽 버튼으로 클릭 후 오른쪽으로 이동시키면 그려진 layer의 오른쪽 변이 마우스를 따라 이동하고 원하는 위치에서 마우스 왼쪽 버튼을 클릭하면 layer의 크기를 조절할 수 있다.

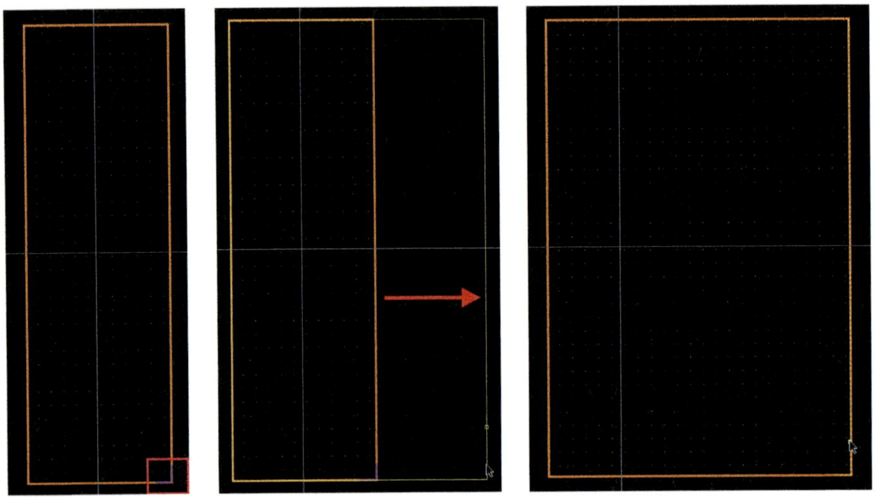

#### ▶ Copy 명령

단축키 'c'를 누르거나 아이콘의 Copy를 선택하고 원하는 layer를 마우스 왼쪽 버튼으로 선택한 다음 오른쪽으로 마우스를 이동시켜 보면 선택한 layer가 복사되어 이동되는 것을 확인할 수 있고 원하는 위치에 마우스 왼쪽 버튼으로 클릭하면 layer 복사가 완료된 것을 확인할 수 있다. 여기서 설명은 layer로 했지만 instance, path, label도 동일한 방법으로 복사가 가능하다.

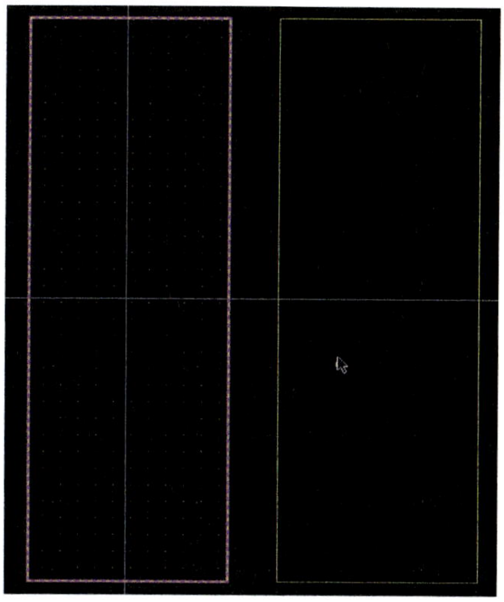

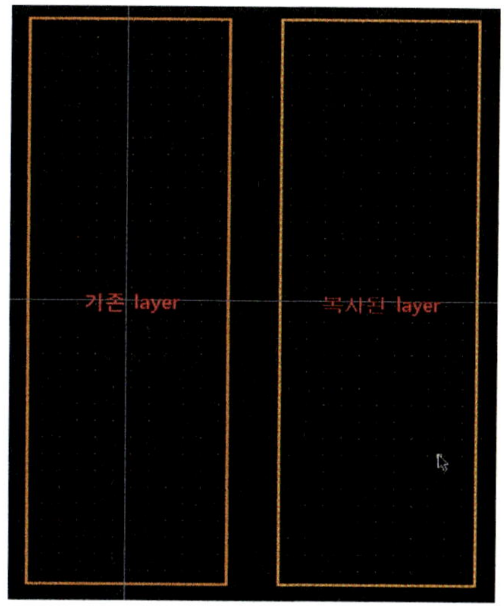


그리고 복사 명령에 대한 옵션을 선택할 수 있는 pop-up창이 하나 뜨는데 Snap Mode는 복사하는 layer의 방향을 지정할 수 있는데 자세한 설명은 아래 표로 대체한다. 또한, Array의 Rows와 Columns의 숫자를 변경하면 행과 열로 설정한 수 만큼의 layer를 복사하는 것도 가능하며, Delta 부분은 현재 위치에서 X와 Y 방향으로 일정한 거리를 띄우고 복사하고 싶을 때 X와 Y에 원하는 거리를 입력하고 Apply XY를 눌러주면 layer가 입력한 거리만큼 띄워져서 복사된다.

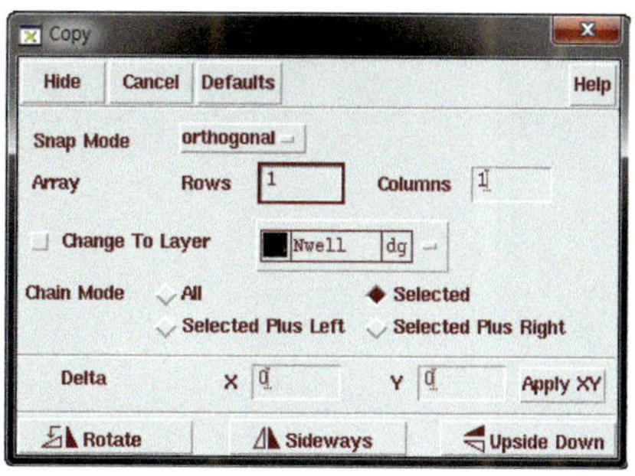


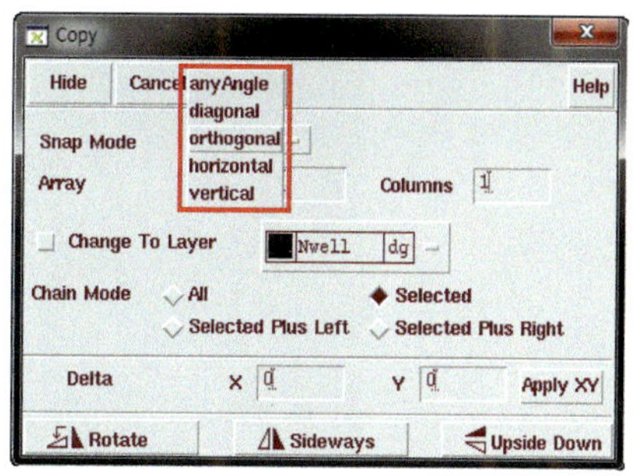


예를 들어, Delta의 X에 40, Y에 40을 입력하고 Apply XY을 누르면 복사하려던 layer가 현재 위치에서 X축으로 40㎛, Y축으로 40㎛ 떨어진 곳에 복사된다. 마지막으로 Rotate는 layer를 회전시킬 때, Sideways는 layer를 좌우대칭 시킬 때, Upside Down은 layer를 상하대칭 시킬 때 선택할 수 있는 옵션이다.

| Snap Mode | 설명 |
|---|---|
| anyAngle | 어떠한 방향으로든 복사 |
| diagonal | 수평/수직/45도 방향으로만 복사 |
| orthogonal | 수평/수직 방향으로만 복사 |
| horizontal | 수평 방향으로만 복사 |
| vertical | 수직 방향으로만 복사 |

### ▶ Move 명령

단축키 'm'을 누르거나 아이콘 Move를 선택하고 마우스 왼쪽 버튼으로 이동하고 싶은 layer를 선택하면 선택된 layer가 마우스를 따라 움직이고 원하는 위치에서 마우스 왼쪽 버튼을 클릭하면 layer가 이동된 것을 볼 수 있다. 여기서도 이동 명령에 대한 옵션을 선택할 수 있는 pop-up창이 뜨는데 Snap Mode는 Copy 명령에서 설명한 방향은 동일하지만 layer를 복사해주는 것이 아니라 이동시킨다는 것이 차이점이다. 그리고 Delta 역시 Copy 명령에서 설명한 것과 동일하고 복사하는 것이 아니라 이동시킨다는 차이만 있다.

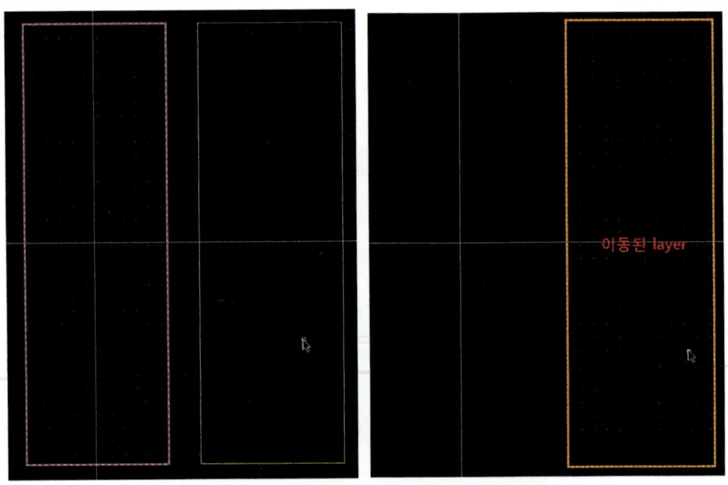


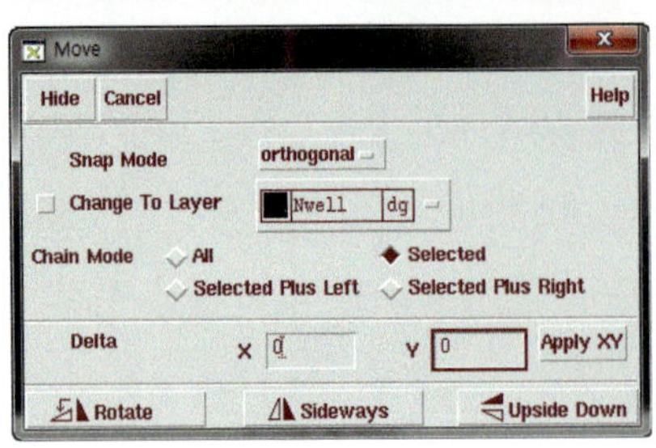

### ▶ Instance 명령

Instance 아이콘을 누르거나 단축키 'i'를 눌러서 NMOS를 하나 불러와보자.

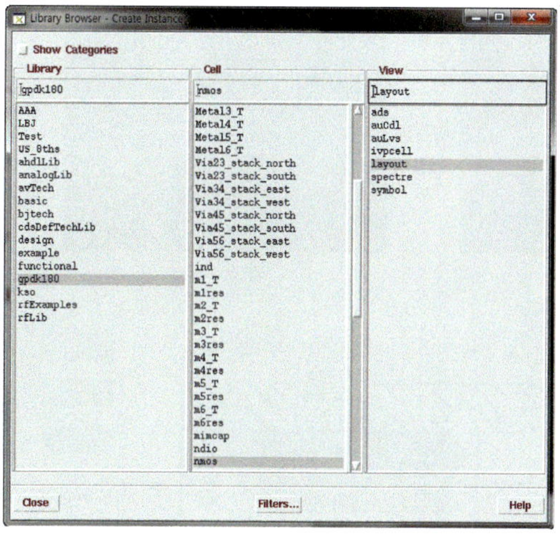


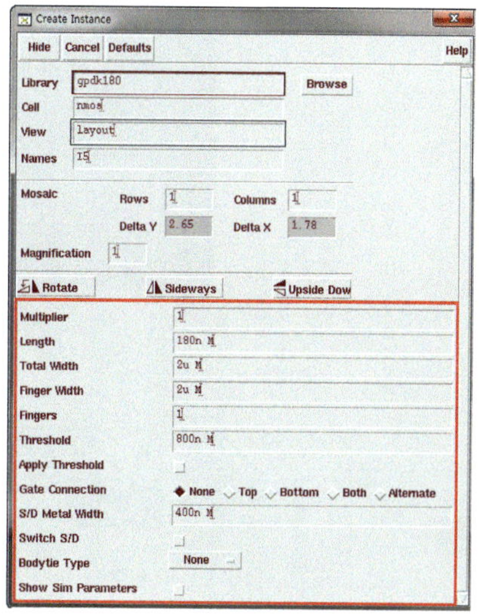


Create Instance 창의 Browse 버튼을 누르고 라이브러리는 gpdk180, cell은 nmos, view는 layout을 선택한 후 close 버튼을 눌러 Library Browser 창을 닫으면 Create Instance 창의 옵션이 활성화되고 Hide 버튼을 누르면 Virtuoso 작업 창에 NMOS instance가 마우스를 따라 다니는데 원하는 위치에 클릭해서 놓는다. 하지만 layout instance를 불러왔기 때문에 layer가 보이지 않는데 단축키 'shift+f'를 눌러주면 NMOS의 layout이 보인다. 같은 방법으로 PMOS도 불러오면 아래 그림처럼 나타난다.

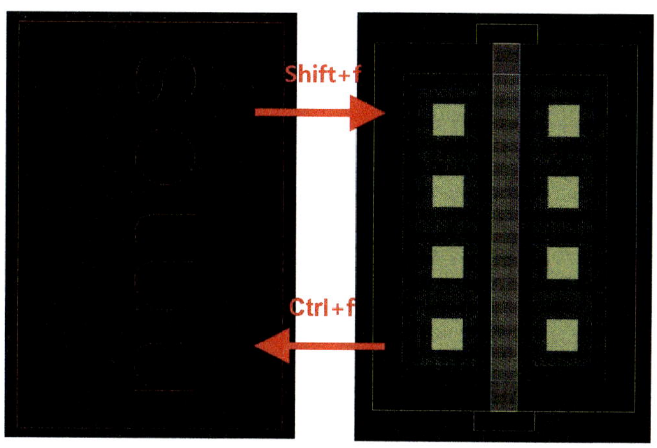

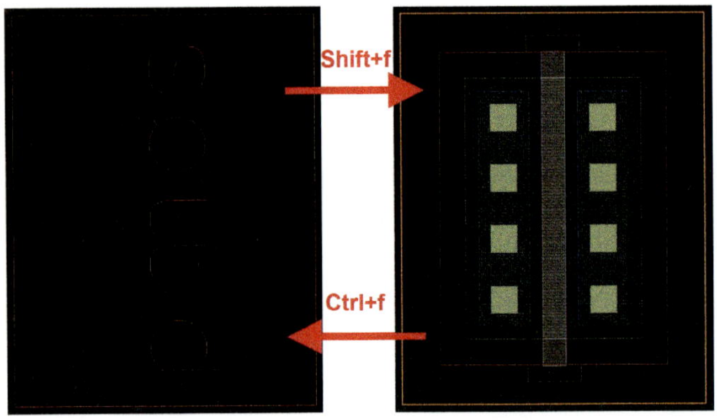


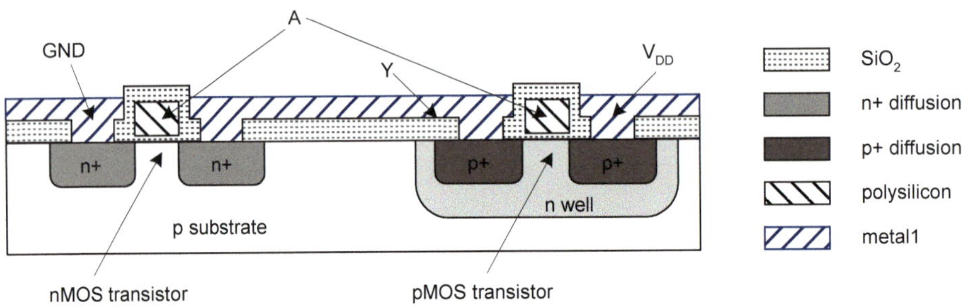


앞에서 설명이 없었던 Create Instance 창의 옵션들에 대해 다음 표에 나타냈었다.

| 옵션 | 설명 |
|---|---|
| Multiplier | Length와 Total Width로 설정된 MOSFET을 몇 개 만들 것인지를 지정 |
| Length | MOSFET의 length 지정, 단위는 ㎛ |
| Total Width | MOSFET의 total width 지정, 단위는 ㎛ |
| Finger Width | 하나의 MOSFET을 finger로 나눠서 layout할 때 단위가 되는 width, 단위는 ㎛ |
| Fingers | 하나의 MOSFET을 finger로 나눠서 layout할 때 몇 개로 나눌 것인지를 지정 |

앞에서 NMOS와 PMOS를 gpdk180 라이브러리에서 instance로 불러왔었다. 하지만 NMOS와 PMOS가 어떤 layer들로 구성되어 있고, source, drain, gate가 어디인지에 대한 이해를 돕기 위해 앞에서 설명한 NMOS, PMOS 단면도와 비교해서 자세하게 살펴보도록 하겠다.

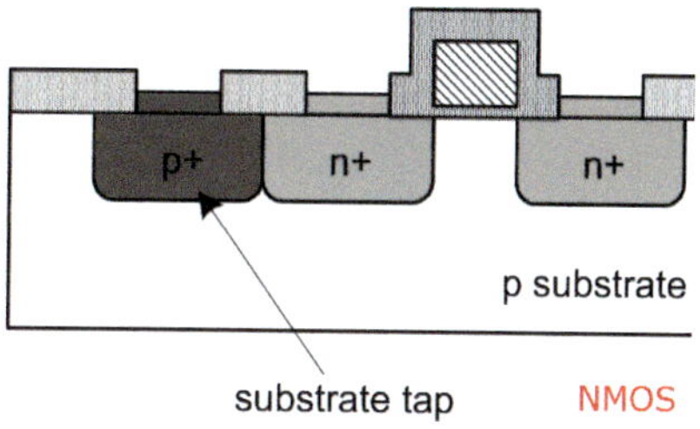


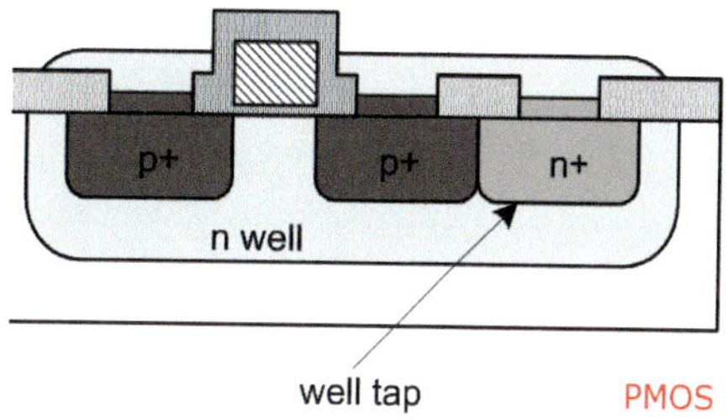


우선, NMOS부터 살펴보면, Poly layer로 되어 있는 부분이 gate를 구성하고 Oxide layer는 실제 source, drain으로 사용될 영역을 지정해준다. 그리고 Nimp(N implant)는 source와 drain 영역을 n+로 doping하라는 layer로 Oxide layer보다 조금 크게 그려준다. 마지막으로 Cont(Contact) layer를 이용해서 source, drain 영역과 Metal 1을 연결해 놓았다. NMOS의 단면도와 비교하면 substrate tap이라고 된 NMOS의 body가 layout에는 없는데 이것은 gpdk180이 N-well CMOS 공정이기 때문에 기본 substrate는 p-sub이 되고 layout 작업 창의 검은 화면이 p-sub이므로 Pimp(P implant)와 Oxide를 그려주고 Contact으로 Metal 1과 연결한 후 회로 설계 시 연결한 전위(voltage potential)에 연결해주면 된다.

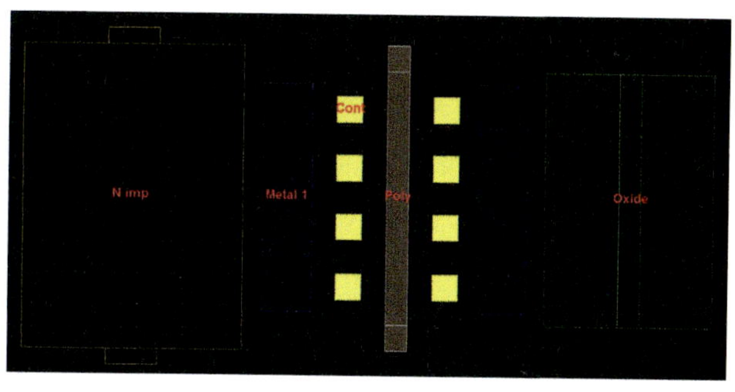


다음은 PMOS이다. PMOS 역시 Poly layer로 되어 있는 부분이 gate를 구성하고 Oxide layer는 실제 source, drain으로 사용될 영역을 지정해준다. 그리고 Pimp(P implant)는 source와 drain 영역을 p+로 doping하라는 layer로 Oxide layer보다 조금 크게 그려주고 Cont(Contact) layer를 이용해서 source, drain 영역과 Metal 1을 연결해 놓았다. 여기서 PMOS는 NMOS와는 다르게

Nwell layer가 추가되는데 PMOS의 단면도를 보면 p-sub에 Nwell을 형성해서 PMOS를 구현했으므로 Nwell layer가 필요하다. PMOS의 단면도와 비교하면 well tap이라고 된 PMOS의 body가 layout에는 없는데 이것은 gpdk180이 N-well CMOS 공정이기 때문에 기본 substrate는 p-sub이 되고 Nwell 안에 Nimp(N implant)와 Oxide를 그려주고 Contact으로 Metal 1과 연결한 후 회로 설계 시 연결한 전위(voltage potential)에 연결해주면 된다.

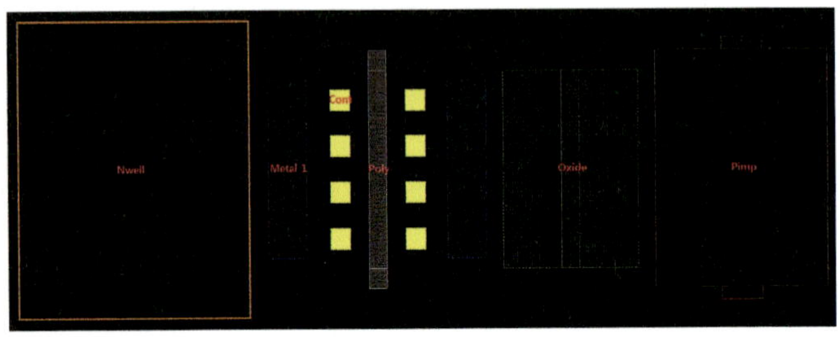

### ▶ Path 명령

Path 명령은 metal로 instance나 layer를 연결할 때 사용한다. Metal layer를 rectangle을 이용하여 직접 그려줘도 되지만 metal을 일정한 굵기로 사용하고자 할 때 편리하게 사용할 수 있다. 단축키 'p'를 누르거나 Path 아이콘을 선택하고 Metal 1 layer를 선택 후 작업창에 마우스 왼쪽 버튼을 클릭하고 원하는 방향으로 마우스를 이동시키면 path가 그려진다. 만약 꺾어서 그리고 싶다면 꺾기를 원하는 곳에서 마우스 왼쪽 버튼을 클릭해주고 다시 이어 그리면 되고 최종적으로 이어야 할 목적지까지 연결했다면 마우스 왼쪽 버튼을 더블클릭해서 path를 종료하면 된다. 또한, path를 원하는 굵기로 그리고 싶다면 pop-up창의 width에 원하는 수치를 입력하면 되고, Snap Mode는 앞에서 설명한 Copy나 Move 명령과 마찬가지로 path의 방향을 조절할 수 있다.

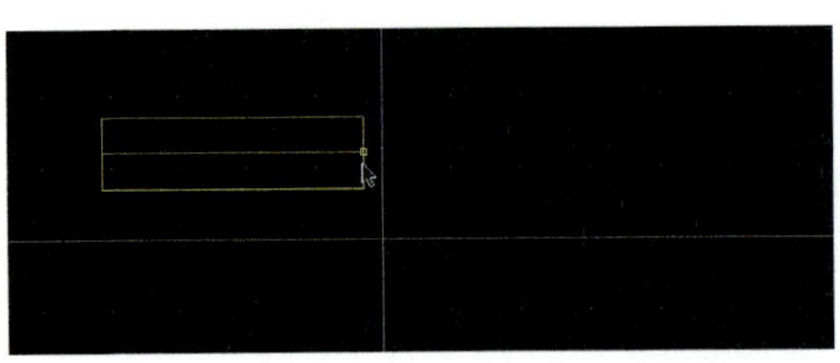

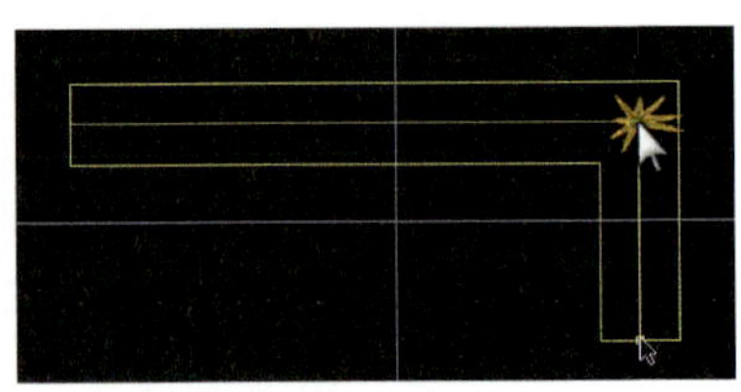

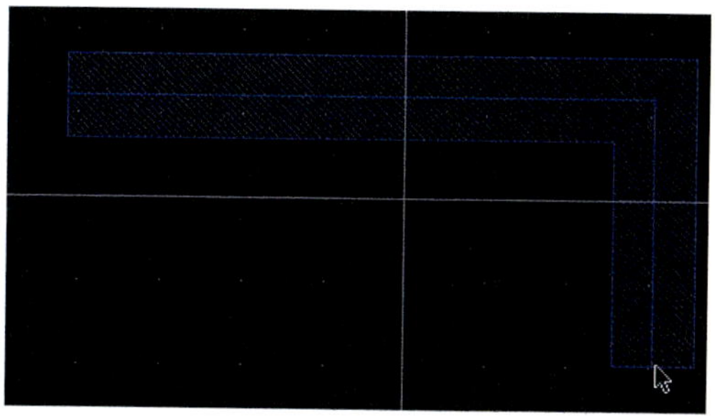

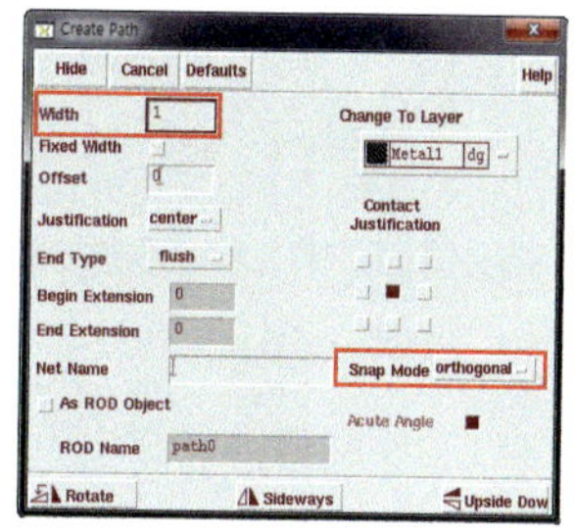


## ▶ Label 명령

Label은 회로 설계 시 지정한 pin과 layout에서의 pin을 같은 pin으로 인식시키기 위해서 사용한다. 즉, 입/출력 pin을 layout에서 표시하기 위해 해당 metal에 pin 이름과 같은 이름으로 label을 준다. 대신 여기서 선택해야 하는 layer는 drw라고 되어 있는 Metal 1이 아니라 pin이라고 되어있는 Metal 1이고, 그림에 나와 있는 예는 Metal 1(drw) layer에 label을 주는 것이므로 Metal 1(pin) layer를 선택한 것이다. 만약 metal(drw) layer가 Metal 1이 아닌 상위 metal이라면 그에 상응하는 metal(pin) layer를 선택하고 label을 줘야 한다. 단축키 'l'을 누르고 Label의 옵션을 보면 Label에는 pin 이름을 Height는 label의 높이를 Font는 label의 글꼴을 나타내는데 기본 font는 stick이나 너무 가늘고 잘 보이지 않으므로 보통 roman을 사용한다.

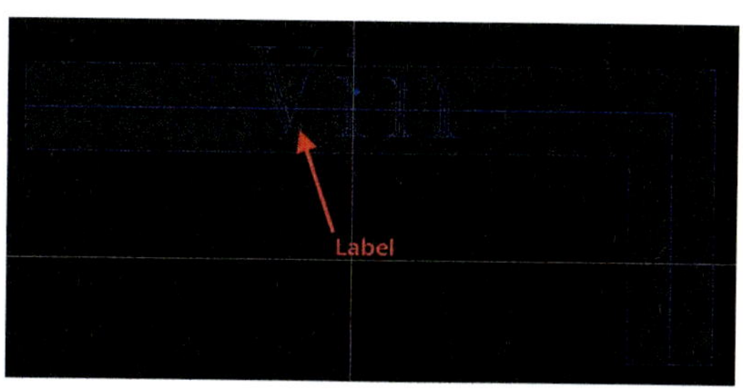


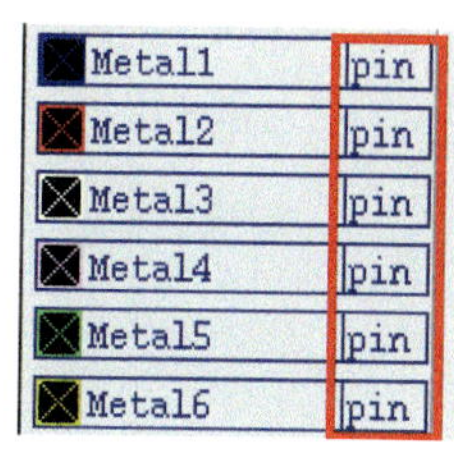


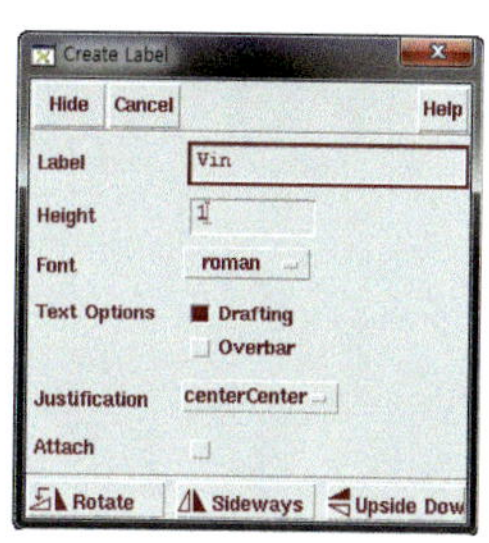

### ▶ Ruler 명령

Ruler는 원하는 길이를 재고 싶을 때 사용하는 자 명령이다. 단축키 'k'를 누르거나 아이콘 Ruler를 선택하고 원하는 곳의 길이를 재면 되는데 단위는 ㎛이다. 그리고 Ruler 역시 원하는 방향으로 길이를 재고 싶다면 Snap Mode에서 옵션을 조정해주면 된다.

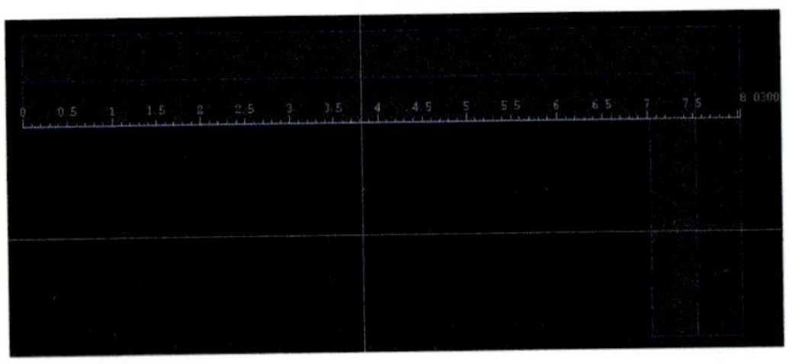
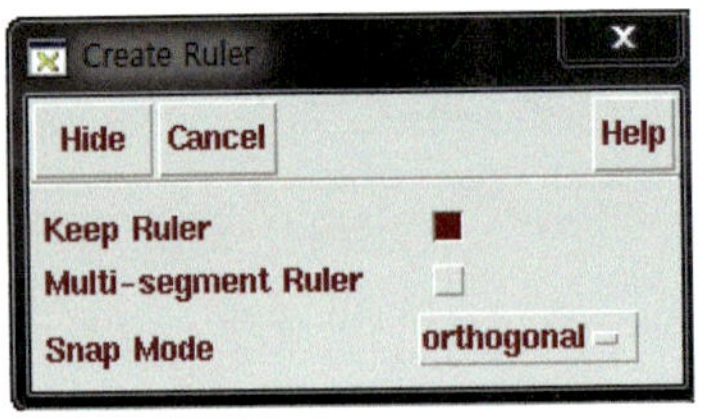


### ▶ Contact 명령

Contact은 Poly layer와 Implant layer, Well layer, Substrate를 Metal 1과 연결하는데 사용하는 Contact과 Metal 1과 Metal 2를 연결하는 Via 1, Metal 2와 Metal 3을 연결하는 Via2, Metal 3과 Metal 4를 연결하는 Via 3, Metal 4와 Metal 5를 연결하는 Via 4, Metal 5와 Metal 6을 연결하는 Via 6이 있다. 만약 더 높은 상위 metal이 있다면 via의 수도 많아지겠지만 gpdk180은 최상위 metal이 Metal 6이므로 Via 5까지 존재한다. Contact을 불러오는 방법은 단축키 'o'를 누르고 Contact Type에서 원하는 것을 선택한 다음 해당 contact의 최소 width와 length를 Contact pop-up창의 Width와 Length에 입력한 후 원하는 곳에 마우스 왼쪽 버튼을 클릭하면 된다. gpdk180에서는 contact과 via의 최소 width와 length가 모두 0.2㎛이다.

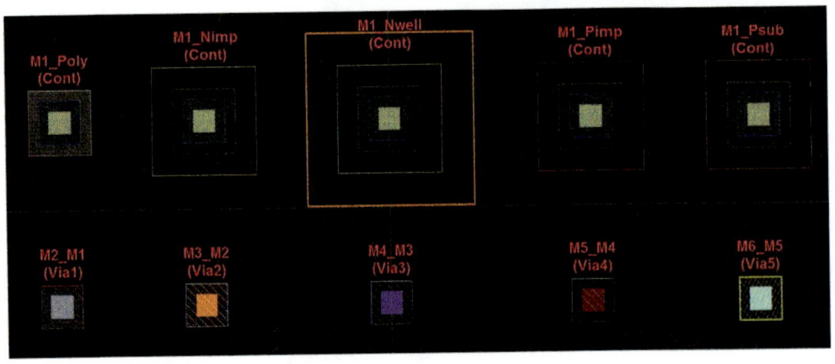

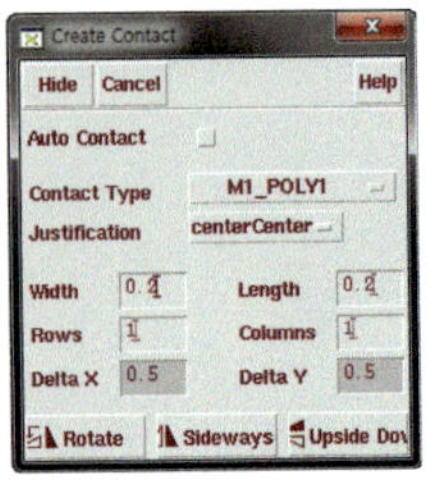

### ▶ Make Cell & Flatten 명령

Virtuoso layout 작업창의 menu banner에서 **Edit → Hierarchy** 하위 메뉴를 보면 Make Cell과 Flatten 메뉴를 실행할 수 있다.

Flatten은 이미 만들어져 있는 gpdk180의 layout instance를 불러왔을 때 수정 가능하게 layer를 분리해준다. 예를 들어, NMOS layout instance를 불러와서 수정하고 싶다면 불러 온 instance를 선택하고 Virtuoso layout 작업창의 menu banner에서 **Edit → Hierarchy** 하위 메뉴 중 Flatten을 선택한다.

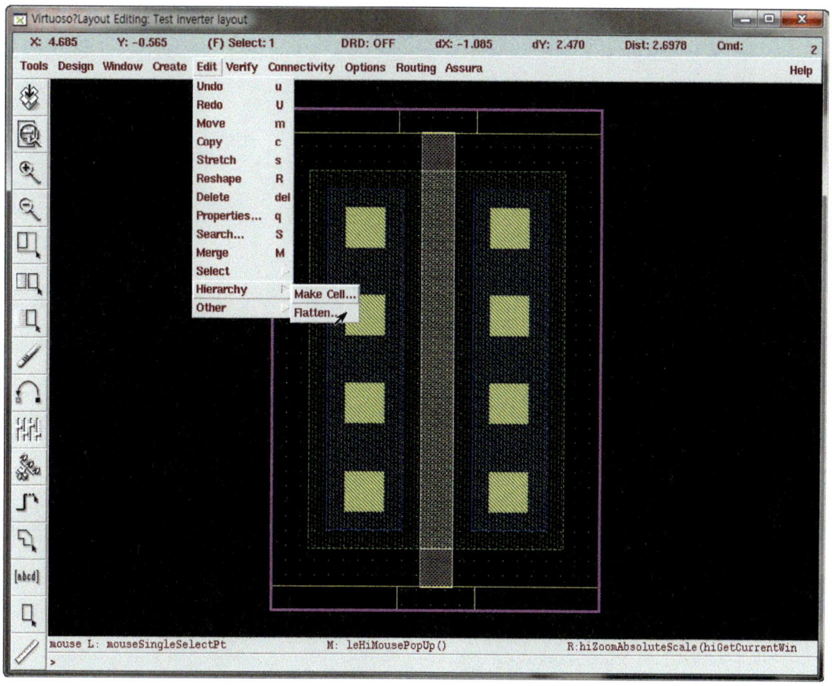

그러면 Flatten pop-up 창이 뜨는데 옵션 중 Flatten Pcells를 체크하고 OK를 눌러주고 불러 온 NMOS layout instance의 layer들을 선택하고 Move 명령을 이용하여 분리하면 분리가 가능하고 원하는 대로 수정이 가능하다.

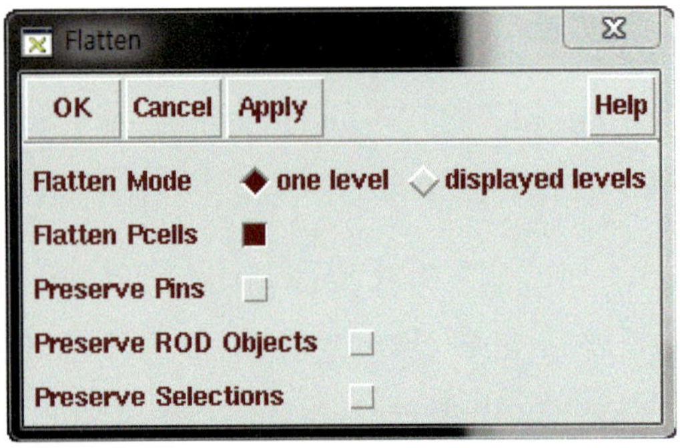


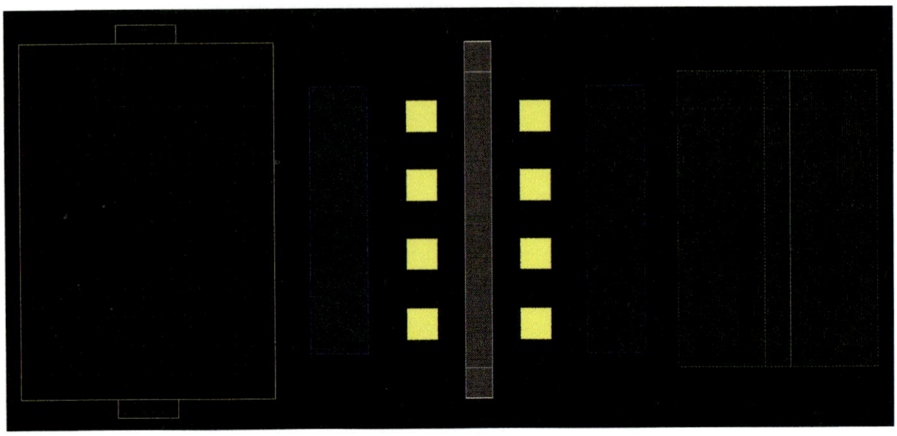

분리한 NMOS layout instance를 수정 후 다시 cell로 만들고 싶다면 **Edit → Hierarchy** 하위 메뉴 중 Make Cell을 선택한다.

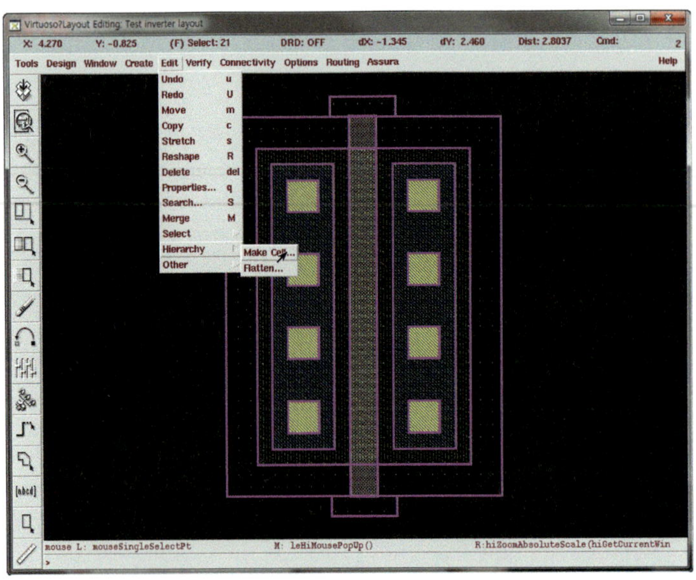

여기서도 Make Cell pop-up창이 뜨는데 새로 만든 cell을 저장할 Library 이름과 Cell 이름을 적어주고 OK를 누르면 된다.

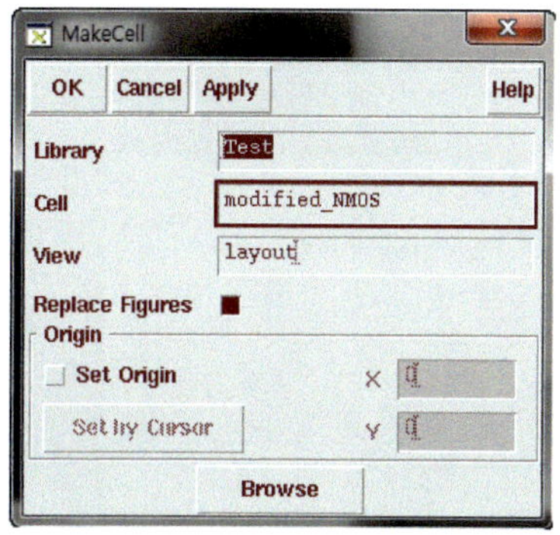

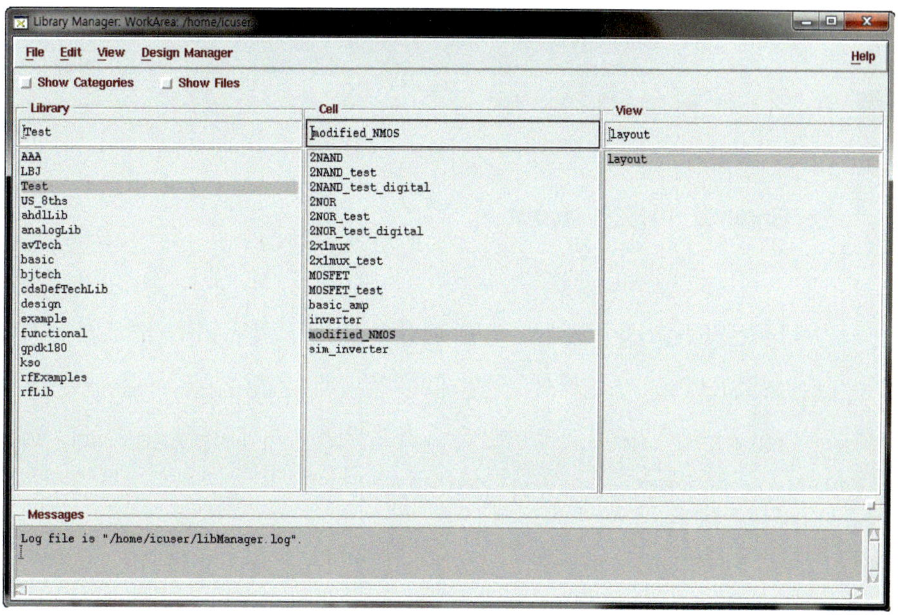

실제로 저장이 되었는지 확인을 해보면, Library Manager의 Test 라이브러리에 저장이 되어 있는 것을 볼 수 있고, instance 명령을 이용하여 수정했던 layout을 불러올 수 있다.

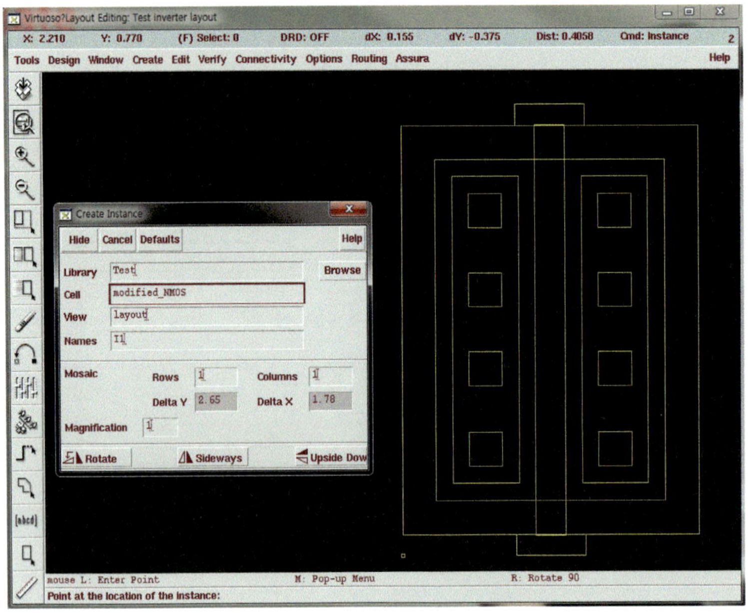


## ▶ Finger를 이용한 layout

Finger는 MOSFET를 layout할 때 단위 MOSFET를 하나 정해놓고 다른 MOSFET을 정수배해서 그릴 때나 MOSFET의 width가 매우 커서 여러 개의 MOSFET을 연결해서 구현해야 할 때 사용한다. 예를 들어, NMOS의 length=0.18㎛이고 width=2㎛라고 가정하면 length=0.18㎛, width=1㎛의 NMOS 2개를 더한 것과 같은 결과이다.

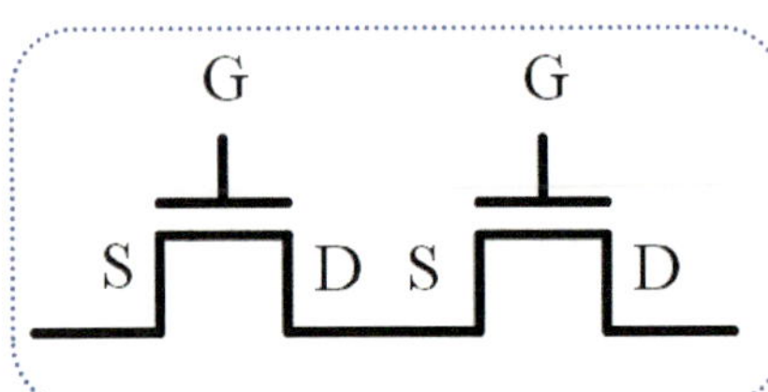


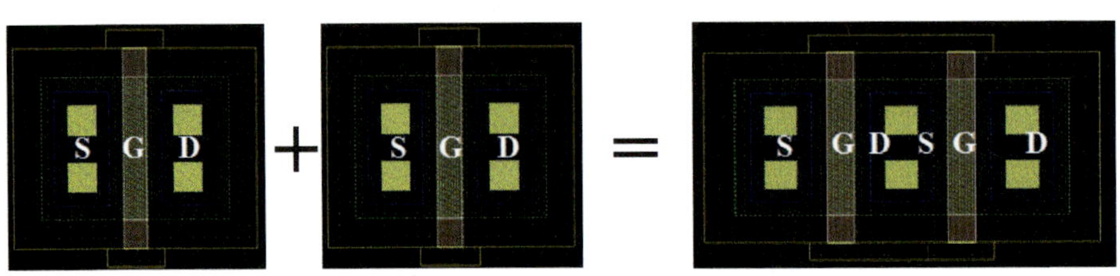

이렇게 layout하기 위해서는 아래 그림처럼 NMOS를 불러올 때 finger=2, finger width=1㎛를 입력하면 된다. 즉, finger × finger width = total width 가 된다. 그리고 아래 Gate Connection과 S/D Connection은 finger로 그린 MOSFET의 Gate와 Source/Drain을 어떻게 연결할 것인가를 설정하는 부분이다. Gate Connection에서의 Top은 위로, Bottom은 아래로, Both는 위/아래로 Alternate는 번갈아가며 연결하는 것이고, S/D Connection에서의 Source는 source를 모두 하나로 연결해주고 Drain은 drain을 하나로 연결해주며 Both는 source는 source끼리 drain은 drain끼리 하나로 연결해준다.

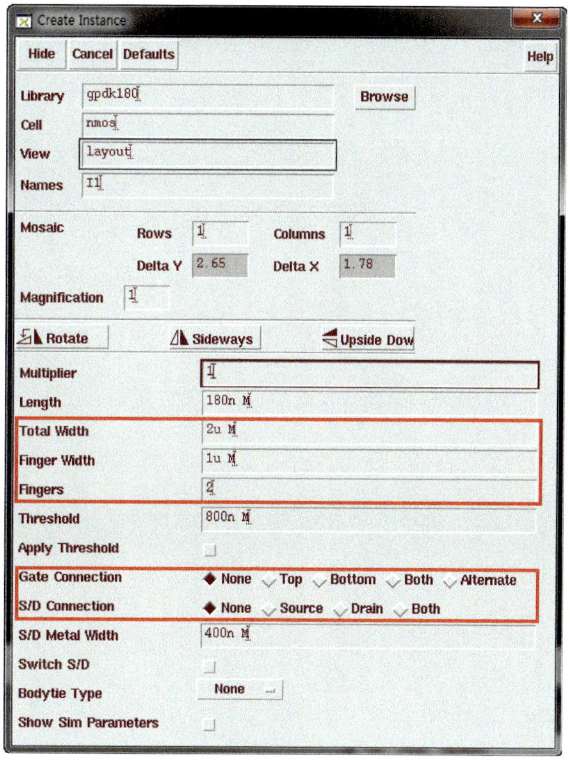

## 7) 기본적인 단축키

| | | |
|---|---|---|
| e | Descend Read | Hierarchy 되어 있는 블록의 내부로 들어가 읽는다. |
| shift + e | Descend Edit | Hierarchy 되어 있는 블록의 내부를 수정 한다. |
| f | Fit | 회로를 화면 중심으로 맞춘다. |
| shift + v | World View | 전체 회로도를 미니 맵으로 본다. |
| shift + m | Move | 이동 시킨다. |
| g | Find Marker | 오류나 에러가 난 지점을 찾는다. |
| o | Display Option | Display Option 설정 |
| r | Rotate | 소자나 wire 90도 회전 |
| shift + o | Editor Option | Editor Option 설정 |

반도체설계산업기사

# 3. 디지털회로

## 3.1 Inverter

### 1) 설계 이론

기본적인 CMOS 인버터 회로의 회로와 DC 전달 함수 특성은 다음 그림과 같다.

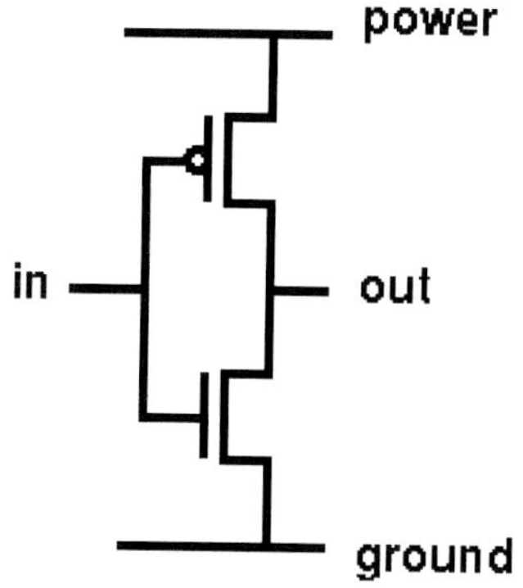


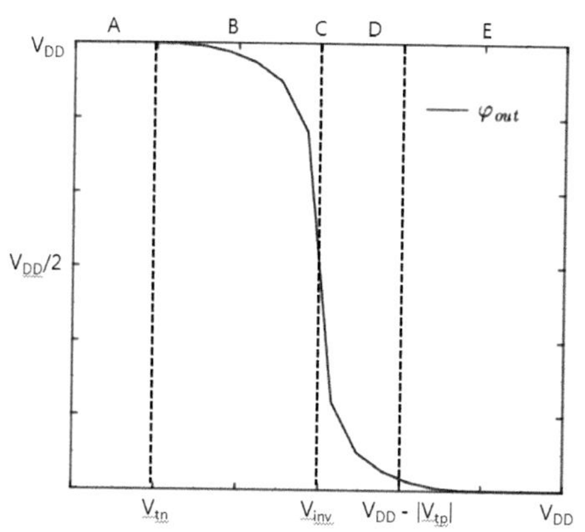

오른쪽 그림에서 나타낸 바와 같이 인버터의 동작 영역을 구분하여 설명하기로 한다.

### ① A지역 $0 \le V_{IN} \le V_{tn}$

이와 같은 경우 NMOS는 VGS < $V_{tn}$ 이므로 off가 되고 PMOS는 선형 역영에서 동작하게 된다. 이 때 출력전압은 VDD와 같게 된다.

### ② B지역 $V_{tn} < V_{IN} < V_{inv}$

$V_{inv}$는 인버터를 아날로그 증폭기라 가정하였을 때, 이득이 최대가 되는 입력전압을 의미한다. 즉 B지역의 기울기가 가장 큰 부분의 전압을 말한다. 이 지역에서는 NMOS는 포화영역, PMOS는 선형영역에서 동작한다.

### ③ C지역 Vin = Vinv

이 역역은 NMOS와 PMOS가 모두 포화영역에서 동작하는 지역이다. 이 지역에서는 NMOS와 PMOS로 흐르는 전류가 같기 때문에 다음과 같은 식이 성립한다.

$$I_n = I_p = \frac{1}{2}\mu_n C_{ox}\frac{W_n}{L_n}(V_{IN} - V_{tn})^2 = \frac{1}{2}\mu_p C_{ox}\frac{W_p}{L_p}(V_{DD} - V_{IN} - |V_{tp}|)^2$$

이 식을 통해 다음 식을 얻을 수 있다.

$$V_{inv} = \frac{V_{DD} - |V_{tp}| + V_{tn}\left(\sqrt{\dfrac{\mu_n C_{ox}\left(\dfrac{W_n}{L_n}\right)}{\mu_p C_{ox}\left(\dfrac{W_p}{L_p}\right)}}\right)}{1 + \left(\sqrt{\dfrac{\mu_n C_{ox}\left(\dfrac{W_n}{L_n}\right)}{\mu_p C_{ox}\left(\dfrac{W_p}{L_p}\right)}}\right)}$$

문턱 전압(Vt)과 $\mu_n C_{ox}$, $\mu_p C_{ox}$는 공정상의 변수이므로 설계자가 변경 할 수 없는 변수이다. 그러므로 설계자는 트랜지스터의 (W/L)의 비율을 적절하게 변경함으로써 원하는 Vinv의 값을 얻을 수 있다. 이 $V_{inv}$의 값을 기준으로 입력에 인가되는 전압에 대하여 $V_{inv}$보다 작은 경우 인버터의 출력은 low 레벨이 되고, $V_{inv}$보다 큰 경우는 반대로 출력은 high 레벨이 된다.

즉 설계자가 PMOS와 NMOS의 (W/L)비율을 조절하여 이상적인 인버터 조건인 다음 조건을 만족시키면 된다.

$$V_{inv} = \frac{V_{DD}}{2}$$

실제로 NMOS와 PMOS의 이동도 차이는 $\mu_n \fallingdotseq 3\mu_p$ 이므로 이상적인 인버터의 트랜지스터의 크기 비율은 다음과 같이 설계하는 것이 보통이다.

$$\frac{\left(\frac{W_p}{L_p}\right)}{\left(\frac{W_n}{L_n}\right)} \fallingdotseq 3$$

④ **D지역 $V_{inv} < V_{IN} < V_{DD} - |V_{tp}|$**

이 지역에서는 NMOS는 선형영역, PMOS는 포화영역에서 동작하게 된다.

⑤ **E지역 $V_{DD} - |V_{tp}| < V_{IN} \le V_{DD}$**

이 지역에서는 NMOS가 선형영역에 있고, PMOS는 off된다. 따라서 이 때 출력전압은 0이 된다.

## 2) Simulation

① **Simulation 준비**

▶ Techfile 적용한 Library 생성.

▶ 만들어진 Library를 click하고 **File → New → Cell View**… click.

▶ Cell View을 inverter라고 설정.

### ② 회로도 그리기

▶ 회로의 필요한 소자들 부르기.

– 단축키 'i'를 누른 후 Browser click.

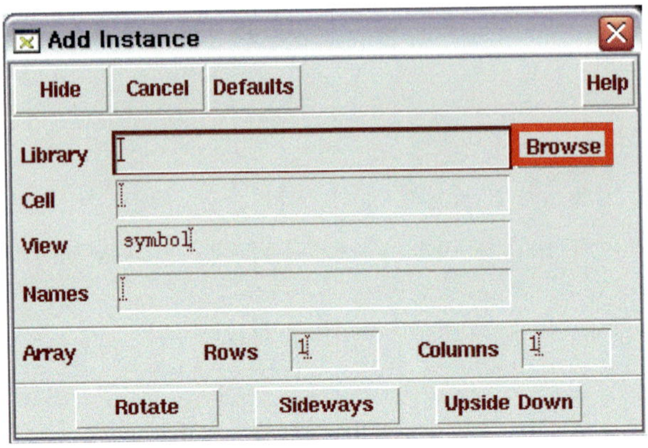


– 미리 Library 추가 시킨 PDK에서 우선 nmos의 Symbol을 선택한다.

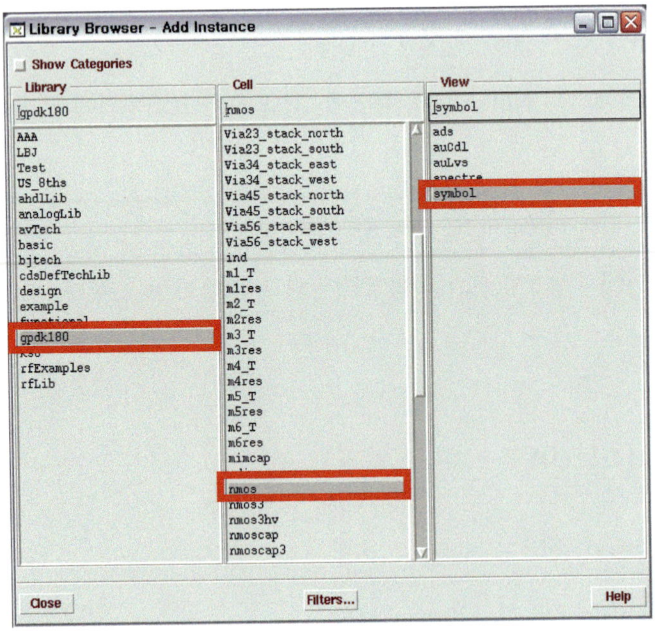

- Browser를 닫은 후 Instance 창을 확인하면 nmos의 값을 정할 수 있는 창이 나타난다. 소자 값을 정하고 Hide click.

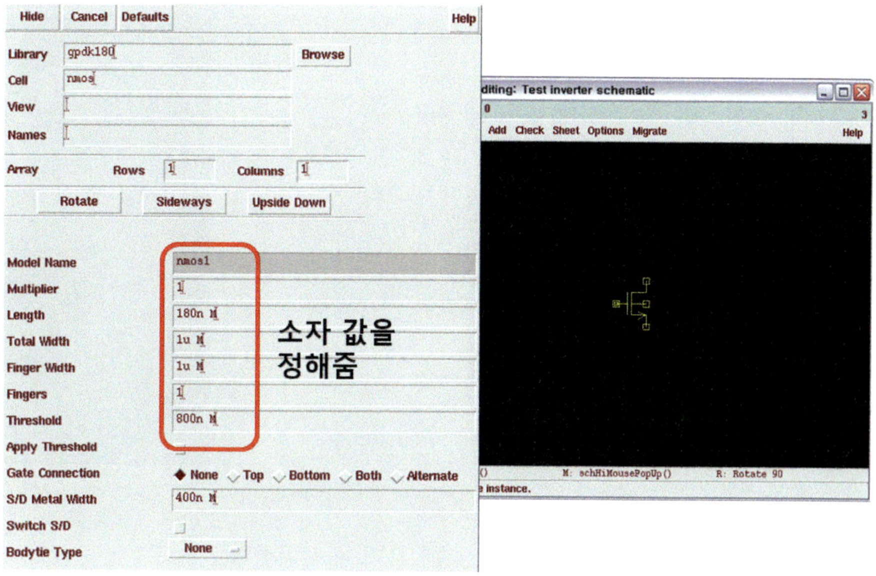


- Cell 화면에 원하는 위치를 정하고 click하면 nmos가 나타난다.

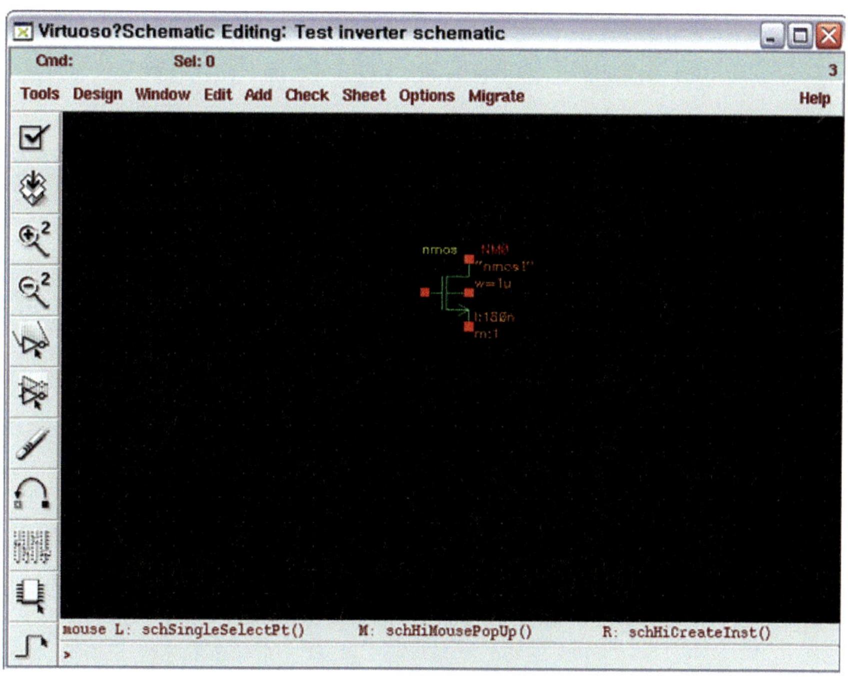

– nmos를 Click한 뒤 'q'를 누르면 nmos를 생성 후에도 소자 값을 변경할 수 있다.

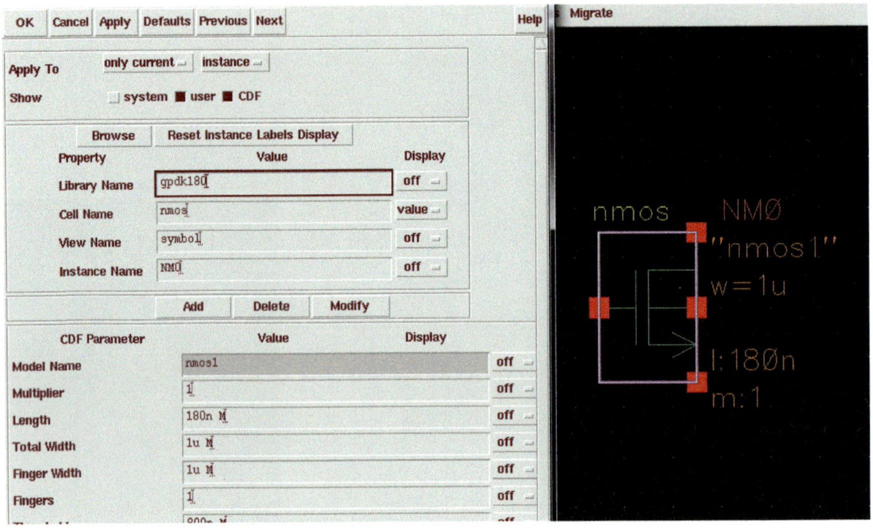

– 위와 같은 방법으로 pmos를 불러서 배치한다.

▶ Wire 그리기와 소자값 입력

– 단축키 'w'를 누르면 wire를 그릴 수 있다. Inverter회로 형태로 각 단자를 이어 준다.

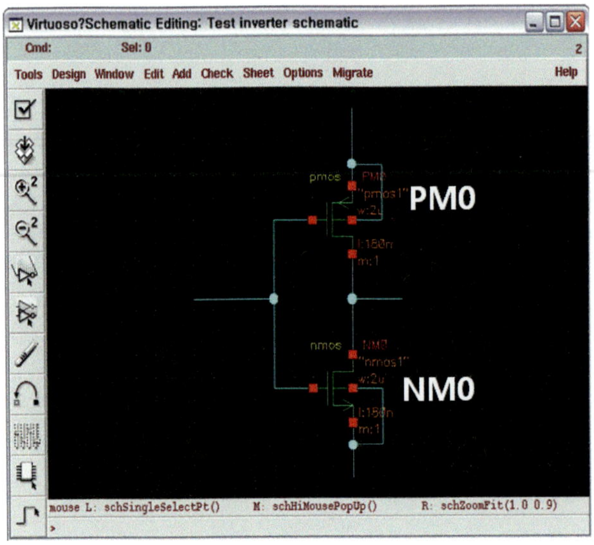

- 단축키 'q'를 이용해서 소자의 값을 아래와 같이 입력 해준다.

| MOSFET | Length(㎛) | Fingers | Finger Width(㎛) | Total Width(㎛) |
|---|---|---|---|---|
| PMOS(PM0) | 0.18 | 1 | width | width |
| NMOS(NM0) | 0.18 | 1 | 1 | 1 |

※ PM0의 W값 width는 변수이다. 정확한 값을 찾으려 할 때 이용하는 방법으로 자세한 방법은 뒤에 설명해 놓았다.

▶ Wire Name 붙이기

- 단축키 'l'을 누르면 Wire Name을 붙일 수 있다. Wire 각 부분에 이름을 붙여준다. Wire Name을 붙이는 이유는 굳이 Wire를 전부 연결하지 않아도 같은 Wire Name을 가진 Wire, Pin 끼리는 연결이 된다.

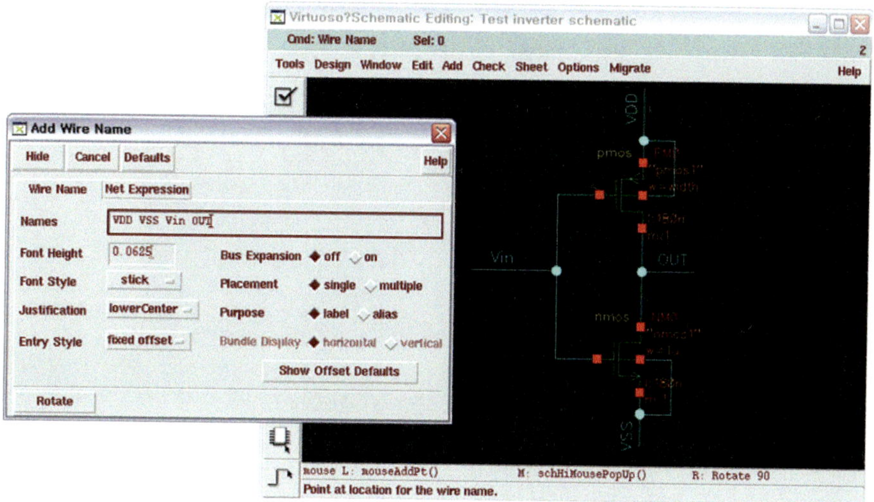

▶ Pin 만들기

- 단축키 'p'를 누르면 Pin을 만들 수 있다. Pin의 역할은 회로를 Symbol로 만들었을 때 입출력 Port이다. 위에서 언급했듯이 Pin 또한 Wire Name과 이름이 같으면 굳이 연결하지 않아도 연결이 된다.

- Pin을 만들 때엔 항상 그 Port가 Input, output, Input-output, switch 특성인지 파악하고 그에 맞추어서 만들어야한다. (Symbol 생성 후 Port 속성이 다른

것을 연결할 때엔 오류발생) 이 설정은 Add Pin창에 Direction에서 바꿔준다.

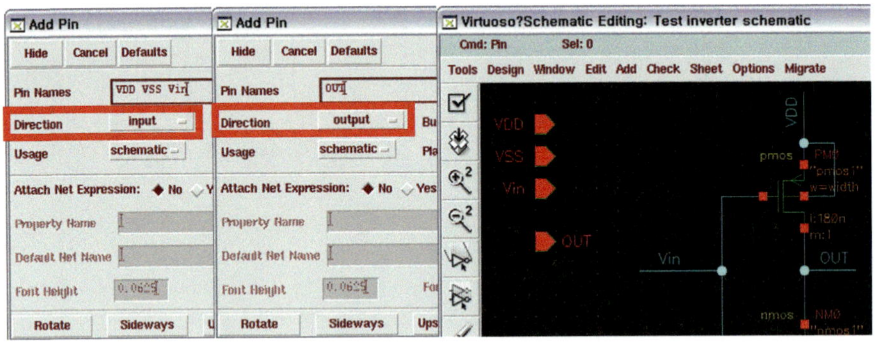


▶ 저장하기

– 회로도를 다 완성 했다면 왼쪽 위의 아이콘 Check and Save나 단축키 'shift +x'를 눌러서 저장을 시킨다.

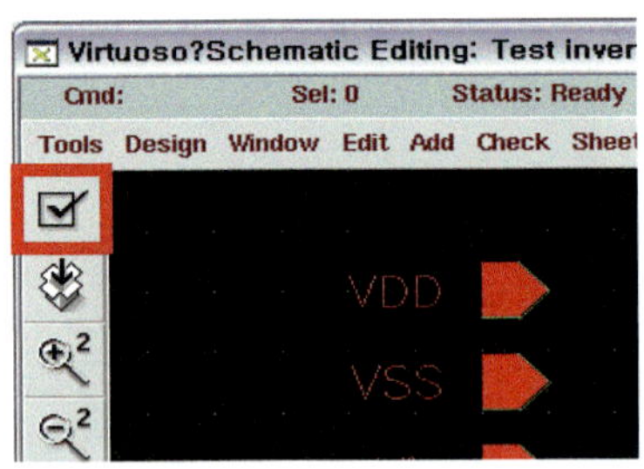


– 회로가 서로 잘못 연결 되었거나 연결되지 않은 곳이 있을 때에 error나 warning이 발생한다.

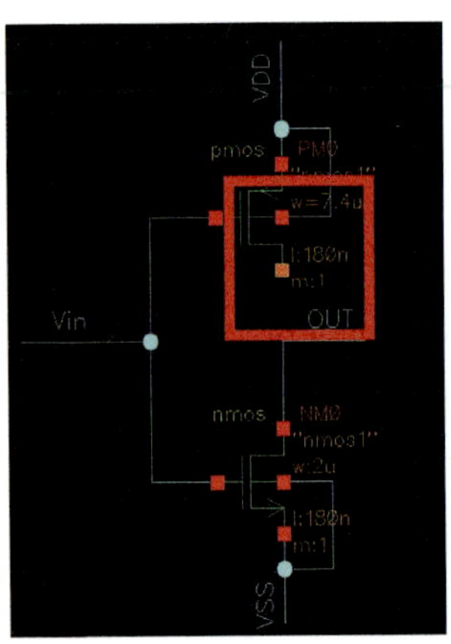


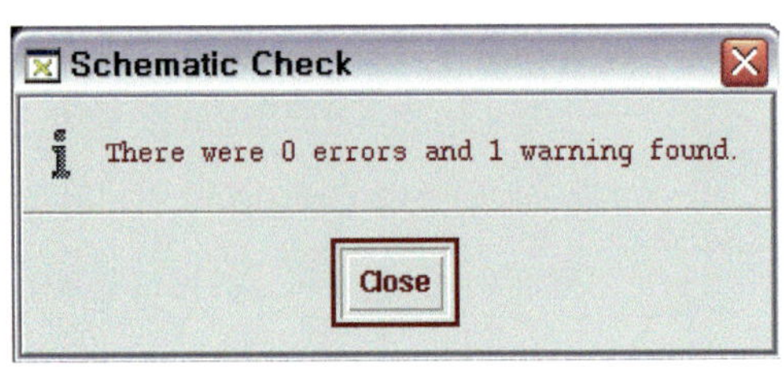

– 회로를 다시 바르게 연결 하면 error나 warning은 사라지게 된다. 이때 회로가 복잡해 error나 warning의 위치를 찾기가 힘들 때 단축키 g를 누르면 다음과 같은 창이 나타난다.

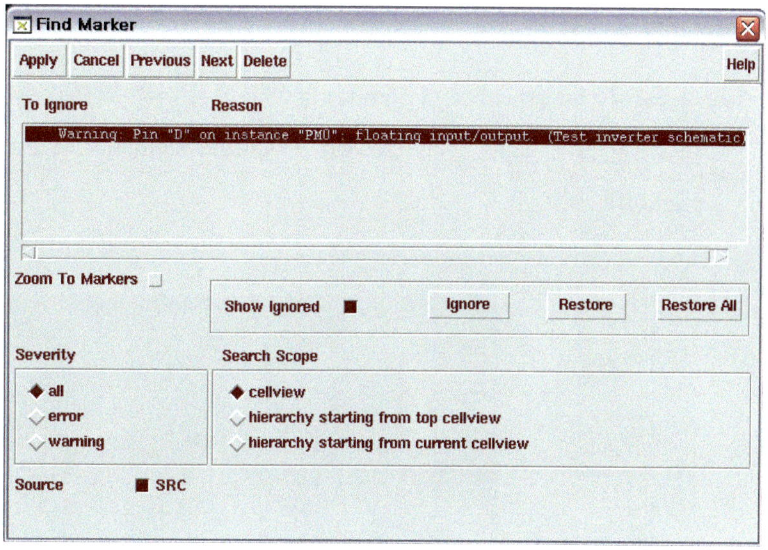


– 창에 나오는 error나 warning을 click한 후 밑에 나오는 Zoom To Markers를 check 해 주면 찾는 위치가 창에 zoom되어 나타나게 된다.

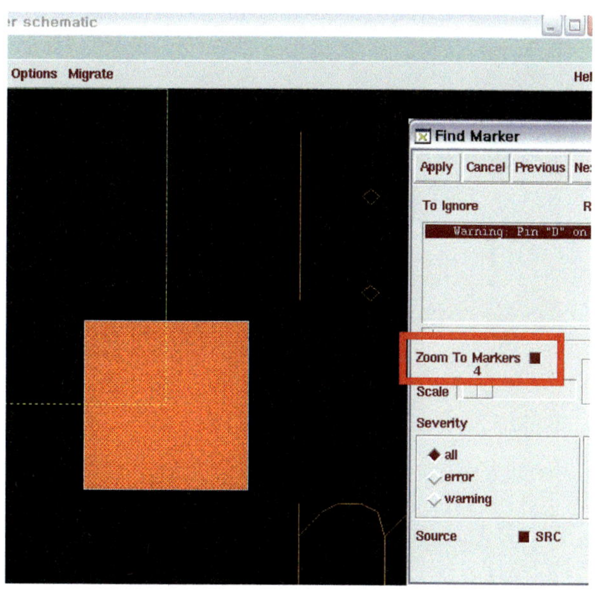

– Error나 warning을 수정한 뒤 다시 저장을 한다.

### ③ Symbol 생성

▶ Symbol 만들기

– 지금까지 Inverter 회로를 Symbol로 만들어서 다른 회로나 블록이 연결되어도 복잡하지 않게 할 수 있다. **Design → Create Cellview → From Cellview..**를 click한다.

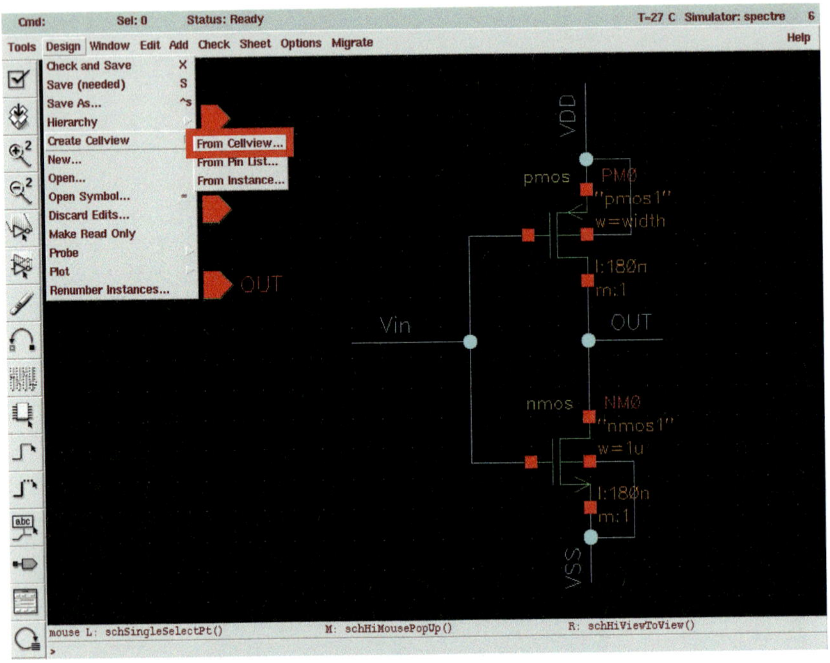

– Symbol의 Pin 배치를 원하는 방향으로 정해서 배치할 수 있다.

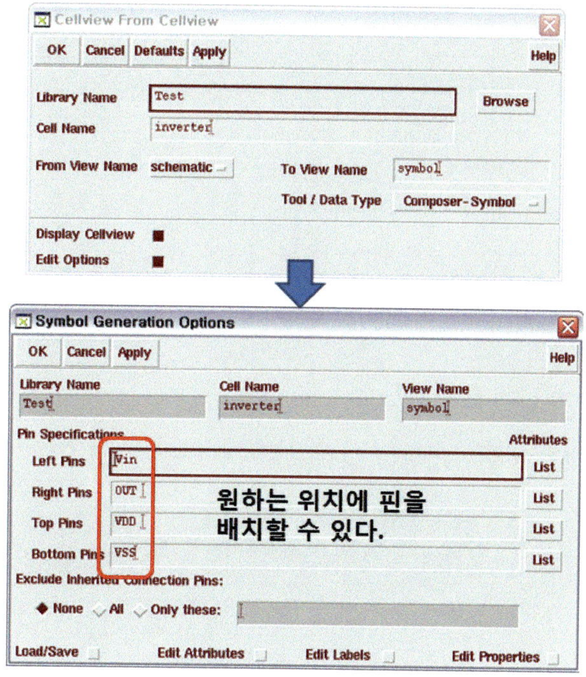


– Symbol의 기본 모양은 사각형이고 설정되어진 대로 Pin방향이 정해진다. 이때 Shape 기능을 통해 원하는 Symbol 모양을 그릴 수 있다.

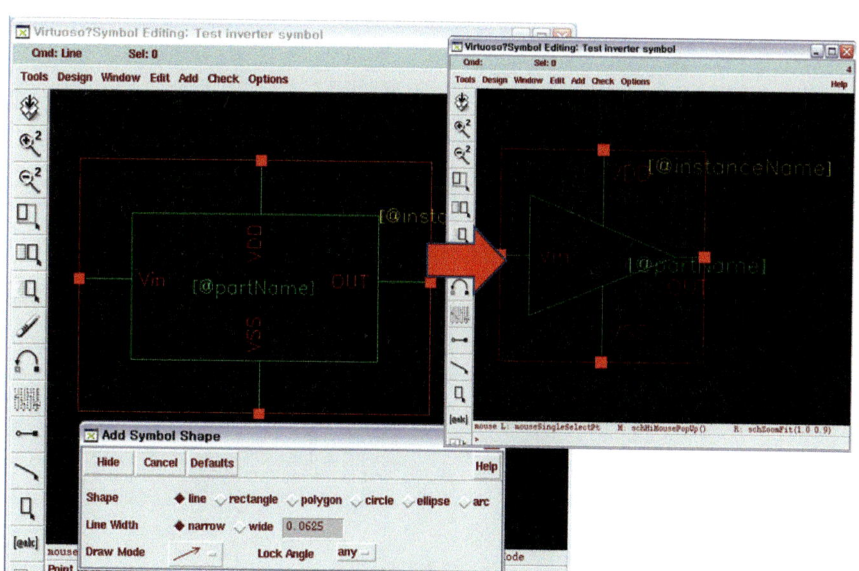

– Symbol을 다 그린 후 저장을 누르고 창을 닫는다. 그리고 inverter cell을 확인하면 symbol이 생성되어 있는 것을 확인할 수 있다.

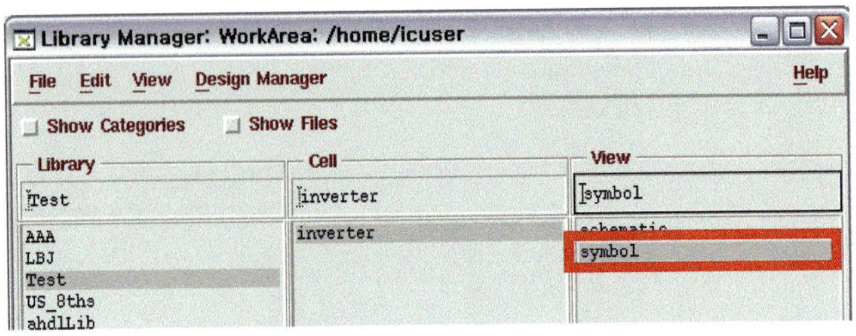


④ Simulation Cell 만들기

▶ Simulation을 하기위해 Cell을 하나 더 만든다.

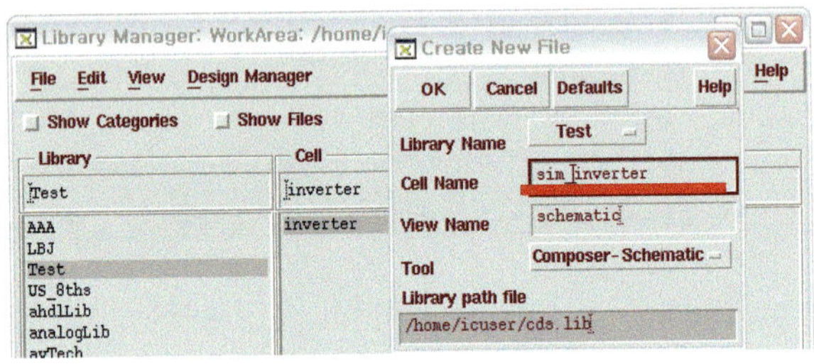


▶ 단축키 'i' Add Instance를 실행시켜 만들었던 inverter Symbol를 불러온다.

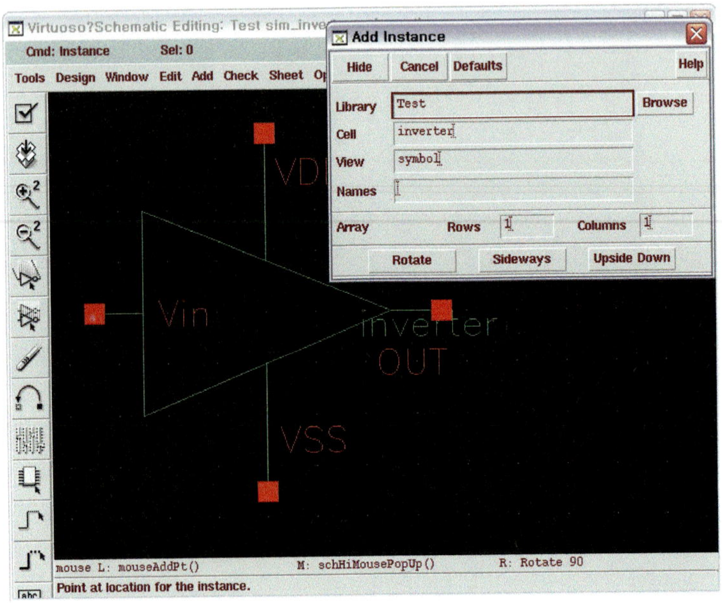

▶ 단축키 'i' Add Instance를 실행시켜 analogLib Library에서 제공하는 vdc, gnd 소자 symbol을 불러와서 배치한다. 출력은 output Pin을 불러서 연결시킨다.

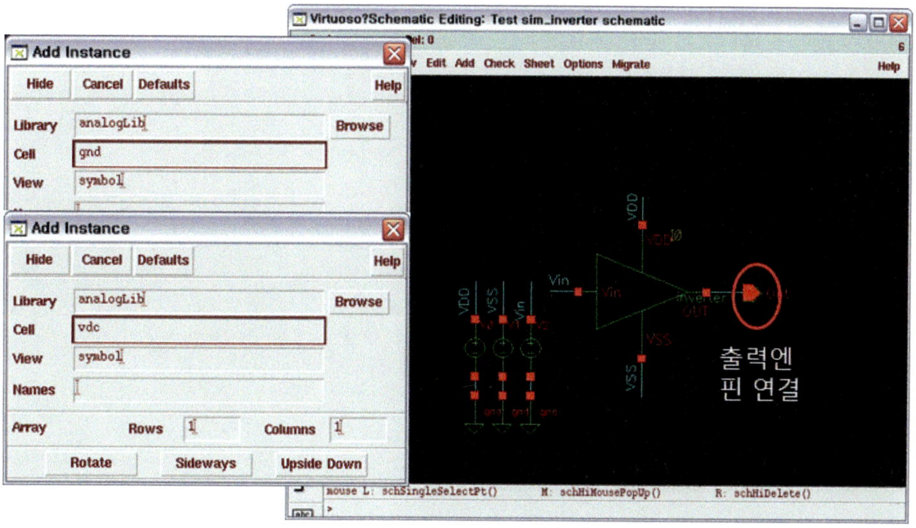


▶ 단축키 'q' Edit Object Properties를 사용하여 vdc에 알맞은 전압 값을 입력한다. VDD에는 1.8V, VSS에는 0V, Vin에는 지정 값 대신 변수 값으로 Vin이라고 입력한다.

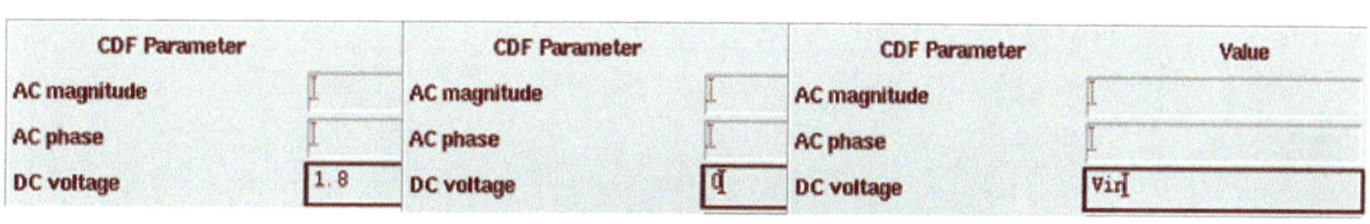


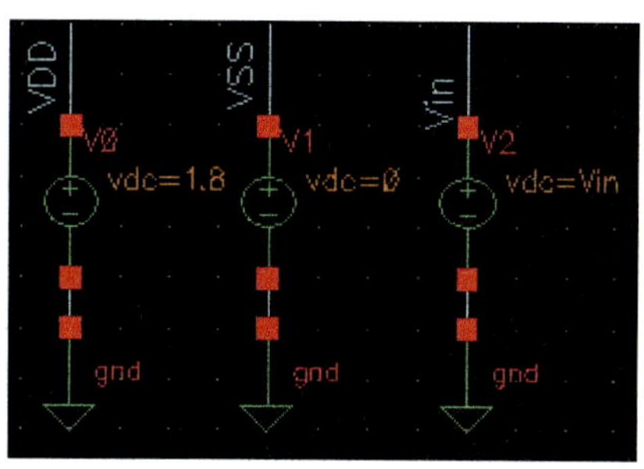

⑤ Analog Environment

▶ Simulation을 실행하기 위해서 Analog Environment를 실행시킨다. **Tools → Analog Environment**를 click.

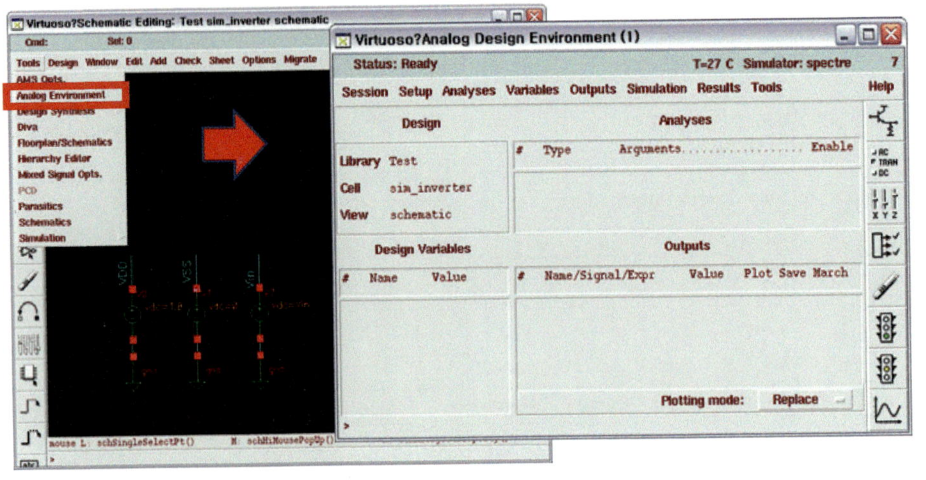


▶ **Variables → Copy From Cellview**를 누르면 회로를 꾸밀 때 지정했던 변수들이 불러 들여진다.

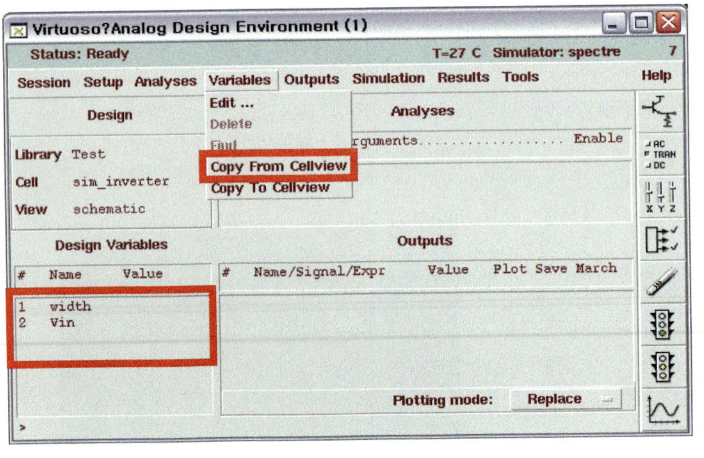

▶ 변수 값을 더블클릭 하거나 **Variables → Edit**를 click하면 변수 값을 입력할 수 있다. 변수 값을 입력한 후 Change를 눌러 준다.

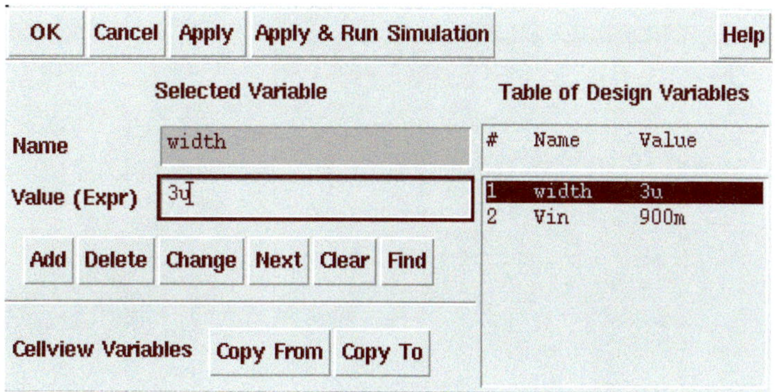


▶ **Analyses → choose..**를 클릭한 후 dc Analyses를 선택하여 세부 설정을 한다. 이 simulation은 Inverter의 입력 값이 0~1.8V까지 변화할 때 출력의 변화를 simulation 한다. 이때 입력 값은 Linear하게 0.01씩 증가하게 설정하였다.

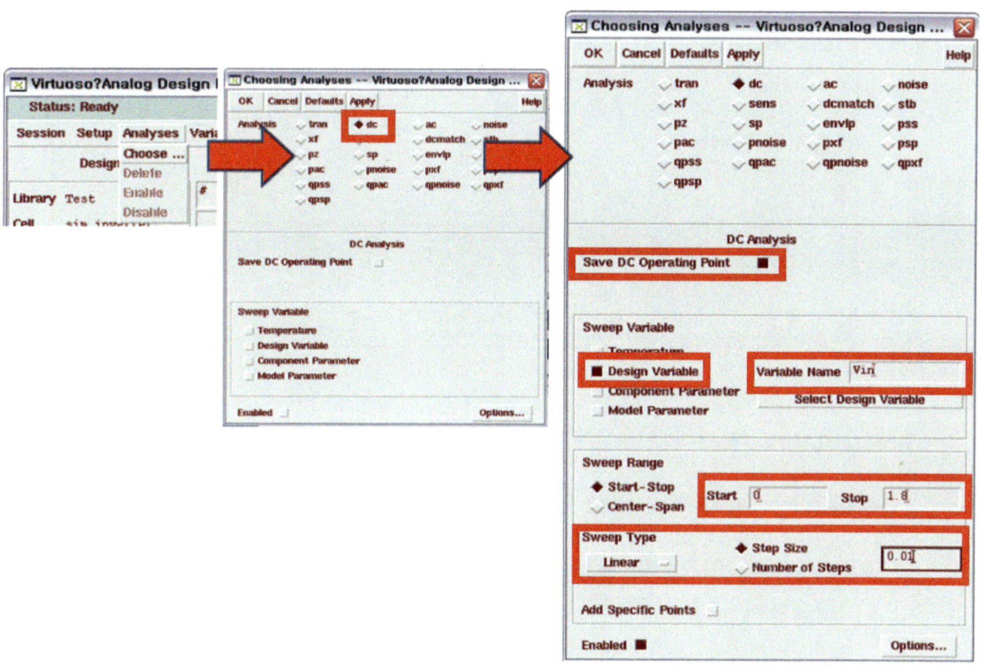

▶ **Simulation → Netlist and Run**을 누르거나 오른쪽에 있는 신호등을 누르면 설정된 simulation이 시작된다.

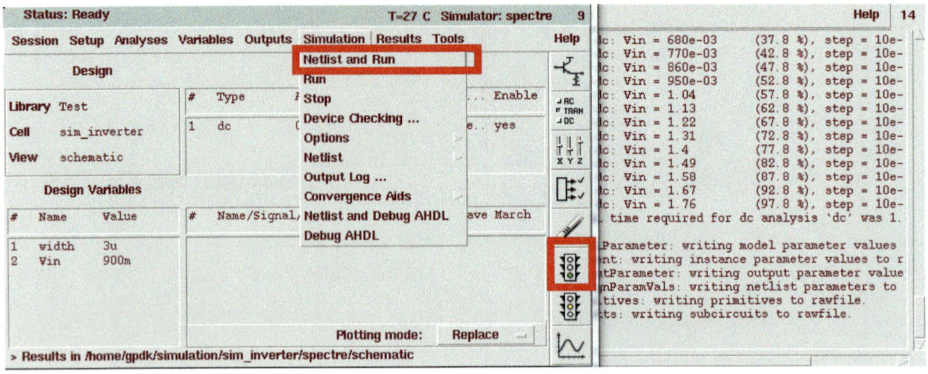

▶ Simulation결과를 보기 전에 **Session → Options...**을 click하면 Waveform Tool를 AWD를 바꾸어 준다. AWD는 결과 비교 시에 WaveScan보다 쉽게 사용할 수 있다.

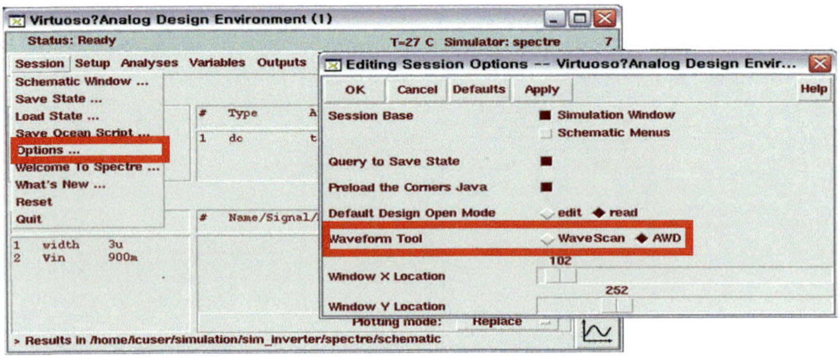

▶ Simulation 결과.

– **Results → Direct Plot → Main Form..**를 click.

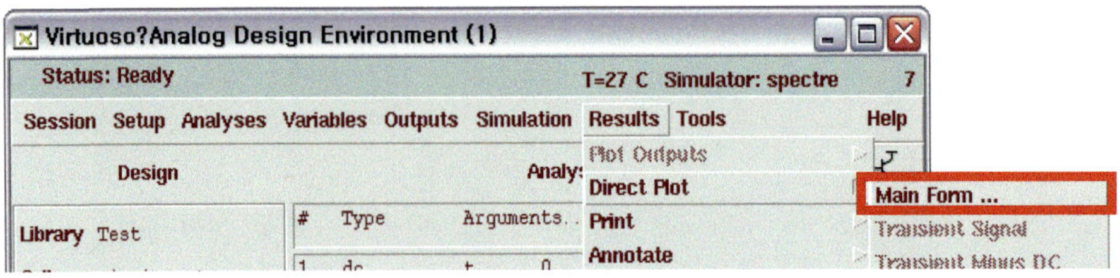

– Direct Plot Form과 Waveform이 나타나고 회로도 또한 활성화 된다. Direct Plot Form의 설정을 dc Voltage로 놓은 상태에서(Ok나 Cancel를 누르면 안 됨) 입력단의 노드 Vin과 출력단의 노드를 찍어준다.

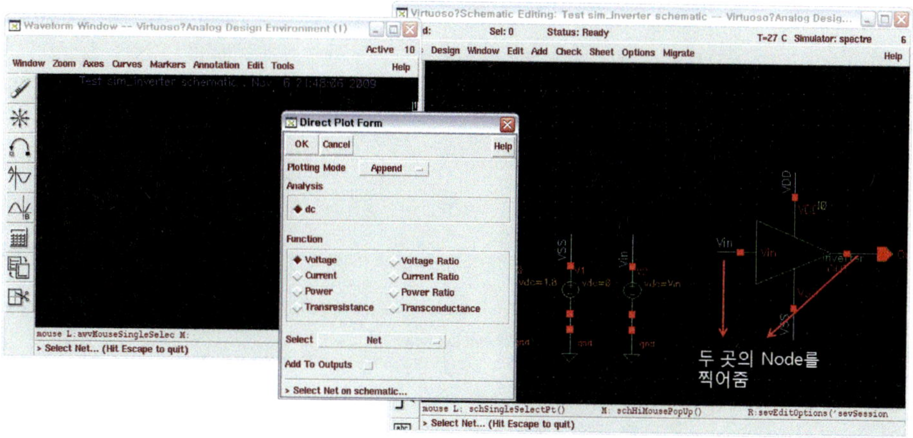


– Simulation 결과이다 Vin이 0.9V일 때 정확히 스위칭 하지 않는 것을 확인할 수 있다. ('a' 나 'b'를 누르면 아래의 포인터가 나타나 원하는 점을 찍어 볼 수 있다.)

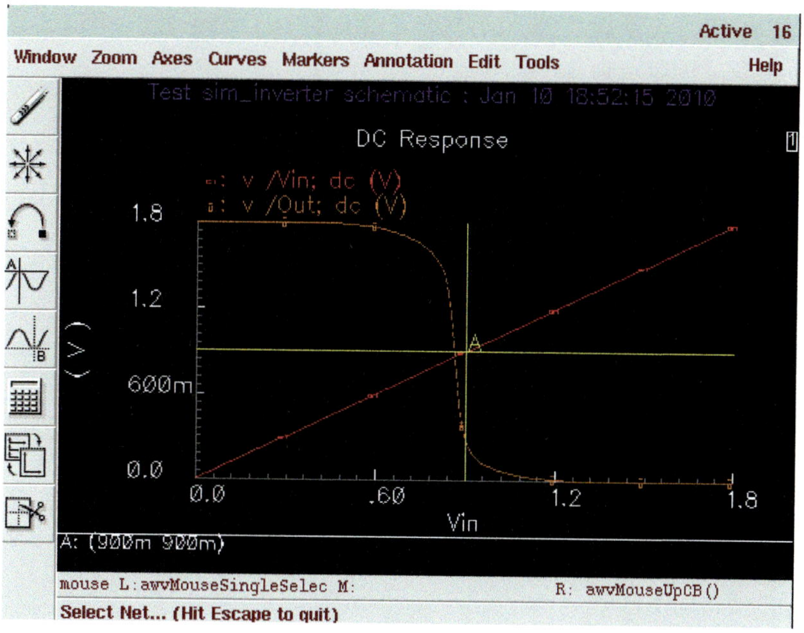

- 0.9V에서 스위칭 시키기 위해 Pmos의 Width의 값을 변경시켜 조건을 만족시키는 정확한 사이즈를 찾기 위해 **Tools → Parametric Analysis** …를 실행 시킨다.

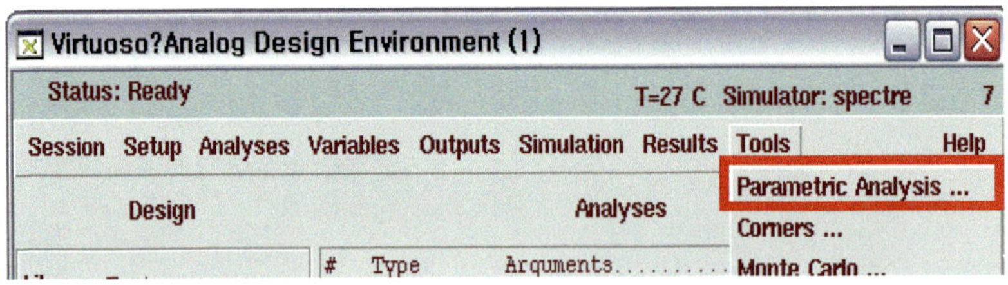


- Variable Name에 변수 width를 넣고 사이즈를 변경할 범위를 정한다.

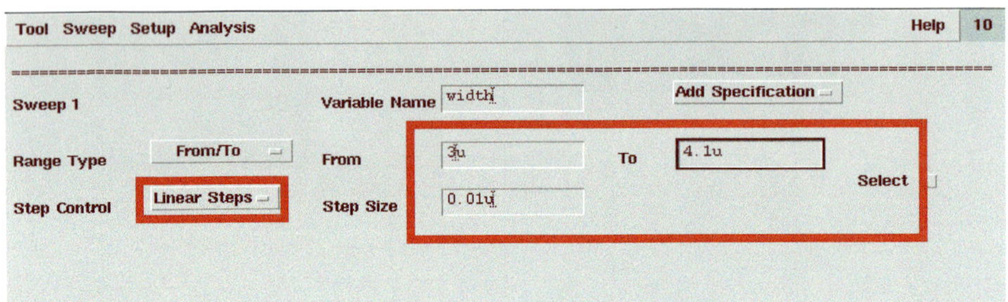


- **Analysis → Start**로 simulation 실행

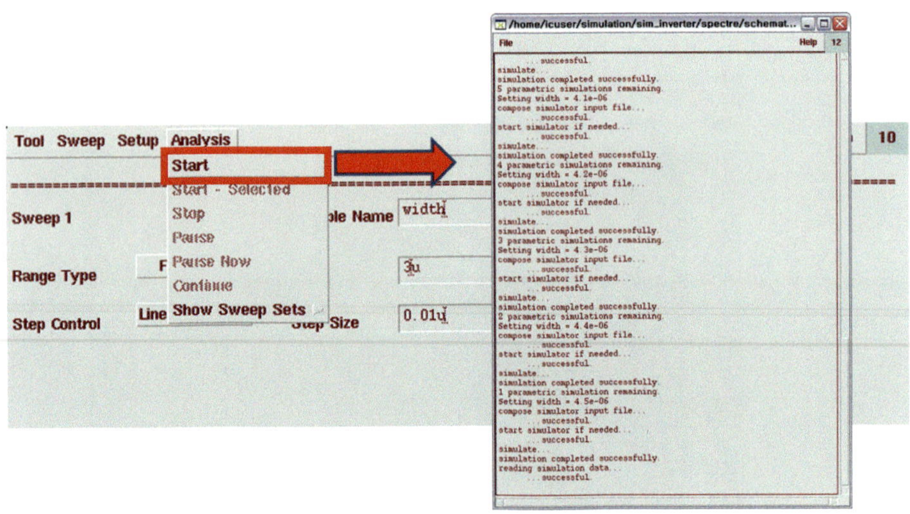

– 앞에서와 같이 **Results → Direct Plot → Main Form..**를 click하여 simulation 결과 확인.

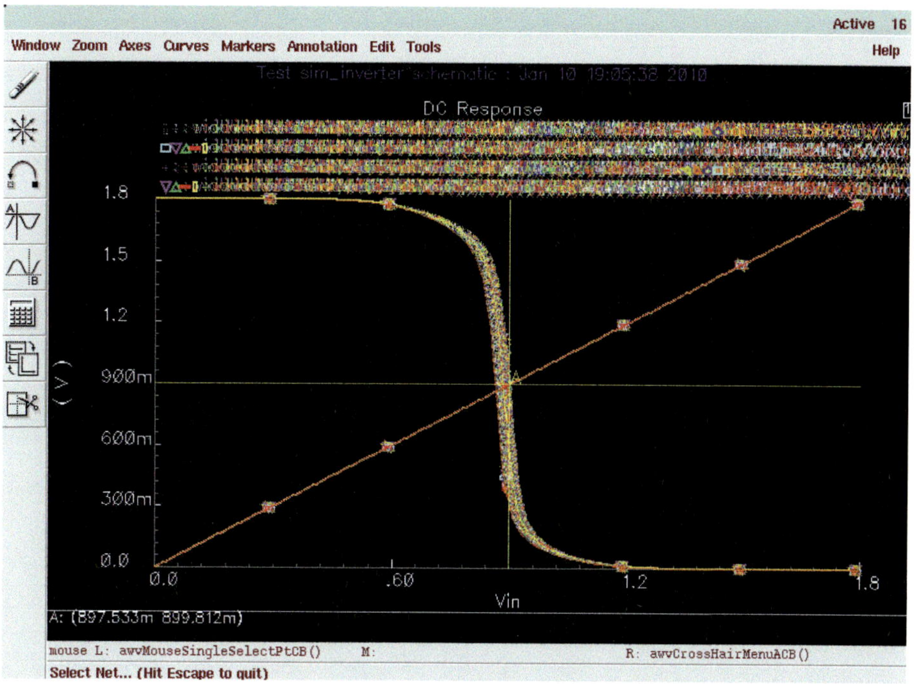

– 너무 많은 결과 치가 있어서 확인하기 힘들기 때문에 단축키 '[', ']'으로 줌 인, 아웃을 하거나 원하는 부분을 마우스 오른쪽을 이용하여 드래그 하면 아래와 같이 확대 화면을 볼 수가 있다. 원 하는 값의 가장 가까운 선을 더블 클릭하면 그 Simulation의 width 값을 확인 할 수 있다.

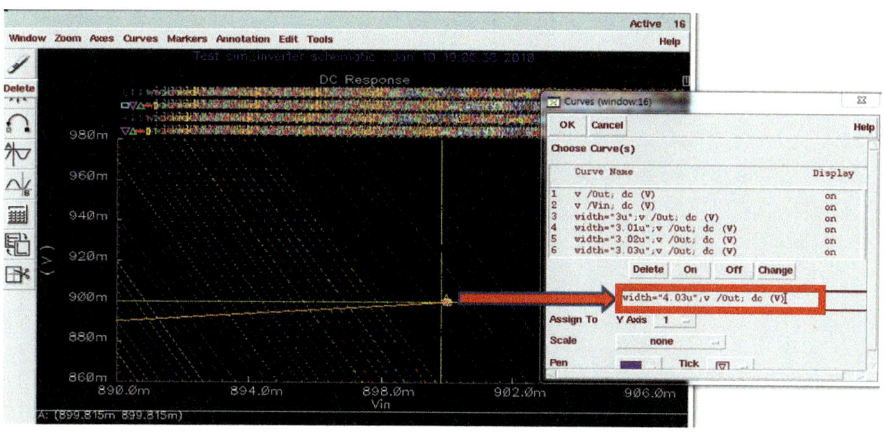

▶ 찾아낸 회로 값 입력하기

– 단축키 'shift + e' (Descend Edit)를 누르고 Symbol을 Click한 뒤 OK를 누르면 inverter 로도를 확인 할 수 있다.

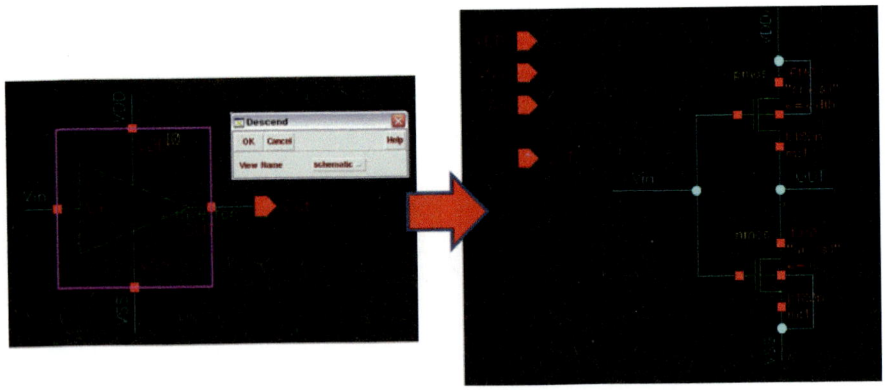

– PMOS를 클릭한 후 q를 누르고 소자 값 4.03u를 입력한다.

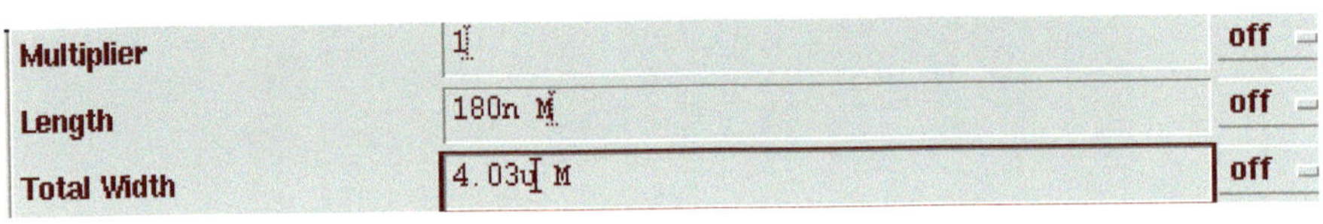


– 소자 값 변경 후에 저장하면 완료.

▶ 각 소자 동작 특성 확인 방법.

– **Analyses → choose.**.를 클릭한 후 dc의 Save DC Operating Point를 check한 뒤에 simulation을 실행시킨다.

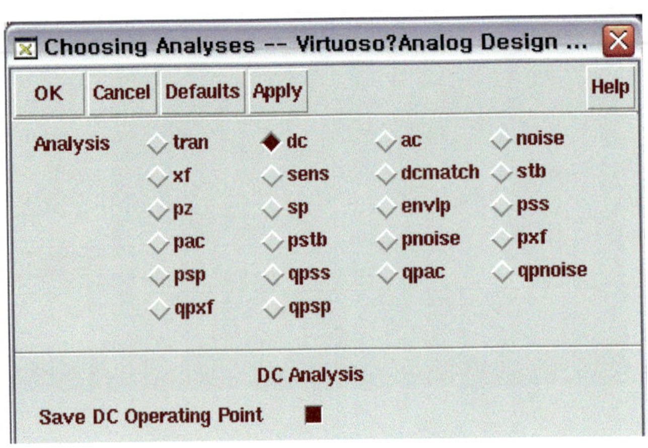

– simulation완료 후 **Result → Annotate → DC Node Voltages**를 클릭하면 각 소자의 Node Voltage를 확인할 수 있다.

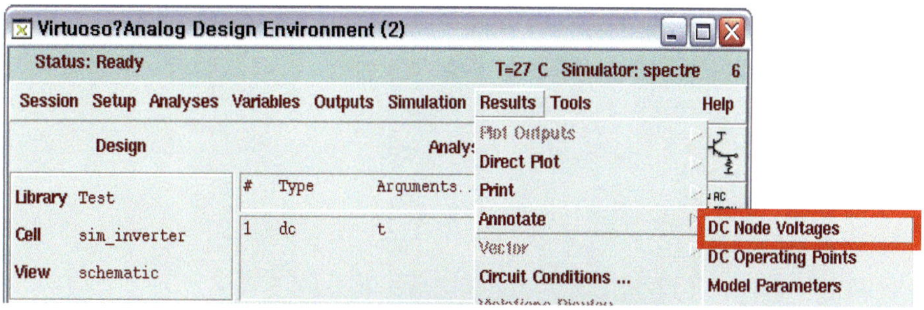

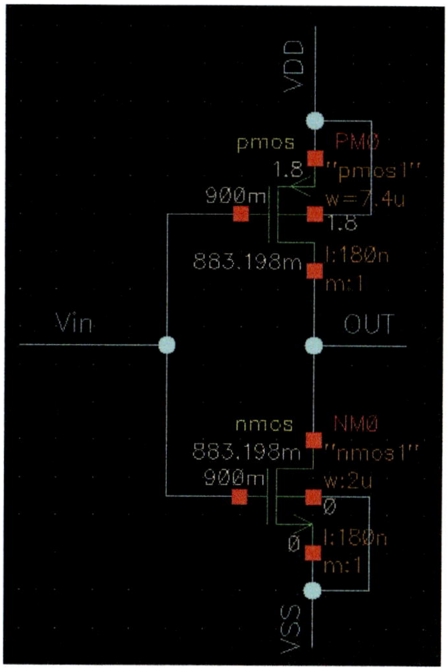

– simulation완료 후 **Result → Print → DC Operating Point**를 click한 뒤 각 소자를 click하면 그 소자가 현재 어떤 특성들을 가지고 있는지 수치로 자세히 확인할 수 있다.

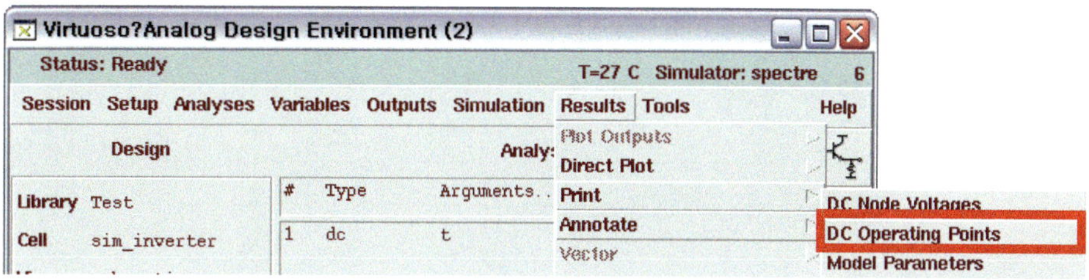

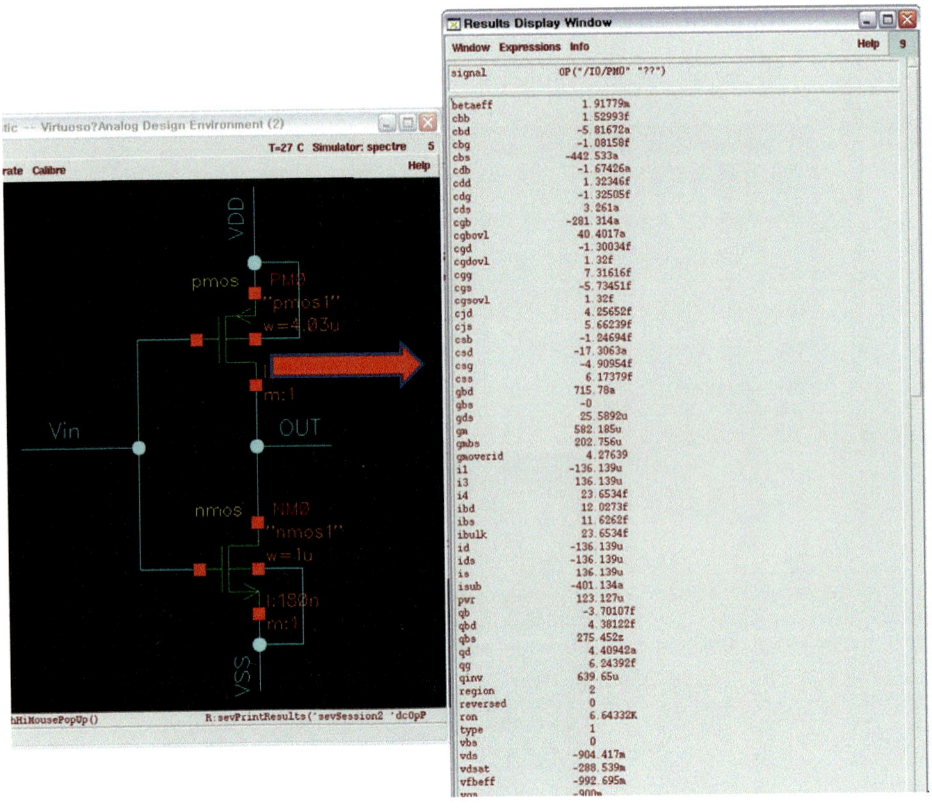


## 3) Layout

### ① Layout 준비

▶ Grid Control

– Virtuoso layout 작업 창을 생성하고 단축키 'e'를 누르거나 menu banner의 Options에서 Display를 선택한 후 Grid Controls에서 X Snap Spacing과 Y Snap Spacing을 각각 0.005로 입력한다. 이것은 공정에서 제공하는 최소 grid를 설정하는 부분으로 만약 최소 grid보다 작다면 off-grid가 발생해서 chip 제작 시 layer를 생성할 수 없다. 그리고 최소 grid보다 크게 설정하는 것은 상관없지만 보통 정수배로 입력해주거나 최소 grid를 입력해준다. 앞으로의 예제에서는 모두 gpdk180의 최소 grid인 0.005로 해놓고 layout 하고 나머지 옵션은 필요에 따라 설정해서 사용하면 된다.

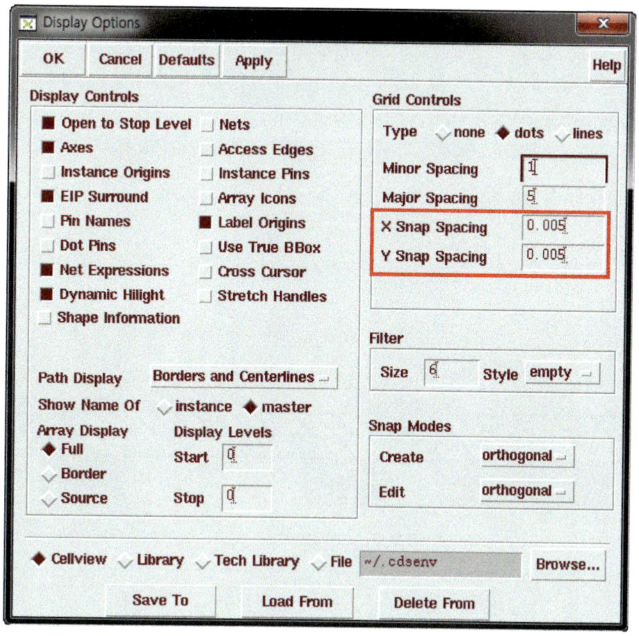


## ② Layout

▶ Schematic 확인

– layout을 시작하기 전에 schematic 창을 열어서 설계한 inverter를 구성하는 MOSFET들의 parameter들이 어떻게 되는지 확인한다.

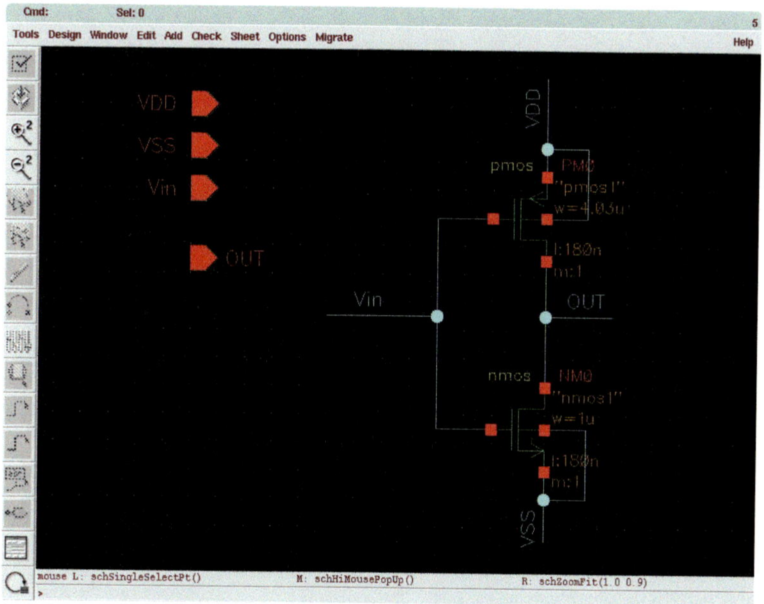

| MOSFET | Length(㎛) | Finger | Finger Width(㎛) | Total Width(㎛) |
|---|---|---|---|---|
| NMOS(NM0) | 0.18 | 1 | 1 | 1 |
| PMOS(PM0) | 0.18 | 1 | 4.03 | 4.03 |

– 그리고 실제 layout을 하기 전에 inverter를 layout했을 때의 단면도를 보면 아래 그림과 같다.

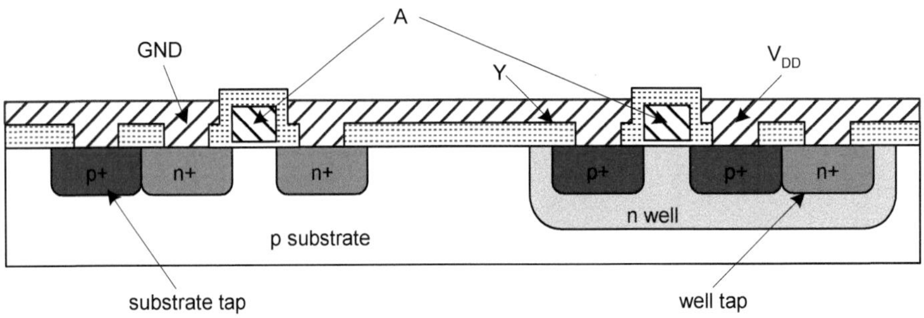


– 설계한 inverter 회로와 마찬가지로 NMOS의 drain과 PMOS의 drain이 서로 연결되어 있고, NMOS의 source는 NMOS의 body와 함께 GND에 PMOS의 source는 PMOS의 body와 함께 VDD에 연결되어 있다.

▶ MOSFET instance 불러오기

– 단면도와 schematic을 바탕으로 layout을 해보자. Instance 명령(단축키 'i')으로 NMOS와 PMOS를 불러와서 'shift+f'로 layer가 보이게 한다. 불러 온 NMOS와 PMOS의 source/drain은 gate를 기준으로 좌우 어느 쪽으로 결정해서 사용하든지 상관은 없지만 metal의 길이를 최소화하고 연결의 편의를 위해 PMOS와 NMOS 모두 gate의 왼쪽을 source로 오른쪽을 drain으로 지정한다.

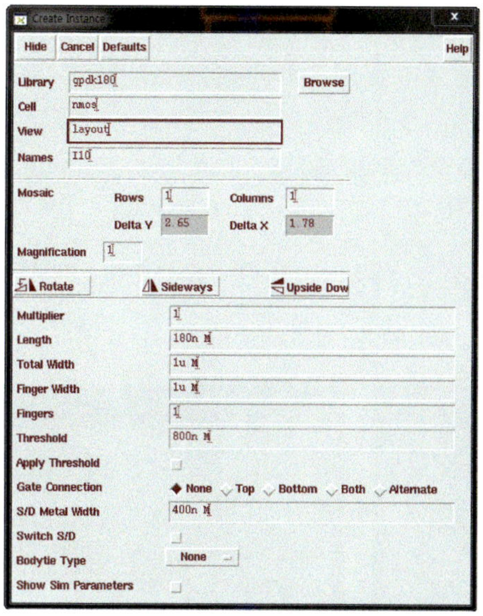


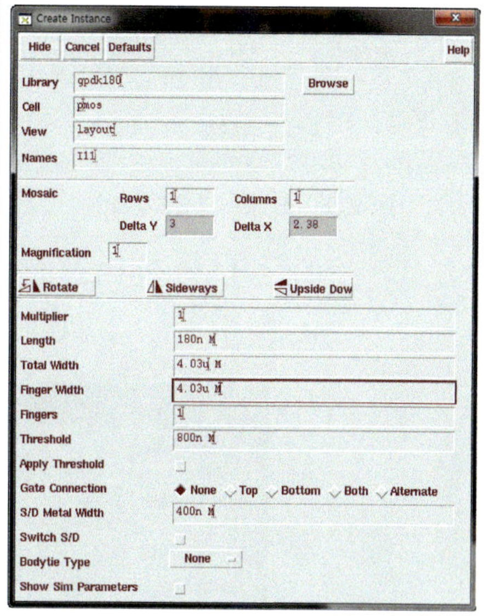


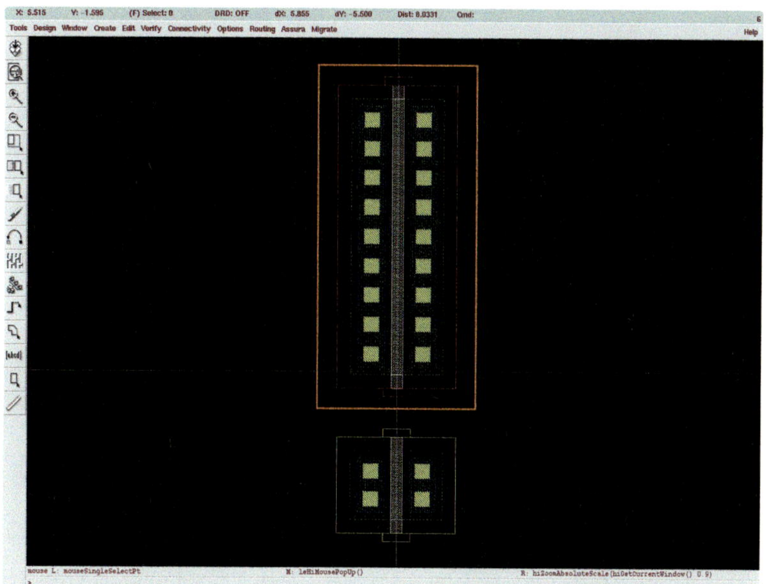

- 여기서 NMOS의 body를 생각해보면, p-sub에 p+로 doping 되어 있고 metal로 source와 함께 GND로 연결되어 있다. 이것을 layout할 때는 Oxide와 Pimp를 그려주고 Contact을 박아서 Metal 1으로 연결해주면 된다. 즉, Contact 명령(단축키 'o')을 사용할 때 M1_PIMP를 불러오면 된다.

- 반면 PMOS의 body는 p-sub에 N-well이 있고 그 안에서 n+로 doping 되어 metal로 source와 함께 VDD에 연결되어 있다. 이것을 layout할 때는 Nwell을

먼저 그려주고 그 안에 Oxide와 Nimp를 그려준 후 Contact 그려 Metal 1으로 연결해주면 된다. 즉, contact 명령을 사용하면 M1_NWELL을 불러오면 된다.

▶ VDD & VSS instance 불러오기

– NMOS의 body와 PMOS의 body로 사용되면서 GND와 VDD로도 사용할 수 있는 M1_PIMP와 M1_NWELL을 Contact 명령을 이용해서 불러와보자.

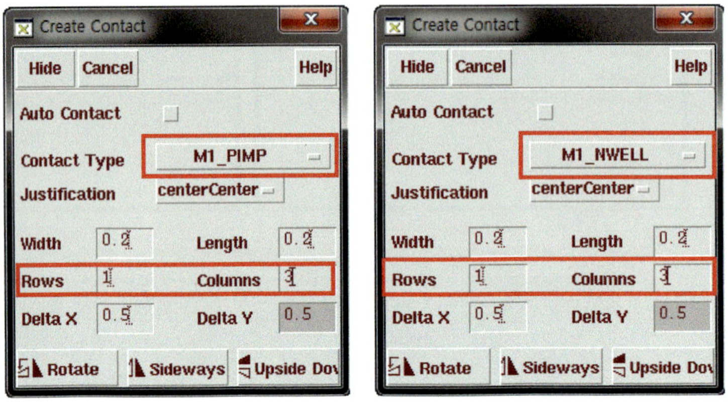


– Contact 명령(단축키 'o')을 실행해서 Contact Type에서 NMOS의 body는 M1_PIMP로 PMOS의 body는 M1_NWELL로 선택해주면 되고, Rows와 Columns 값은 contact을 행이나 열로 몇 개씩 만들 것이냐를 지정하는 것인데 여기서는 Rows는 1로 Columns만 3으로 입력해서 가로로 1줄인데 3개의 contact이 있는 형태가 된다.

– 여기서 한 가지 이야기하고 넘어가야 할 것이 있다. Contact을 넣어야 할 때는 넣을 수 있는 최대한 넣는 것이 좋다. 회로를 설계할 때는 wire가 순수한 wire이지만 실제로 layout을 해서 chip을 만들 때는 parasitic 저항 성분이 들어가게 된다. 그래서 contact을 최대한 많이 넣어 기존의 저항 성분을 병렬로 만들면 저항이 작아지게 되므로 넣을 수 있는 최대한 넣어야 한다. 다만 Contact 명령을 이용하면 저절로 이 법칙이 적용되는 것이다. 그러면 body까지 불러 온 layout 화면을 보자.

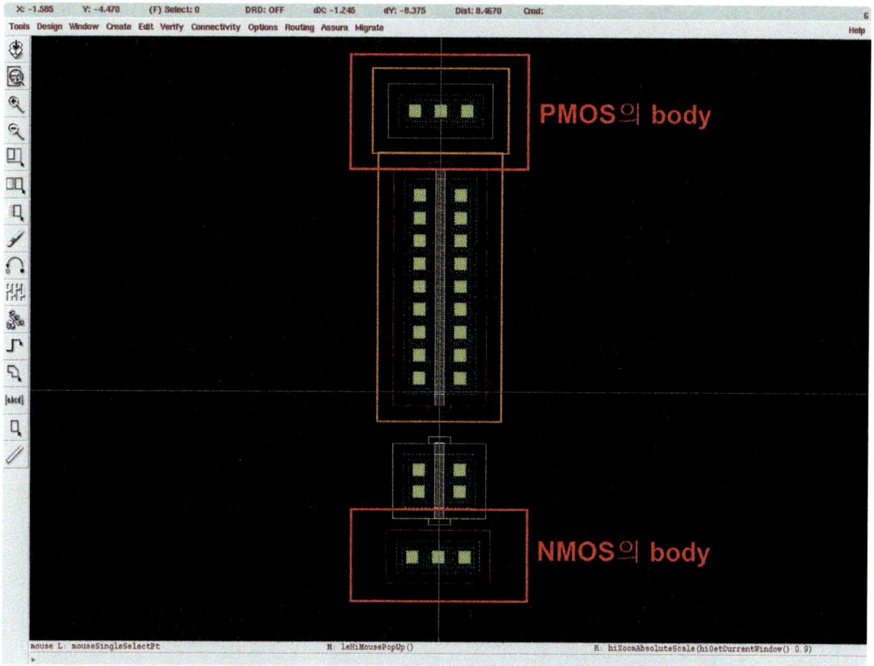


- NMOS의 body와 PMOS의 body가 놓여 있는 것을 볼 수 있다. 여기서 PMOS의 body는 N-well이 있으므로 PMOS의 N-well과 붙여놓아야 design rule을 어기지 않게 되고 만약 띄워서 위치시키면 design rule에서 제한하고 있는 최소길이 이상을 띄워야 한다. 그러나 띄우게 될 경우 차지하는 면적이 넓어지므로 보통은 붙여놓는다.

▶ Net 및 입/출력 연결하기

- 필요한 instance는 모두 불러왔으니 입력과 출력 그리고 연결이 필요한 net을 연결하도록 하겠다. Inverter 회로는 PMOS의 gate와 NMOS의 gate가 연결되어 입력을 받아들이고 있으므로 이 부분부터 해보면, gate는 poly layer로 되어 있으므로 LSW 창에서 Poly를 선택하고 Path 명령(단축키 'p')을 이용하여 PMOS와 NMOS의 gate를 연결해준다. 여기서 path의 width는 gate의 length인 0.18㎛로 하고 연결한다.

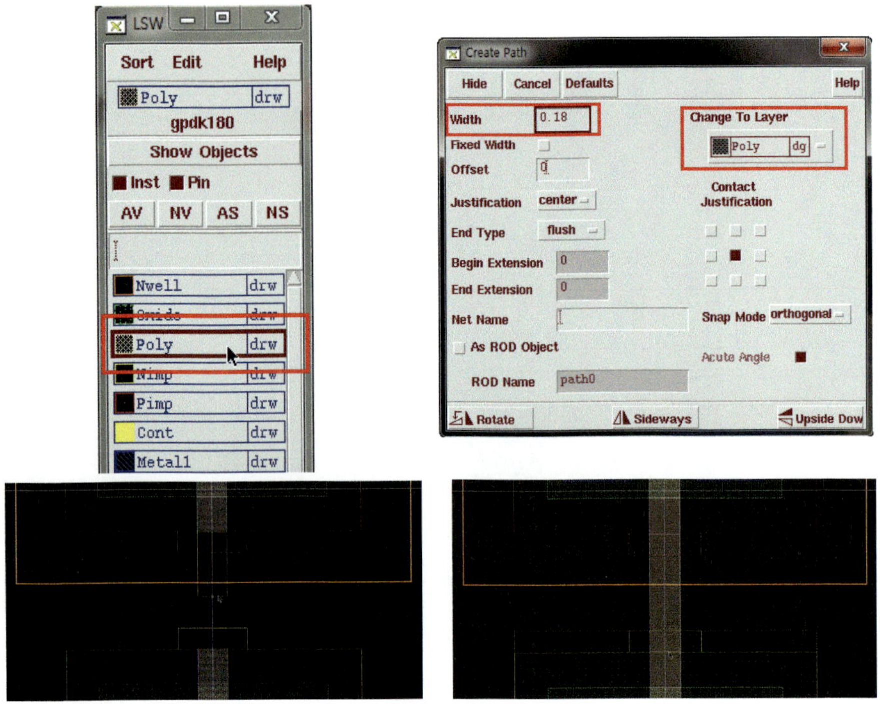


- 그리고 이것을 입력 pin으로 뽑아야 하므로 Contact 명령(단축키 'o')으로 M1_POLY1 contact을 PMOS와 NMOS의 gate를 연결한 Poly layer에 놓는다.

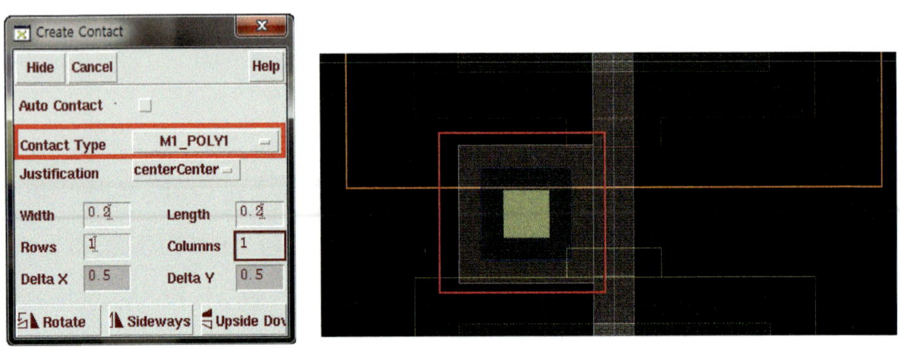


- 그리고 입력을 받아들일 수 있게 M1_POLY1의 Metal 1을 연장해서 왼쪽으로 빼놓는다. 실제로 M1_POLY1의 Metal 1을 연장하는 것보다 Metal 1 layer를 추가로 그리는 것이 더 편리하므로 LSW 창에서 Metal 1 layer를 선택하고 Path

명령(단축키 'p')을 눌러 width를 0.4㎛로 입력한 후 연장해서 그린다.

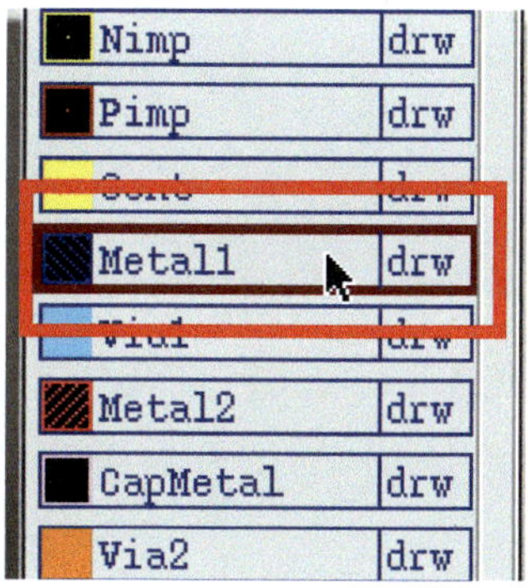


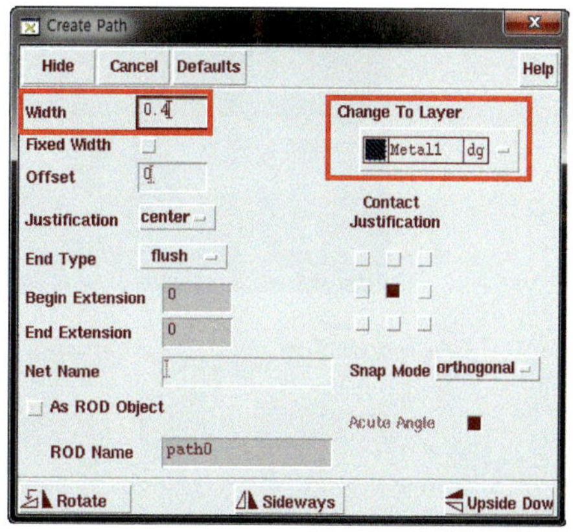


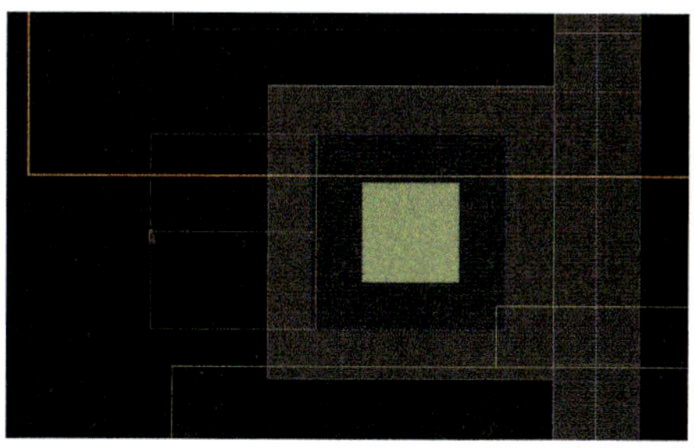

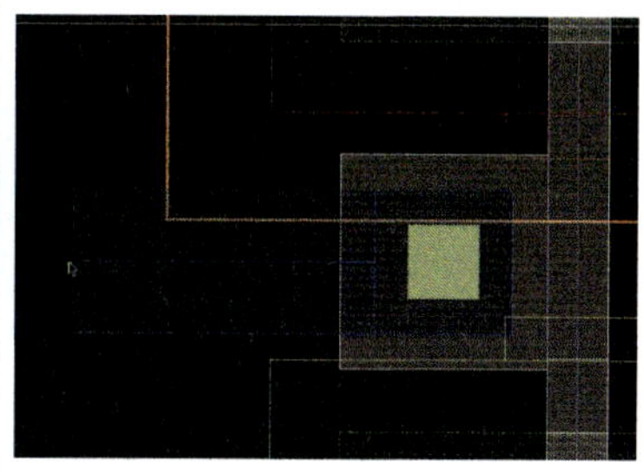

– 다음으로 inverter의 출력이 되는 PMOS의 drain과 NMOS의 drain을 연결하는데 PMOS와 NMOS의 drain에 이미 Metal 1이 있으므로 같은 width를 갖는 Metal 1 path로 연결한다. 여기서는 width가 0.4㎛인 Metal 1으로 Path 명령(단축키 'p')을 이용해 연결하고 출력 pin으로 표시하기 위해 Path 명령(단축키 'p')을 이용해서 0.4㎛의 width를 갖는 Metal 1을 오른쪽으로 연장해 놓겠다.

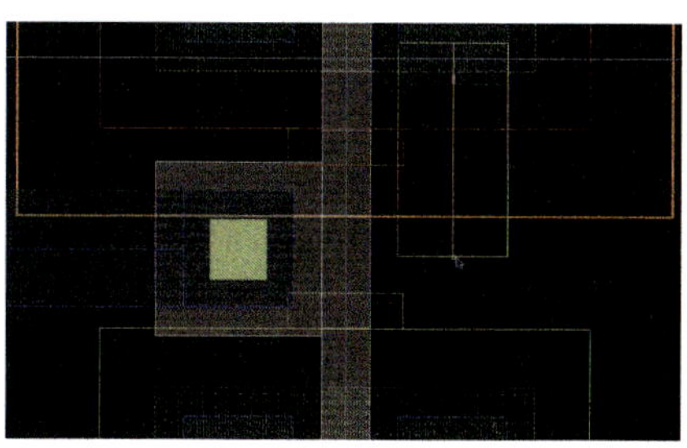

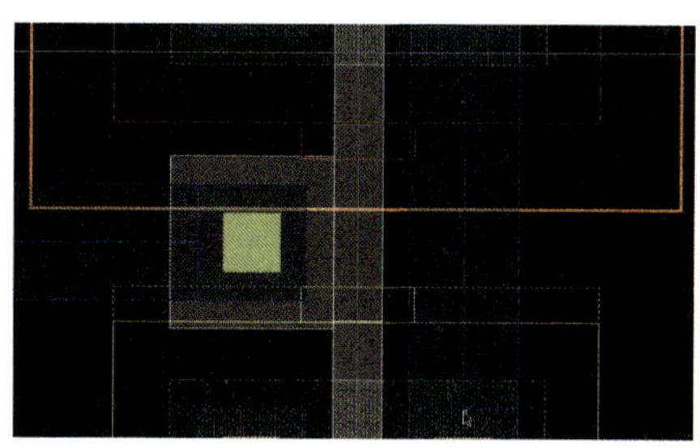

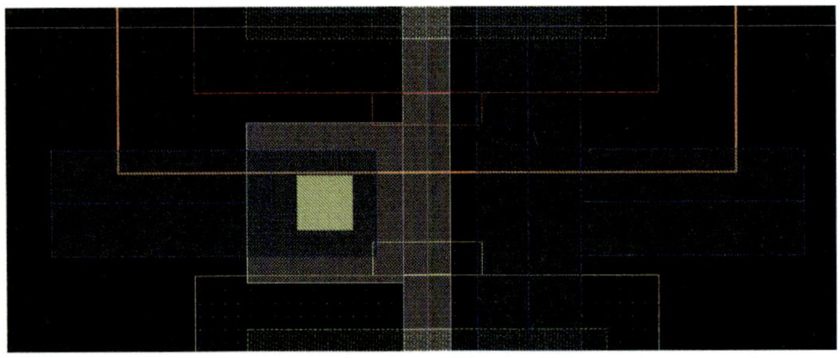

- 이제 PMOS의 source는 VDD에 NMOS의 source는 GND에 연결해야 한다. 앞에서 설명한 것과 마찬가지로 Path 명령(단축키 'p')을 이용하여 0.4㎛의 width를 갖는 Metal 1으로 연결한다.

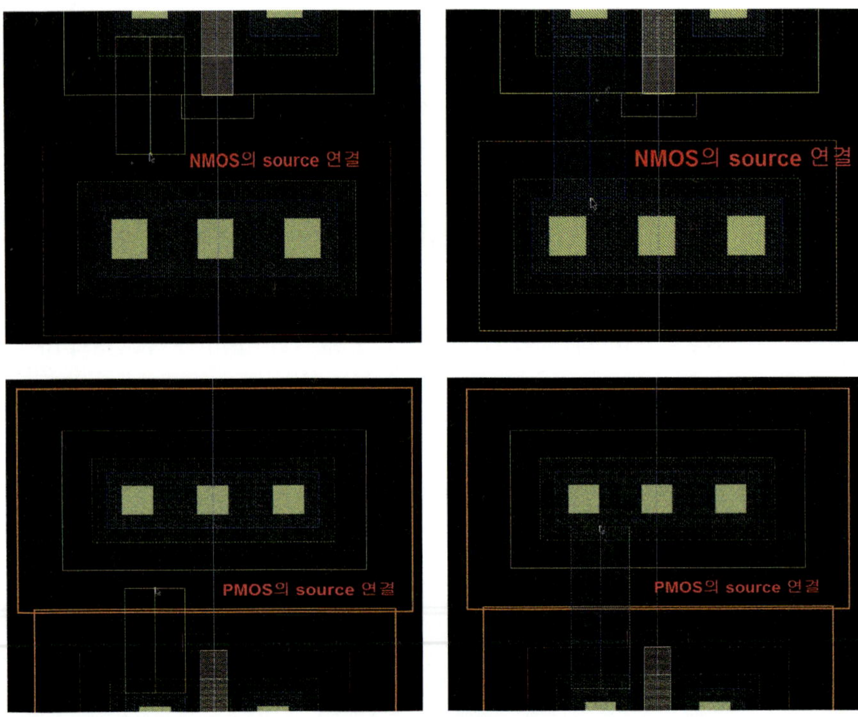


▶ Pin 지정하기

- 회로 설계 시 할당했던 pin을 layout에서도 지정해줘야 한다. Pin을 지정하는 방법은 2가지가 있다. 첫 번째 방법은 앞에서 설명한 Label 명령을 사용하는 것이고 두 번째 방법은 Pin이라는 명령을 사용하는 방법이다.

- 먼저 Label 명령을 사용해서 Pin을 지정하는 방법에 대해서 설명하겠다.
- Layout에서 어떤 metal에 pin을 지정하는 것인지를 확인하고 LSW 창에서 pin을 지정할 metal에 해당하는 metal(pin) layer를 선택한 후 Label 명령(단축키 'l')으로 pin을 지정하면 된다. Inverter 회로의 입력(Vin) pin을 예로 들어 설명하면 layout에서 입력에 연결되어 있는 metal이 Metal 1이므로 LSW 창에서 Metal 1(pin) 이라고 되어 있는 layer를 선택하고 Label 명령(단축키 'l')을 실행하면 열리는 Create Label 창에서 Label에는 pin의 이름 Vin을 Height는 기본 값이 1인데 높이를 줄이고 싶거나 키우고 싶다면 적당한 값을 입력하면 되고 Font는 기본 값이 stick이지만 필자는 너무 얇아 잘 보이지 않는다고 생각해서 roman으로 지정했다. 이렇게 지정한 후 Hide를 눌러주면 Vin이라는 글자가 마우스커서를 따라 다니는데 입력으로 지정된 metal에 클릭해주면 된다. 여기서 주의할 것은 label의 +표시가 반드시 해당 metal 위에 있어야 한다는 것이다.

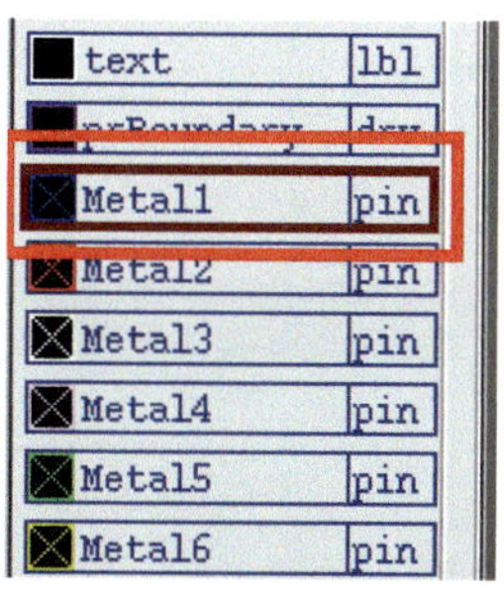


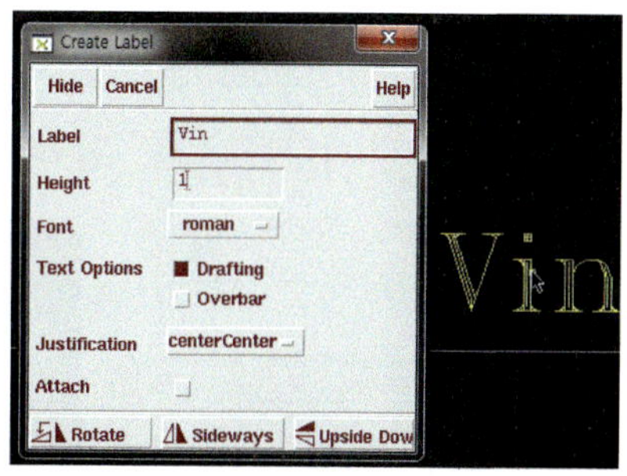


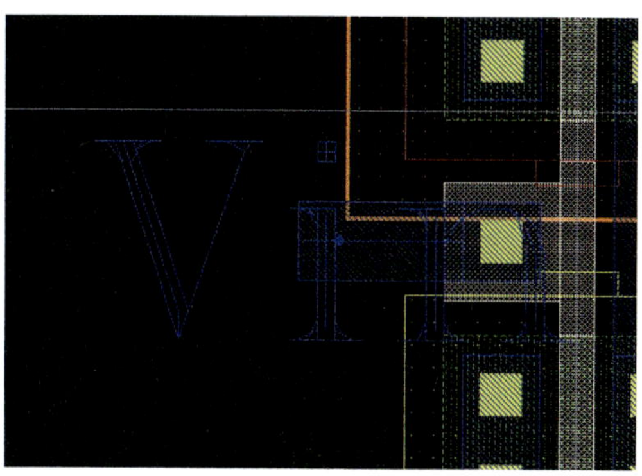

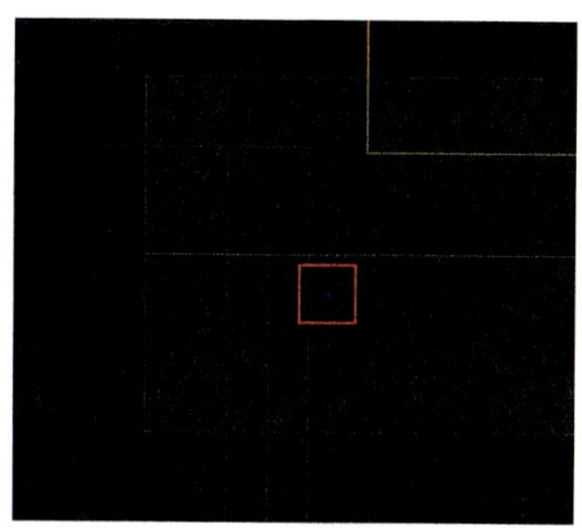

– 다음은 Pin 명령을 사용해서 pin을 지정하는 방법이다. Label 명령에서와 마찬가지로 LSW 창에서 pin을 지정할 metal에 해당하는 metal(pin) layer를 선택하고 Virtuoso layout 작업창의 menu banner에서 **Create → Pin**을 선택하거나 단축키 Ctrl+p를 누르면 Create Symbolic Pin 이라는 pop-up 창이 열리는데 Terminal Names에는 pin의 이름을 Mode는 3가지 중 원하는 것을 I/O Type은 지정할 pin의 형태를 Pin Type에는 어떤 layer에 지정될 pin인지에 대한 것을 선택한다. 마찬가지로 inverter 회로의 입력 pin(Vin)을 예로 들어 설명하면, layout에서 입력에 연결되어 있는 metal이 Metal1이므로 LSW 창에서 Metal 1(pin) 이라고 되어 있는 layer를 선택하고 Pin 명령(단축키 'Ctrl+p')을 실행해서 Create Symbolic Pin 창을 열리면 Terminal Names에는 pin의 이름 Vin을 입력하고 Mode는 sym pin, I/O Type은 입력 pin이므로 input, Pin Type은 Metal 1과 연결되는 pin이므로 Metal 1_T를 각각 선택한 후 Hide를 누르면 작은 사각형이 마우스 커서를 따라다니는데 입력으로 지정한 metal에 클릭해주면 된다. 여기서도 Label 명령에서와 마찬가지로 pin의 +표시가 반드시 해당 metal 위에 있어야 한다는 것을 주의하자.

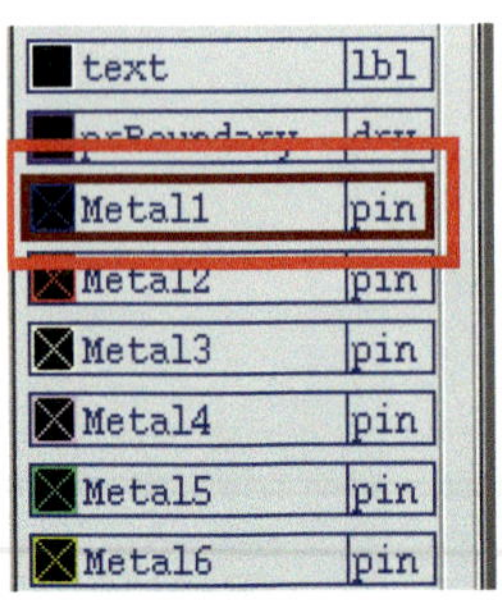


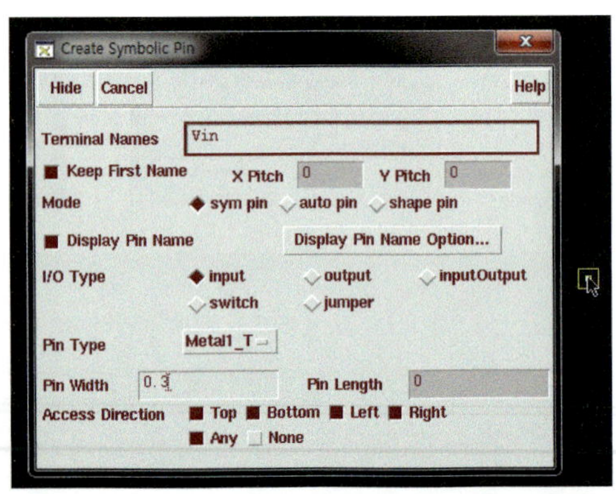


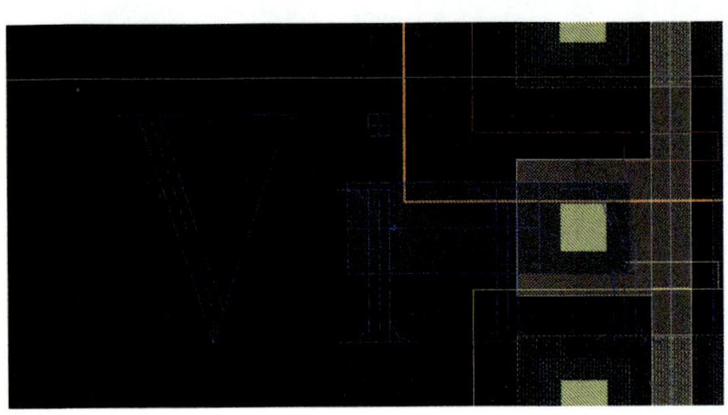

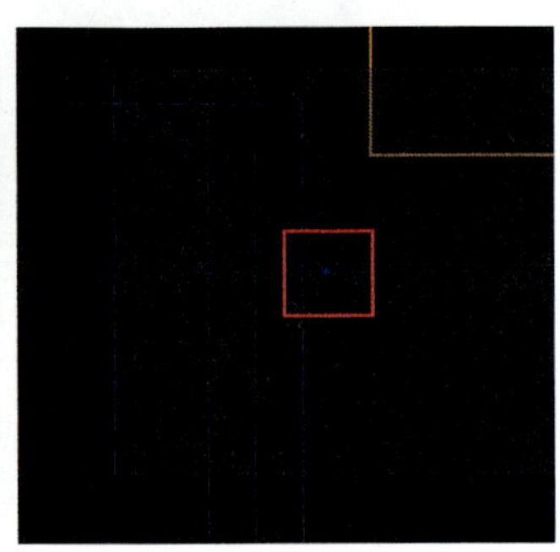

– Pin 명령에 대해서 조금 더 설명하자면, Create Symbolic Pin 창의 Mode는 pin을 지정하는 방법만 다를 뿐 같은 기능을 수행한다. Sym pin은 이미 만들어져 있는 Pin Type을 사용할 수 있고 auto pin은 자동으로 Pin Type을 지정해주고 shape pin은 Pin Type을 원하는 모양으로 지정할 수 있다. 그리고 Display Pin Name Option 부분을 클릭하면 Label 명령에서와 같은 형태의 Pin Name Display 창이 열리는데 여기서 Height와 Font 등을 지정할 수 있다. 마지막으로 I/O Type은 지정하고자 하는 pin이 입력 pin이면 input, 출력 pin이면 output, 입/출력 양방향 pin이면 inputOutput 등을 선택할 수 있다.

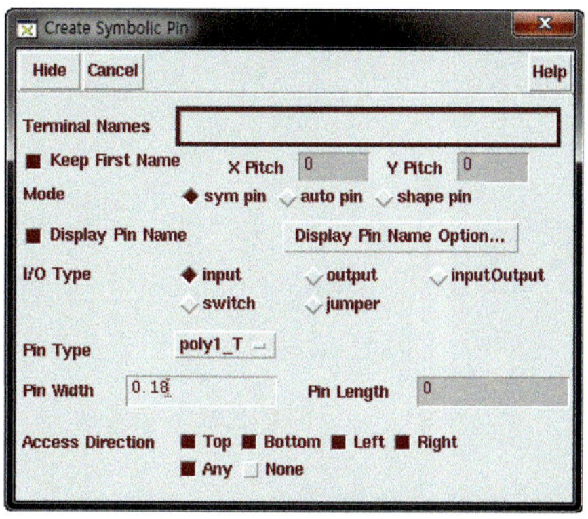


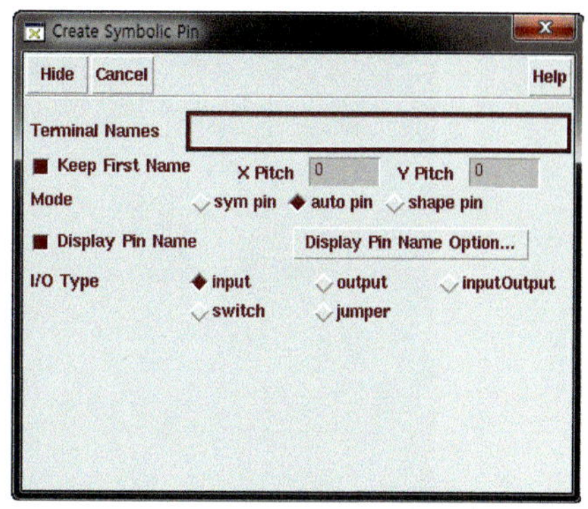


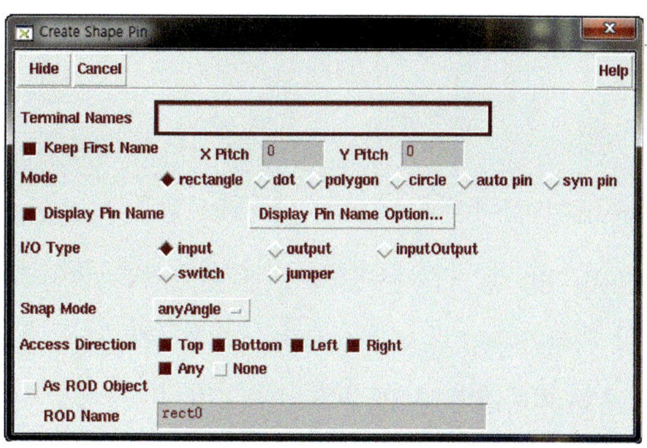


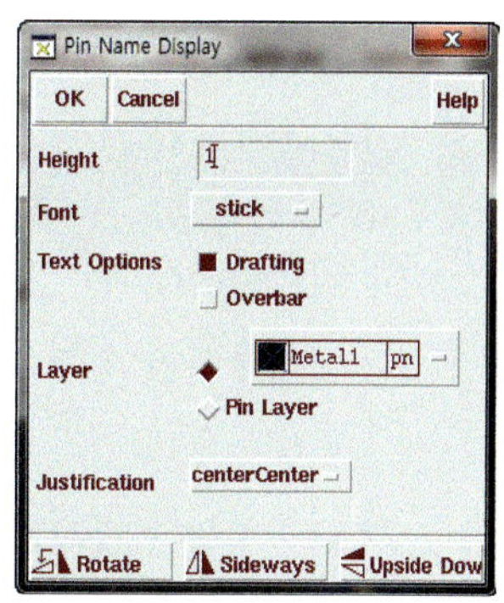


– 앞에서 Pin을 지정하는 방법으로 2가지를 설명했고 Label 명령을 사용하는 것이 훨씬 간단하지만 gpdk180에서는 Pin 명령을 사용해서 pin을 지정해줘야 추후 LVS라는 확인 작업을 통과할 수 있다. 그러므로 inverter 회로의 layout과 앞으로의 예제에서는 Label 명령(단축키 'l') 대신 Pin 명령(단축키 'Ctrl+p')을 사용하도록 하겠다. 이제 Pin 명령(단축키 'Ctrl+p')을 이용하여 inverter 회로의 모든 pin을 지정하자. 아래 그림은 모든 pin을 지정한 것을 나타내고 있고, 오른쪽

그림은 단지 pin이 잘 보이도록 'ctrl+f' 하여 나타낸 것이다.

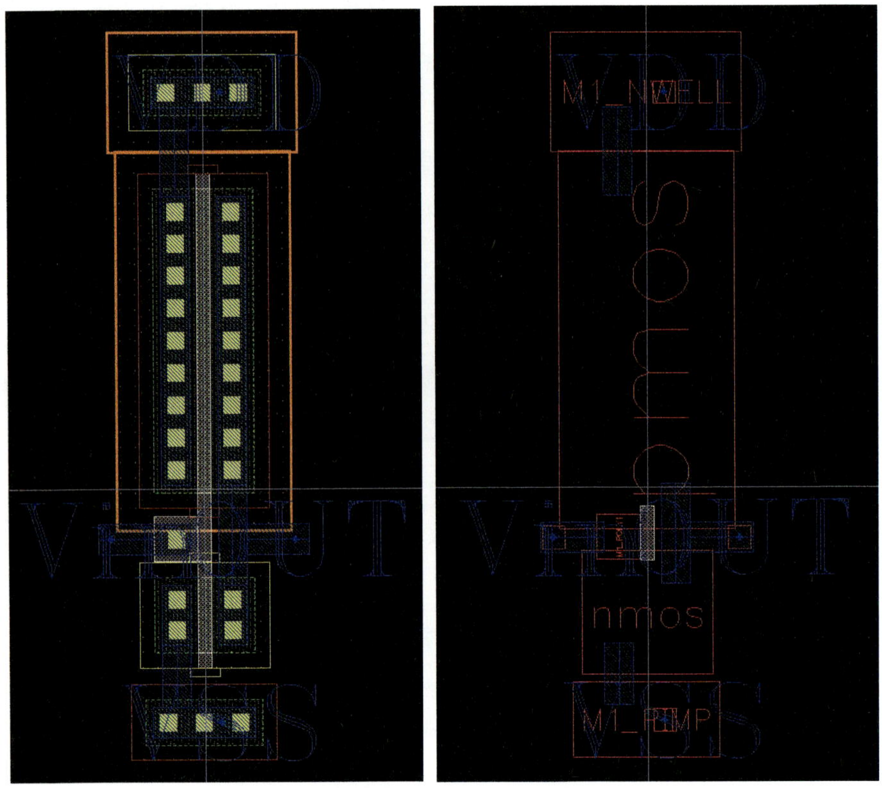


▶ Layout 검증

- Inverter 회로의 layout이 끝났지만 여기서 끝이 아니다. Assura라는 tool을 사용하여 정해진 design rule에 맞게 그려졌는지를 확인하는 DRC(Design Rule Check)작업과 설계한 회로(schematic)와 layout한 회로가 같은 회로인지를 검증하는 LVS(Layout versus Schematic)작업이 남았다.
- 먼저 Assura tool을 사용하기 위해 Assura Technology Library 파일을 지정해야 한다. Virtuoso layout 작업창의 menu banner에서 **Assura → Technology**를 선택하면 Assura Technology Lib Select 창이 열리고 … 버튼을 눌러 그림처럼 Assura Technology 파일을 지정하면 된다.

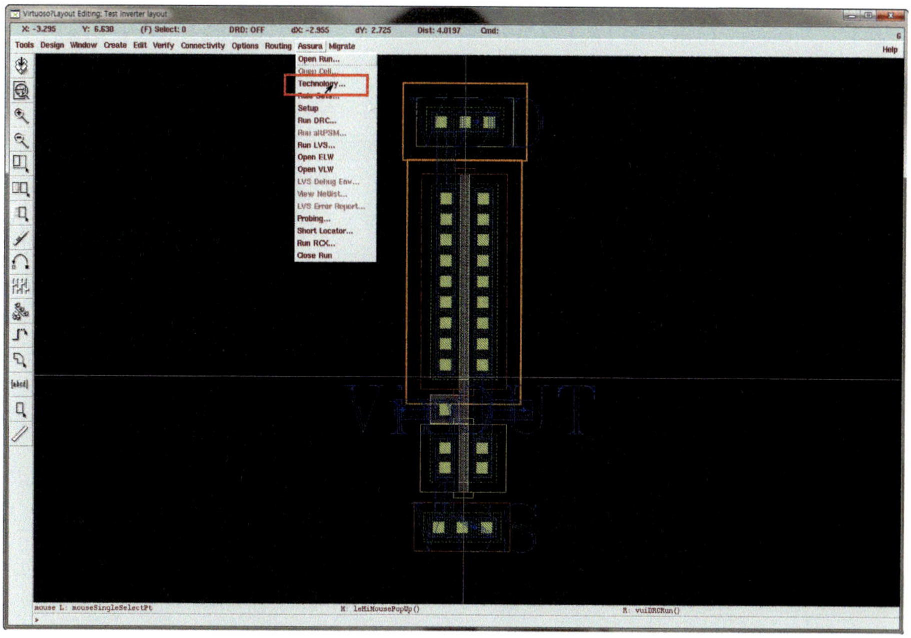
Tools Design Window Create Edit Verify Connectivity Options Routing Assura Migrate
Open Run...
Technology...
Setup
Run DRC...
Run LVS...
Open ELW
Open VLW
Probing...
Short Locator...
Run RCX...
Close Run

Assura Technology Lib Select
OK
Cancel
Apply
Defaults
Help
Assura Technology File
...
View...
Edit...

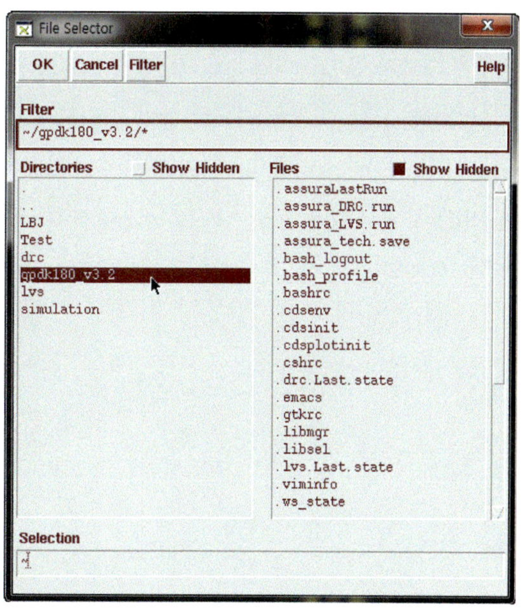
File Selector
OK
Cancel
Filter
Help
Filter
~/gpdk180_v3.2/*
Directories
Show Hidden
Files
Show Hidden
.
..
LBJ
Test
drc
gpdk180_v3.2
lvs
simulation
.assuraLastRun
.assura_DRC.run
.assura_LVS.run
.assura_tech.save
.bash_logout
.bash_profile
.bashrc
.cdsenv
.cdsinit
.cdsplotinit
.cshrc
.drc.Last.state
.emacs
.gtkrc
.libmgr
.libsel
.lvs.Last.state
.viminfo
.ws_state
Selection
~

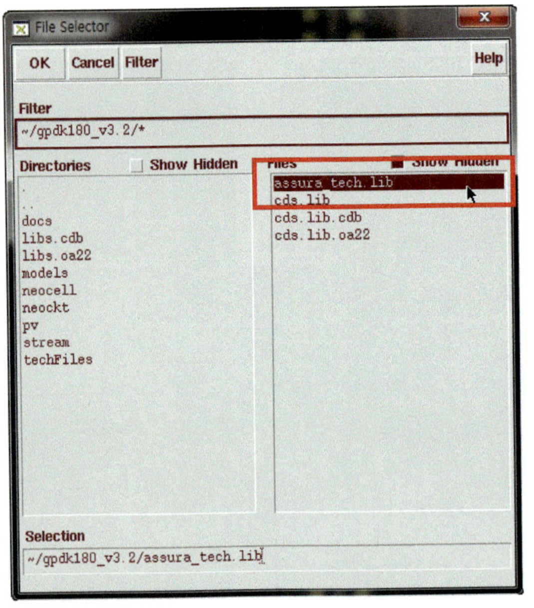


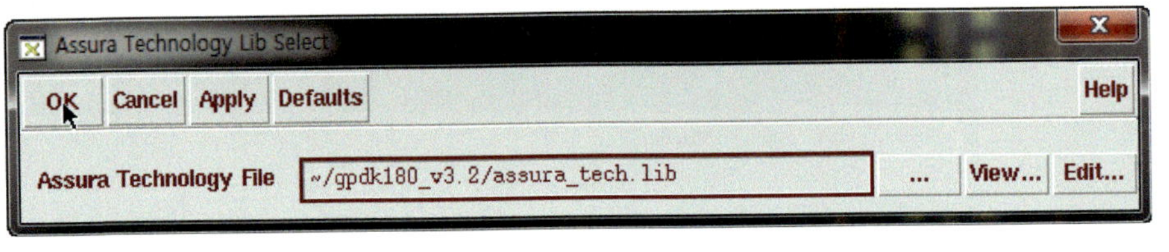


▶ Run DRC

– DRC를 실행해보자. Virtuoso layout 창의 menu banner에서 **Assura → Run DRC**를 선택하면 Run Assura DRC 창이 열리고 그림처럼 설정 후 OK를 눌러주면 layout이 design rule에 맞게 그려졌는지 확인하는 작업이 진행된다. Run Assura DRC 창에서 Run Name에는 layout한 회로의 이름을 Run Directory에는 DRC가 실행되면 생성되는 파일들이 저장될 경로를 지정하면 된다.

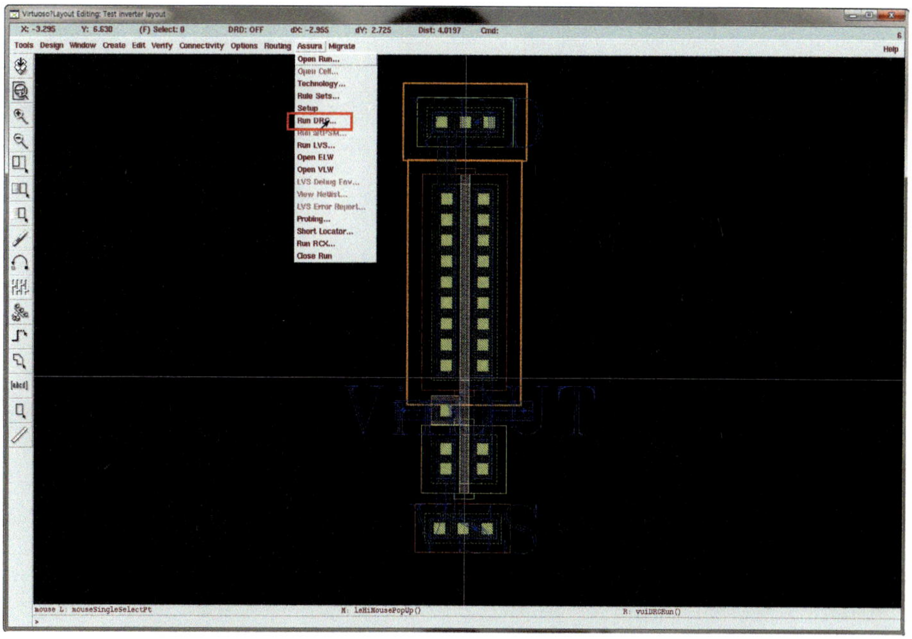

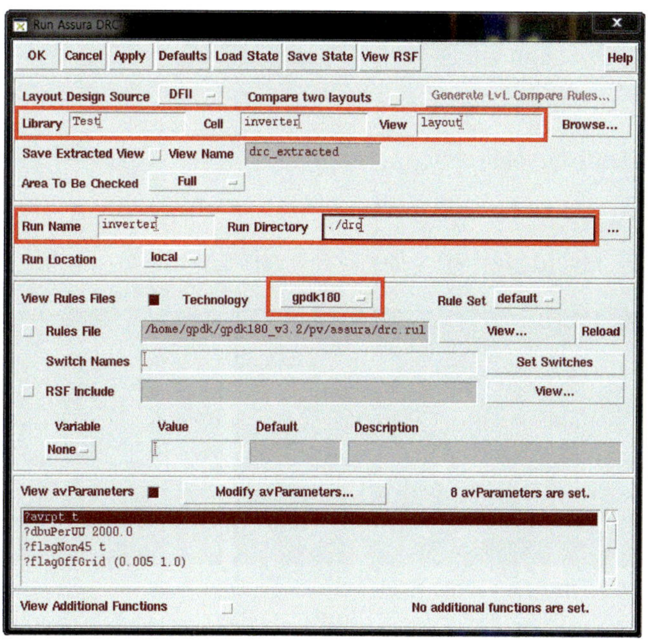


- DRC가 실행되면 Progress라는 창이 생성되면서 작업 중이라는 것을 표시하고 실행이 끝나면 "inverter" has completed successfully. 라는 메시지 창이 뜨면서 DRC를 실행한 결과를 확인하겠냐고 물어보는데 Yes를 눌러 결과를 확인한다.

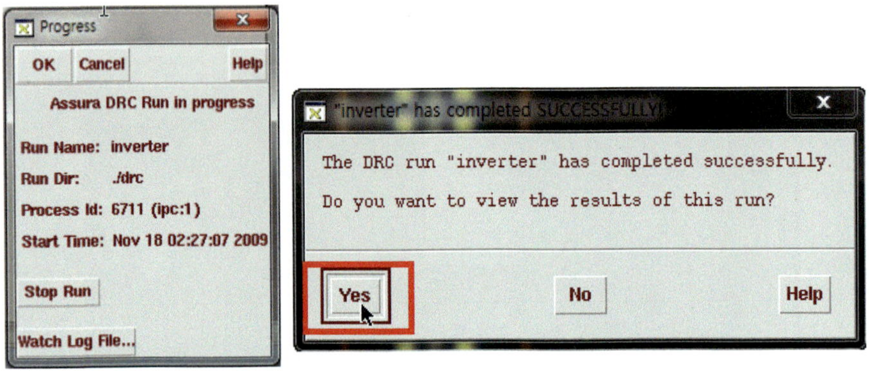


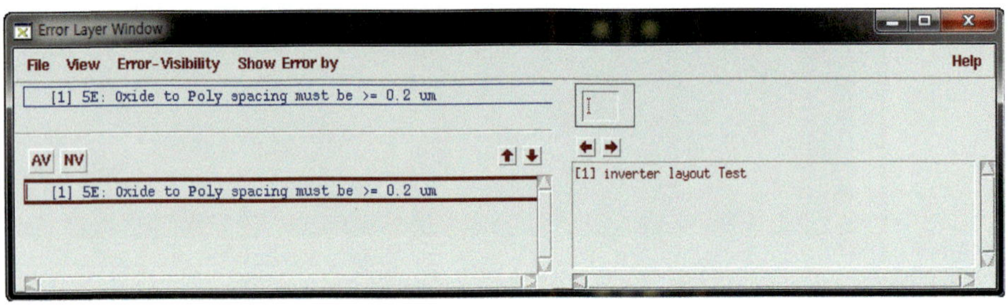


- 만약 design rule을 위반해서 layout을 했다면 그림처럼 Error Layer Window 창이 열리면서 어떤 잘못을 했는지 error 메시지를 보여준다. 여기서의 error는 Oxide layer와 Poly layer 사이의 거리가 0.2㎛ 이상이어야 하는데 더 짧게 layout 했다는 것을 나타내고 있고 해당 메시지를 클릭하고 위의 화살표를 누르면 layout에서 어느 부분인지를 알려준다.

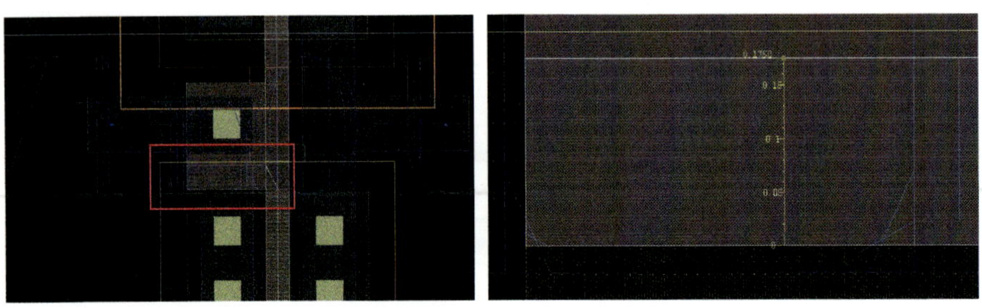

- 실제 길이를 재어보니 0.175㎛로 0.2㎛가 되지 않았다. 이 부분을 수정하고 저장한 다음 다시 DRC를 실행하면 error가 없다는 메시지 창이 나타난다. 이것으로 DRC 작업은 끝이 났다.

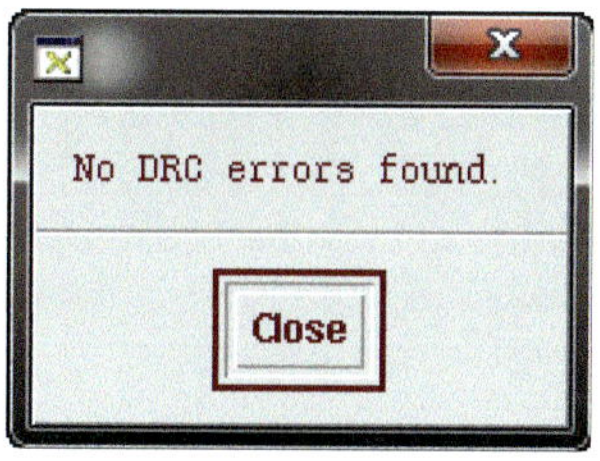


▶ Run LVS

– LVS를 실행해보자. Virtuoso layout 창의 menu banner에서 **Assura → Run LVS**를 선택하면 Run Assura LVS 창이 열리고 그림처럼 설정 후 OK를 눌러주면 layout과 schematic을 비교하여 서로 다른 부분이 있는지를 확인하는 작업이 진행된다. Run Assura LVS 창에서 Run Name에는 layout한 회로의 이름을 Run Directory에는 LVS가 실행되면 생성되는 파일들이 저장될 경로를 지정하면 된다.

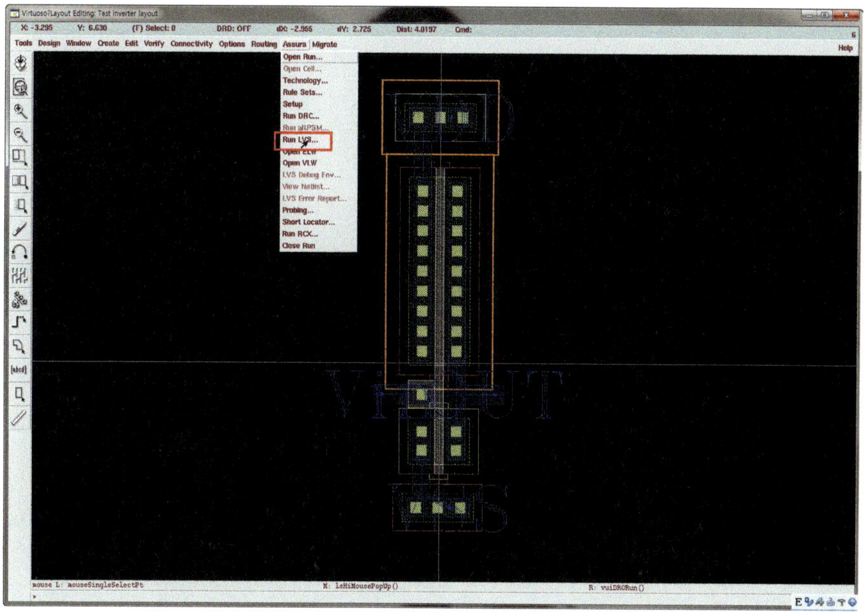

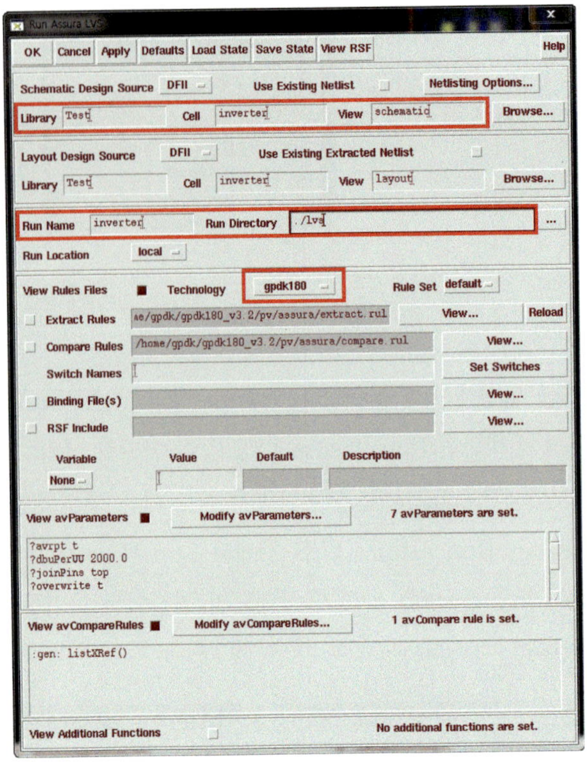


– LVS가 실행되면 Progress라는 창이 생성되면서 작업 중이라는 것을 표시하고 실행이 끝나면 Run : inverter 창이 나타나면서 schematic과 layout이 일치한다는 것을 알려주고 실행 결과를 보겠냐고 물어보는데 Yes를 눌러주면 **LVS Debug - inverter** 창에서 schematic과 layout이 일치한다는 것을 보여준다.

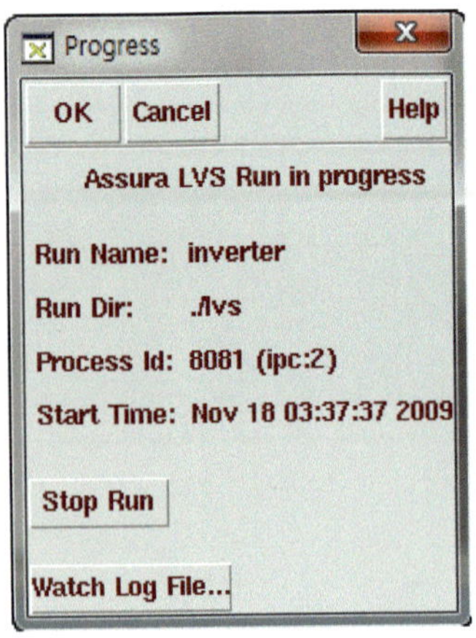

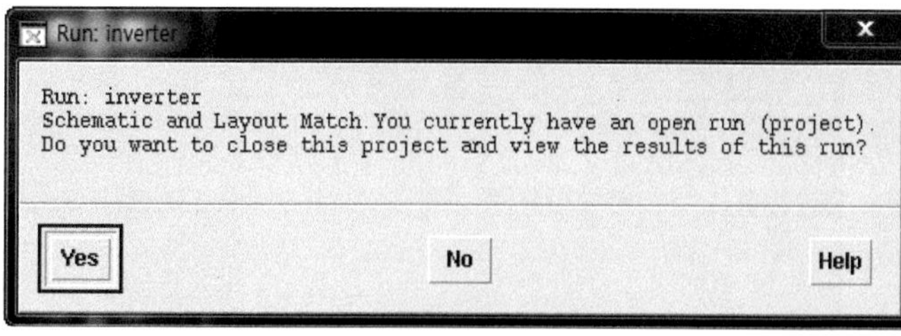


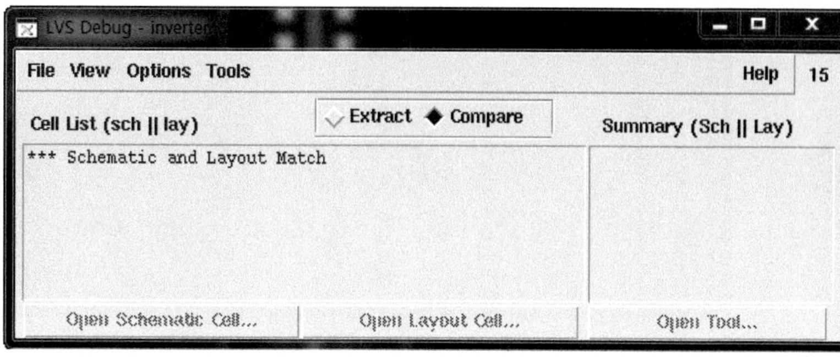


– 이번 inverter 예제에서는 한번에 LVS를 통과했지만 LVS의 error 메시지가 어떻게 나오는지를 확인하기 위해 입력 pin(Vin)만 Label 명령을 이용하여 작업하고 LVS를 다시 실행해보자. Schematic과 layout이 일치했다면 Run : inverter 창이 열렸어야 하지만 Vin을 Label 명령을 이용해서 작업했기 때문에 하나의 불일치가 있다고 메시지를 내보낸다. 그리고 여기서 OK를 눌러주면 어디가 불일치하는지를 확인할 수 있는데 Pin에서 불일치가 나타난다는 것을 확인할 수 있다. 또한, LVS Debug – inverter 창의 Summary(Sch || Lay) 부분에서 불일치가 생긴 부분을 선택하고 Open Tool 버튼을 클릭하면 Pin Mismatch Tool 창이 열리는데 schematic에서는 Vin이라는 pin이 있지만 Layout에서는 그런 이름을 가진 pin이 존재하지 않는다고 나타내고 있다. 이것을 확인하여 수정하면 처음 LVS을 실행시킨 결과처럼 schematic과 layout이 서로 일치한다는 결과 창을 얻을 수 있다.

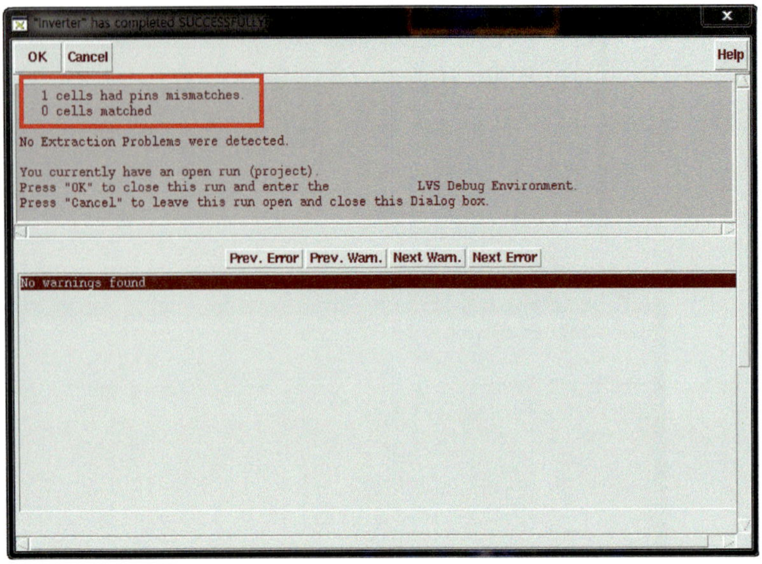
"Inverter" has completed SUCCESSFULLY
OK
Cancel
Help
1 cells had pins mismatches.
0 cells matched
No Extraction Problems were detected.
You currently have an open run (project).
Press "OK" to close this run and enter the LVS Debug Environment.
Press "Cancel" to leave this run open and close this Dialog box.
Prev. Error
Prev. Warn.
Next Warn.
Next Error
No warnings found

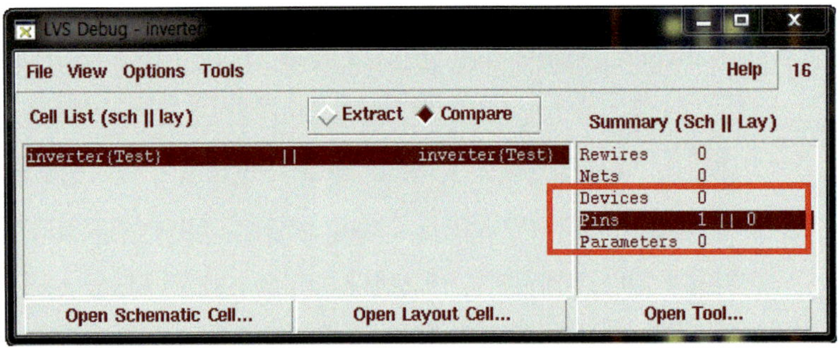
LVS Debug - inverter
File
View
Options
Tools
Help
16
Cell List (sch || lay)
Extract
Compare
Summary (Sch || Lay)
inverter(Test) || inverter(Test)
Rewires 0
Nets 0
Devices 0
Pins 1 || 0
Parameters 0
Open Schematic Cell...
Open Layout Cell...
Open Tool...

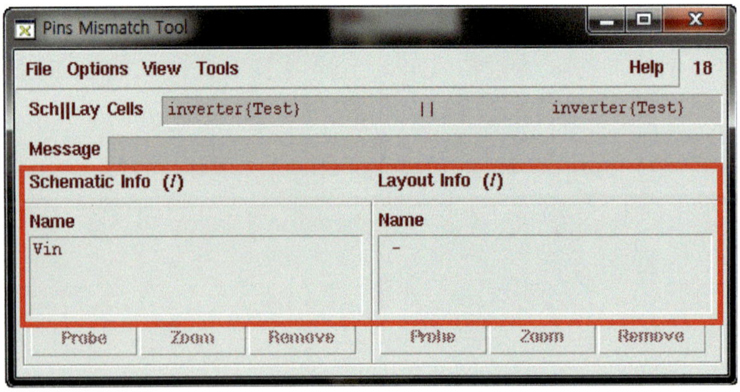
Pins Mismatch Tool
File
Options
View
Tools
Help
18
Sch||Lay Cells
inverter(Test) || inverter(Test)
Message
Schematic Info (/)
Layout Info (/)
Name
Vin
Name
-
Probe
Zoom
Remove
Probe
Zoom
Remove

## 3.2 2-Input NAND

### 1) 설계 이론

2-input NAND 게이트는 직렬로 연결된 2개의 nMOS pull-down 소자와 병렬의 pMOS pull-up 트랜지스터로 이루어진다. NAND 게이트에서 pMOS 트랜지스터는 VDD와 출력 사이에 직렬로 연결되고, 각 입력은 nMOS와 pMOS 트랜지스터의 게이트 쌍에 연결되어 진다. nMOS 트랜지스터의 입력은 그에 대응하는 pMOS 트랜지스터에 연결되어야 한다.

만약, 2-input NAND 게이트의 입력 둘 중에 하나나 또는 둘 모두가 Low 이면 GND로의 전류 경로가 생기지 않고 그에 대응하는 pMOS가 ON이 되어 출력은 High를 유지하게 된다. 만약, 입력이 하나라도 Low이면 그에 대응하는 병렬 pMOS 소자는 ON이 되어 전류가 출력 단자로 흐르게 된다. 두 입력이 모두 High 일 때만, 출력이 바뀌는 조건이 된다. 이 경우에는 pMOS가 OFF가 되고, n-채널사이로 연속적인 전류 경로가 열려서 출력은 Low 상태가 된다.

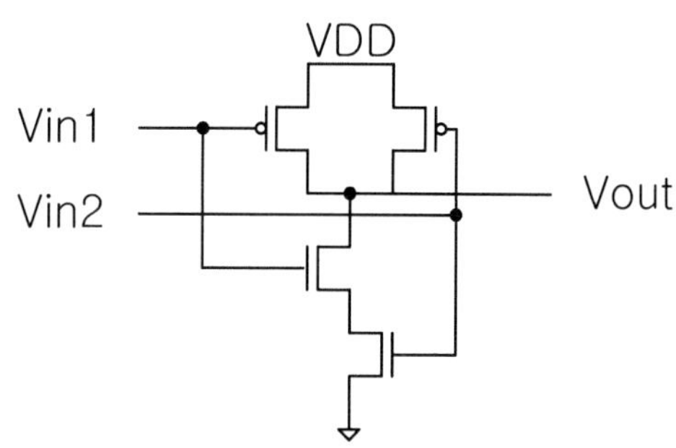


### 2) Simulation

① **Simulation 준비.**

▶ Techfile 적용한 Library 생성.

▶ 만들어진 Library를 click하고 **File → New → Cell View...** click.

▶ Cell View을 2NAND라고 설정.

② **회로도 그리기.**

▶ 소자를 불러들여 회로를 그린다.

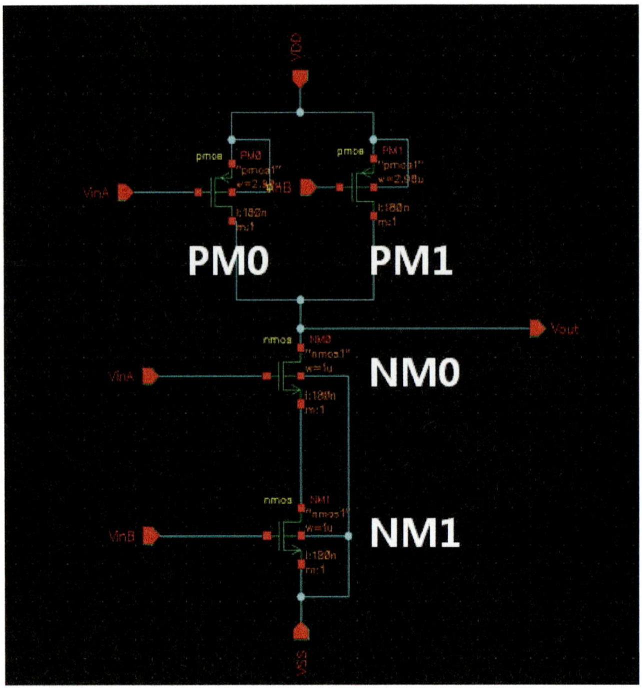


▶ 아래의 소자 값으로 setting을 해준다.

| MOSFET | Length(㎛) | Fingers | Finger Width(㎛) | Total Width(㎛) |
|---|---|---|---|---|
| PMOS(PM0) | 0.18 | 1 | width | width |
| PMOS(PM1) | 0.18 | 1 | width | width |
| NMOS(NM0) | 0.18 | 1 | 1 | 1 |
| NMOS(NM0) | 0.18 | 1 | 1 | 1 |

▶ **Design → Create Cellview → From Cellview** …를 통해 Symbol을 그린다.

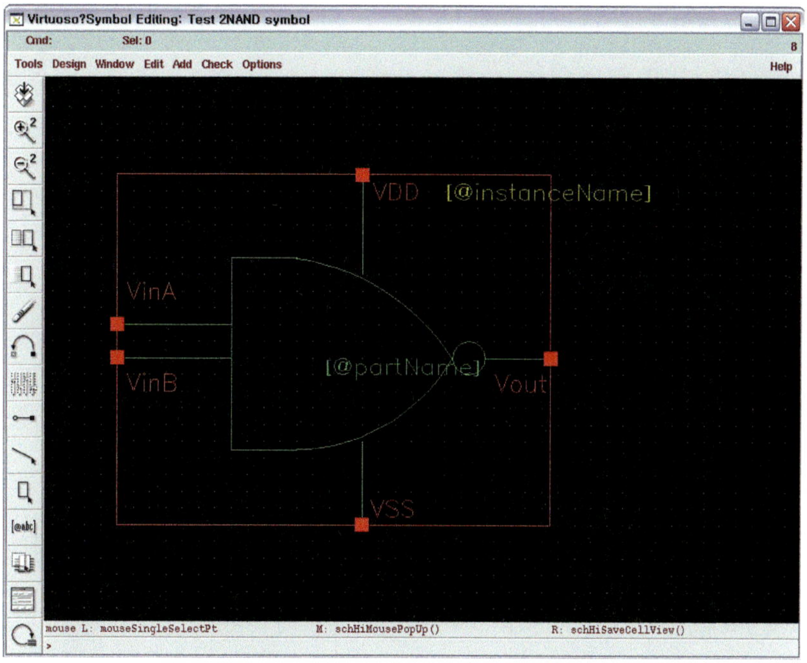


▶ 만들어진 Symbol을 가지고 테스트 회로도를 만든다. VinA와 VinB 또한 simulation을 위해 변수로 입력 시킨다.

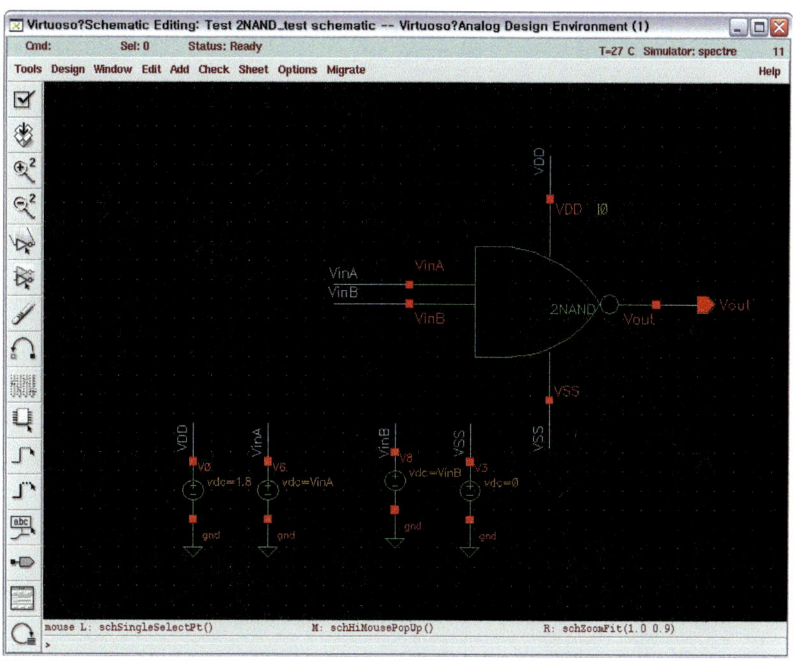

③ Analog Environment.

▶ Simulation을 실행하기 위해서 Analog Environment를 실행시킨다. **Tools → Analog Environment**를 click.

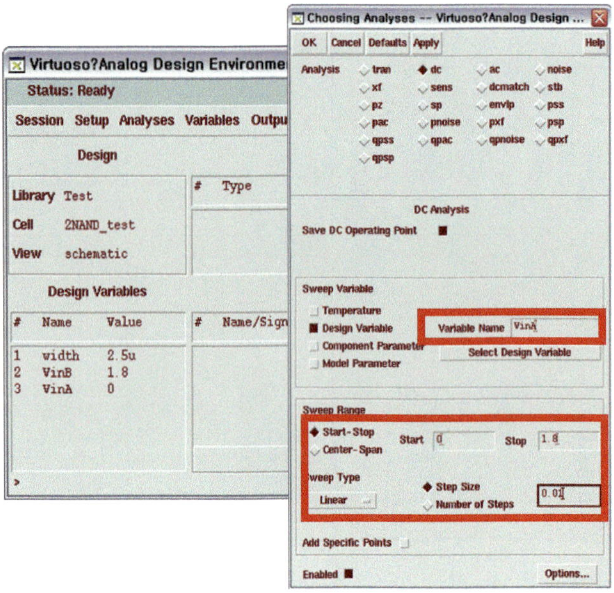

▶ 0.9V에서 정확한 스위칭이 되지 않는다. 정확한 점을 찾고 싶으면 앞에서와 같이 Parametric Analysis로 찾으면 약 W= 2.95㎛가 나온다.

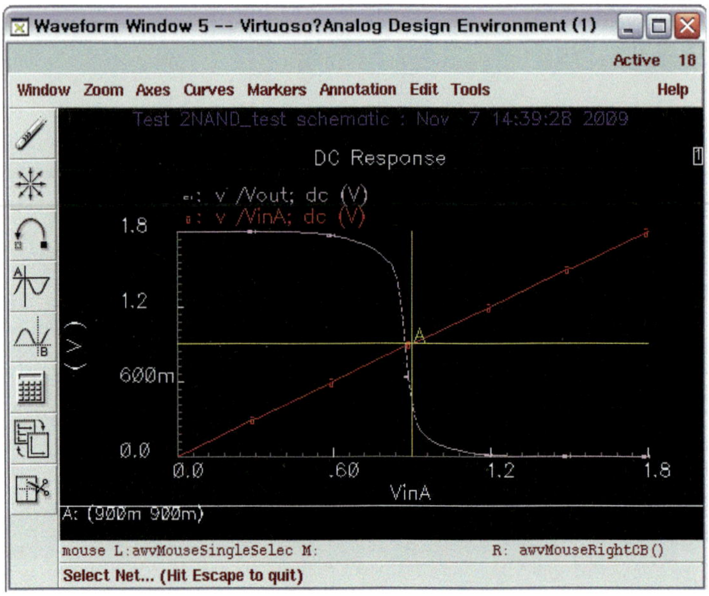

▶ 2-Input NAND가 정확히 동작하는 것을 확인 하기 위해서 Transient Analysis를 하기 위해 Add Instance에서 analogLib에 있는 vpulse를 불러온다. vpulse는 입력을 펄스 전압으로 인가 할 수 있다.

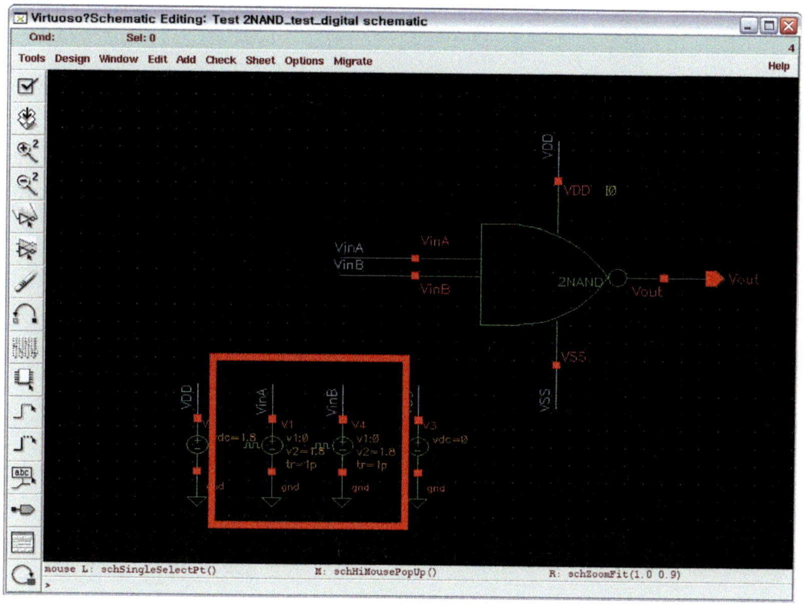


▶ vpulse 값 입력하기

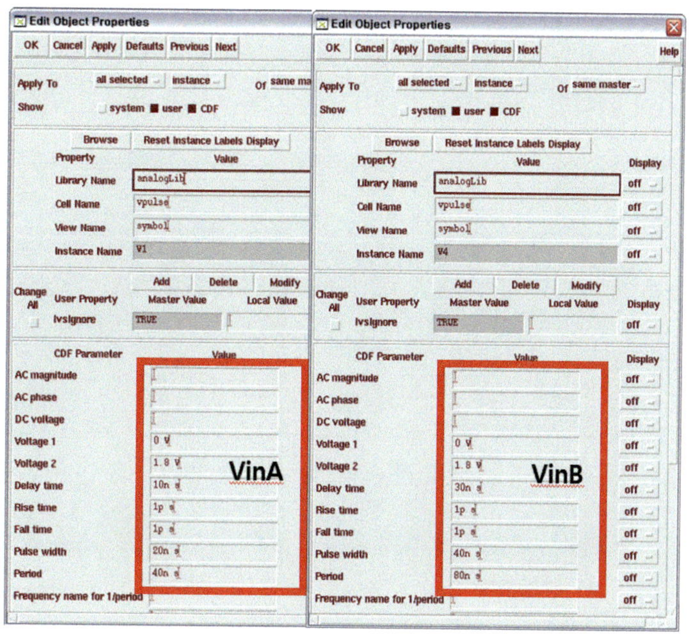

▶ Transient Analysis 해석을 위해 **Analyses → Choose** … 선택을 하고 tran을 check한다. Stop Time을 설정하고 moderate를 check한다.

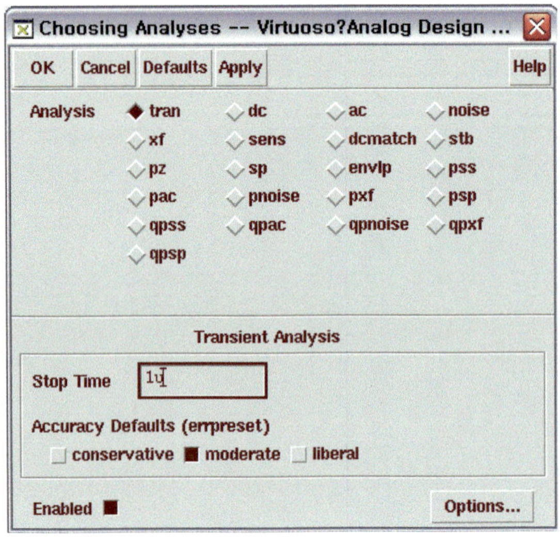


▶ 설정을 마친 뒤 simulation을 실행 시킨 후 결과를 확인하면 아래와 같은 결과 파형을 확인할 수 있다. 결과 파형 결과 2-Input NAND가 정확히 작동하는 것을 볼 수 있다.

– 처음 simulation 결과를 확인하면 왼쪽 아래와 같이 3개의 결과가 뭉쳐 나와서 해석하기가 어려운데 왼쪽 밑에 Switch Axis Mode를 click하면 오른쪽 아래와 같이 각각의 결과가 분리되어진다. 다시 한 번 누르면 원상태로 복귀된다.

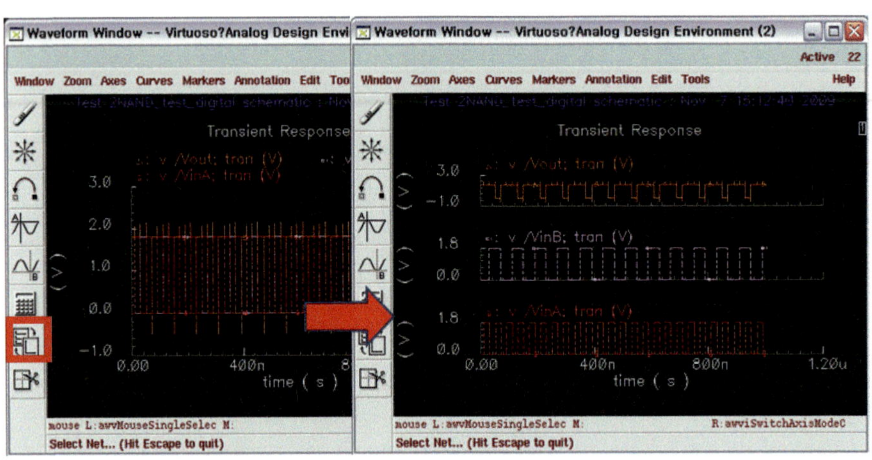

– 결과 파형 결과 2-Input NAND가 정확히 작동하는 것을 볼 수 있다.

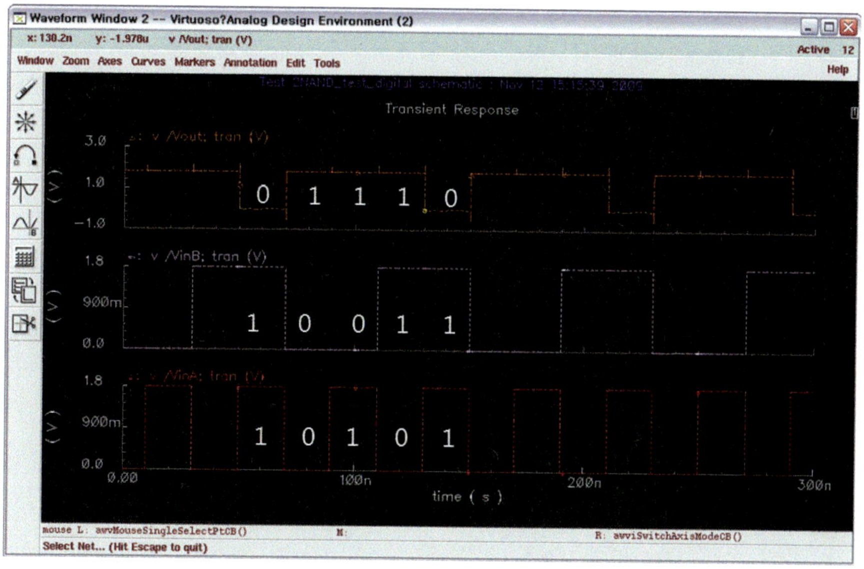


## 3) Layout

### ① Layout

▶ Schematic 확인

– Layout을 하기 전에 schematic을 확인하여 각 MOSFET의 소자 값을 먼저 확인하자.

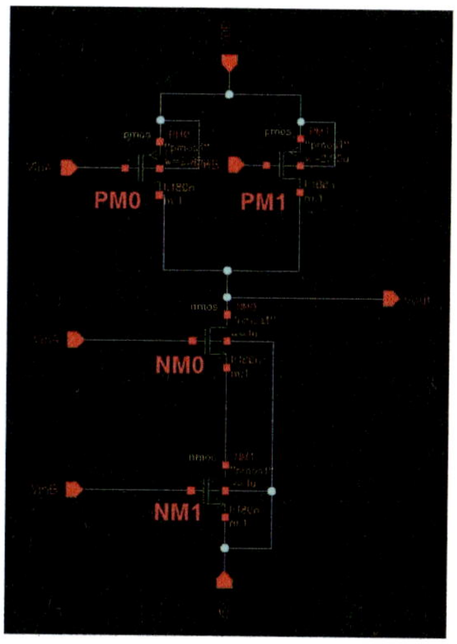

| MOSFET | Length(㎛) | Finger | Finger Width(㎛) | Total Width(㎛) |
|---|---|---|---|---|
| NMOS(NM0) | 0.18 | 1 | 1 | 1 |
| NMOS(NM1) | 0.18 | 1 | 1 | 1 |
| PMOS(PM0) | 0.18 | 1 | 2.95 | 2.95 |
| PMOS(PM1) | 0.18 | 1 | 2.95 | 2.95 |

▶ MOSFET instance 불러오기

– 2개의 NMOS를 layout 하는 방법은 아래 그림처럼 여러 가지이지만 가장 작은 면적을 차지하면서 MOSFET의 각 terminal을 가장 짧게 연결할 수 있는 방법은 제일 오른쪽에 있는 방법이다. NM0과 NM1의 source와 drain이 연결되어 있으므로 서로 공유하고 나머지 terminal은 해당 net으로 연결하면 된다.

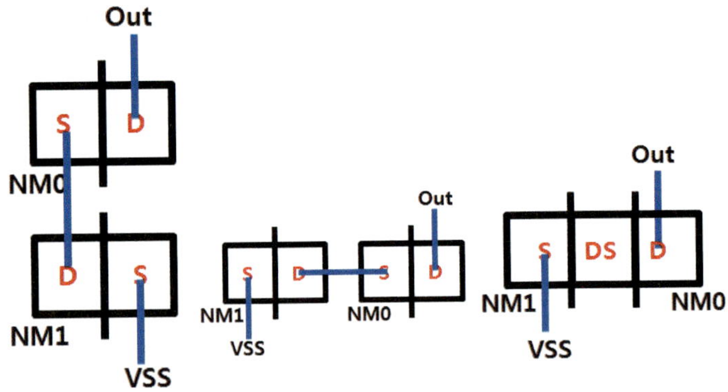


– 2개의 PMOS를 layout 하는 방법도 NMOS와 마찬가지로 여러 가지 방법이 있지만 가장 효율적인 방법이 아래 그림에서 가장 오른쪽에 있는 방법이다. PM0과 PM1의 drain을 공유해서 출력으로 연결하고 source는 VDD에 연결하면 된다.

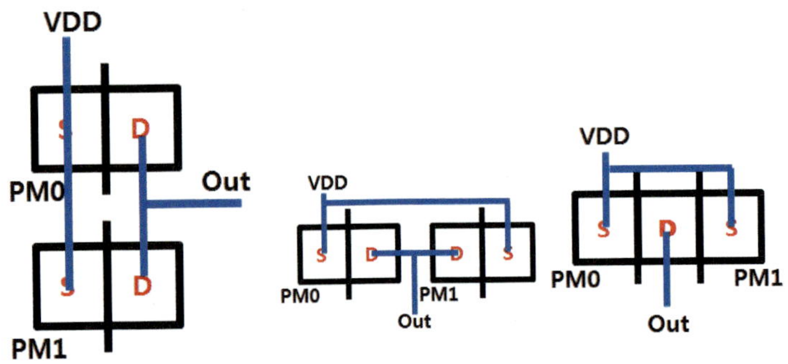

- 이렇게 layout 하기 위해서 finger를 이용하면 된다. MOSFET을 불러오기 위해 Instance 명령(단축키 'i')을 이용해서 그림처럼 finger에 값을 입력하고 NMOS와 PMOS를 불러온다.

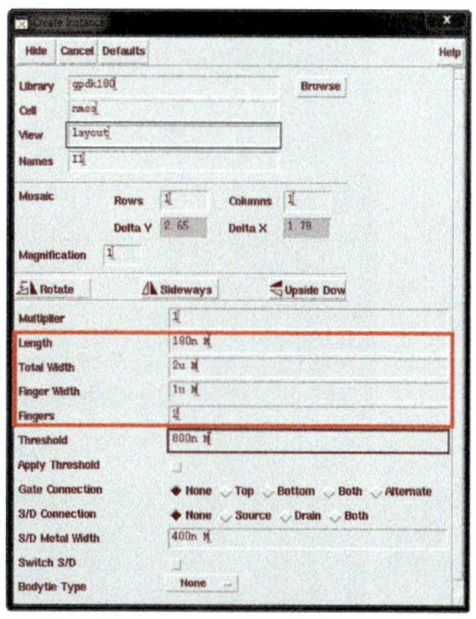

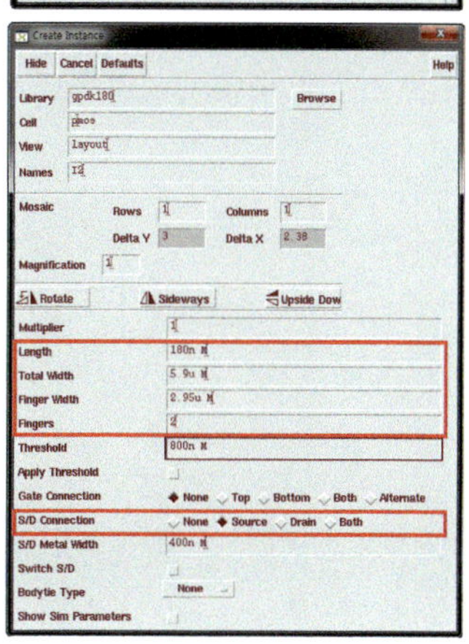

- 여기서 PMOS를 불러올 때 S/D Connection 부분에서 Source에 체크를 한 이유는 위의 finger설명 그림에서 PM0과 PM1의 source가 서로 연결되어 있으므로 instance를 불러올 때 옵션에서 미리 설정한 것이다.

▶ VDD & VSS instance 불러오기

- Contact 명령(단축키 'o')을 이용하여 VDD 및 PMOS의 body와 VSS 및 NMOS의 body로 사용될 instance를 불러온다.

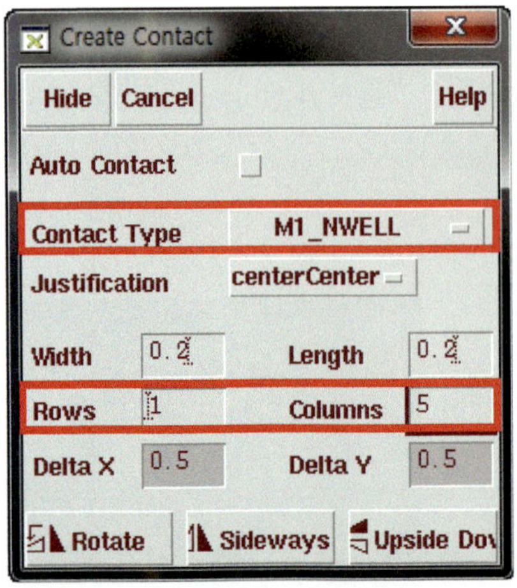


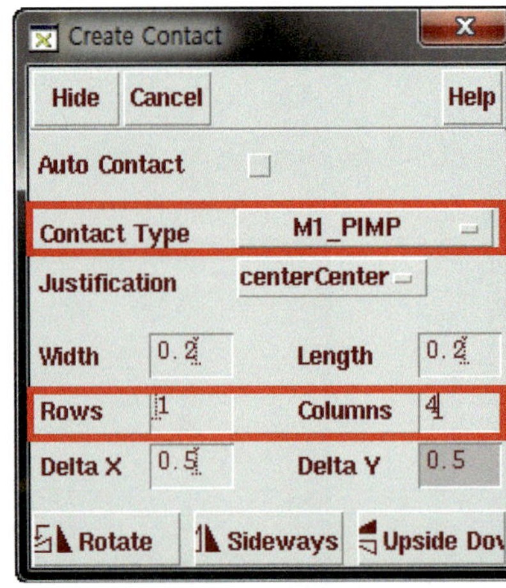


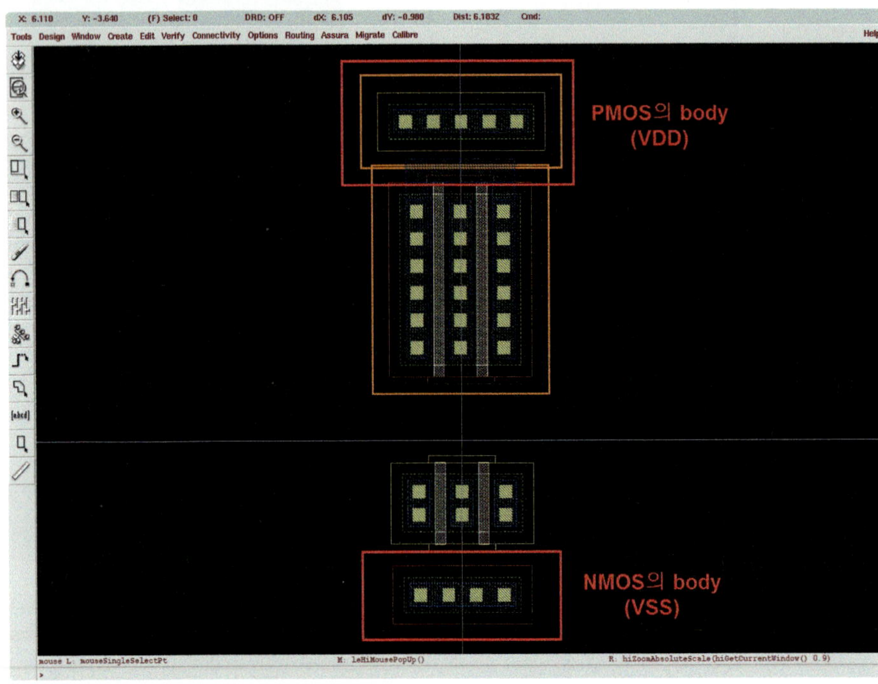


▶ Net 및 입/출력 연결하기

– Path 명령(단축키 'p')을 이용하여 PMOS와 NMOS의 gate를 Poly layer로 연결하고 PMOS의 source는 VDD에 NMOS(NM1)의 source는 VSS에 Metal 1 layer로 연결한다. 그리고 PM0과 PM1이 공유하고 있는 drain과 NM0의 drain을 Metal 1 layer로 연결한다.

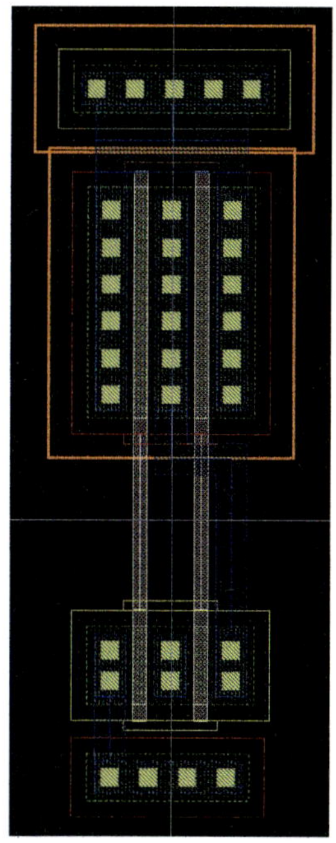

- PMOS와 NMOS의 gate가 Poly layer로 연결되어 있지만 입력 pin으로 지정하기 위해 Contact 명령(단축키 'o')을 이용하여 M1_POLY1 contact을 넣고 Path 명령(단축키 'p')을 이용하여 Metal 1 layer를 연결한다.

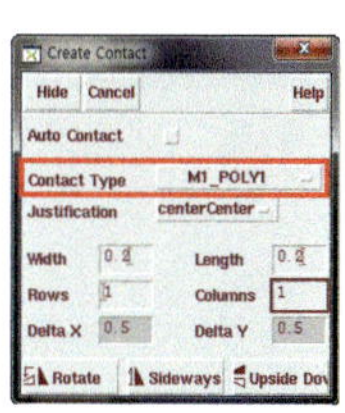


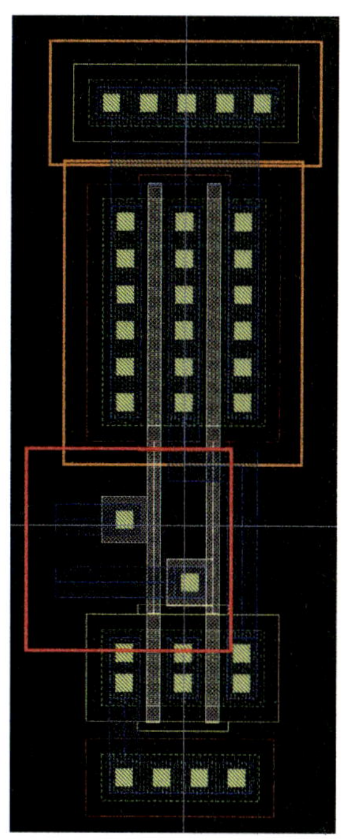

▶ Pin 지정

– Pin 명령(단축키 'Ctrl+p')을 이용하여 입력 pin인 VinA, VinB, VDD, VSS와 출력 pin인 Vout을 layout에 적용한다.

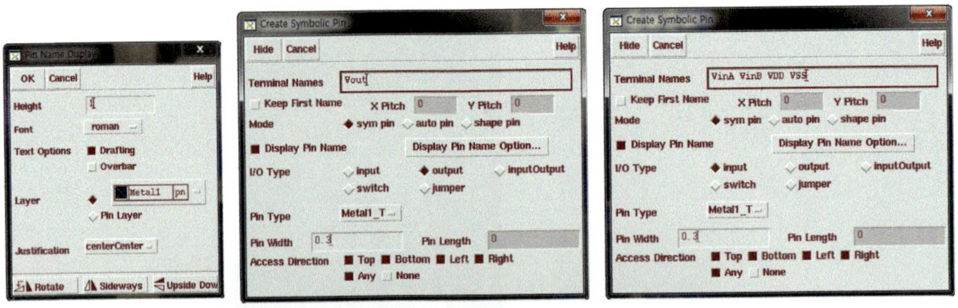


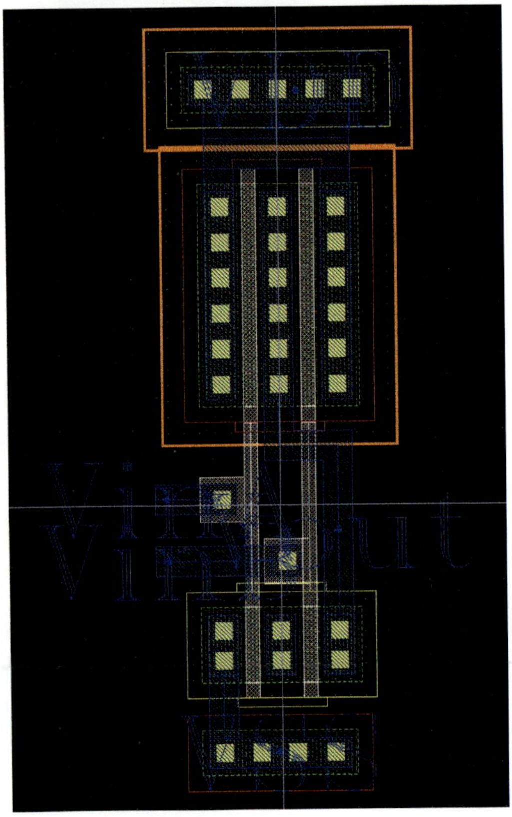

### ② Layout 검증

▶ Run DRC

– Assura Tool(**Assura → Run DRC**)을 이용하여 design rule에 맞게 layout 했는지 확인해보자.

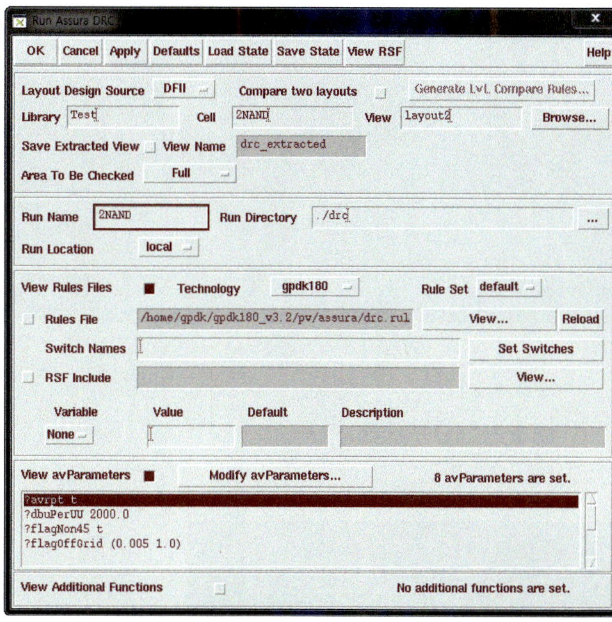


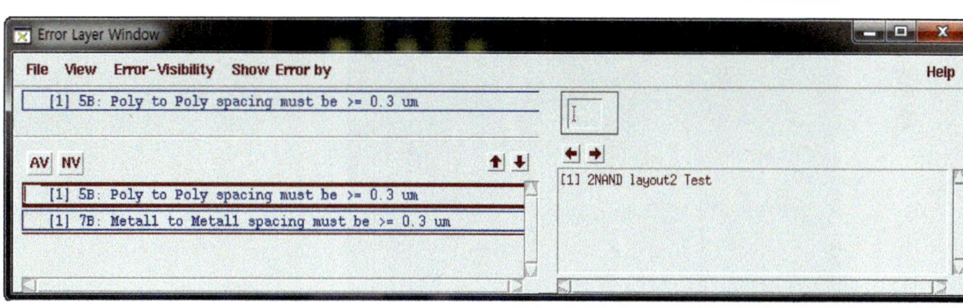


– Design rule 어긴 항목이 2가지가 나왔다. 하나는 Poly layer와 Poly layer 사이의 거리가 최소 0.3㎛ 이상이어야 한다는 것이고, 다른 하나는 Metal 1 layer와 Metal 1 layer 사이의 거리가 최소 0.3㎛ 이상이어야 한다는 것이다. Error가 난 부분을 확인해보면 그림처럼 나타난다.

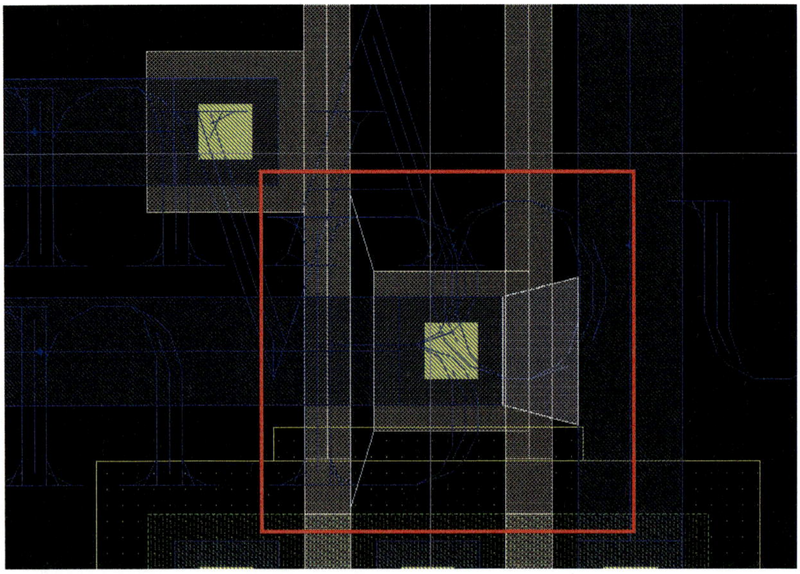

- 최소거리 이상을 띄워서 수정하고 다시 DRC를 수행하면 error가 없다고 출력하는 것을 볼 수 있다.

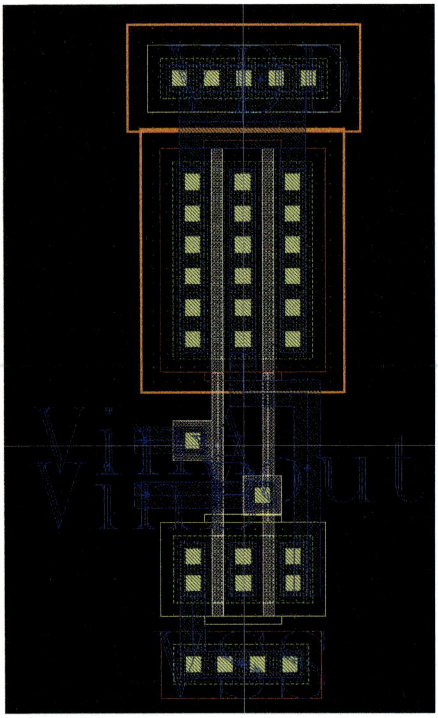

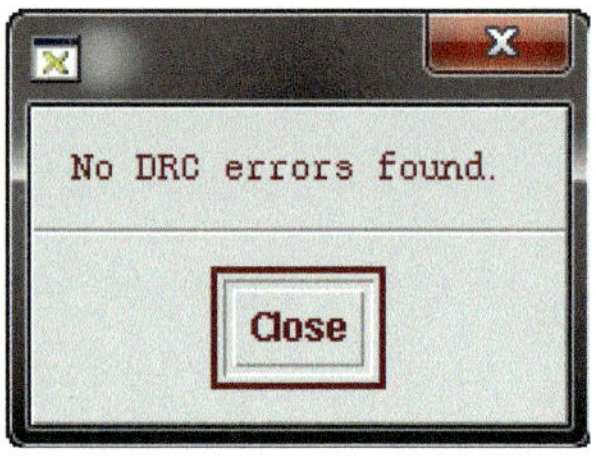

▶ Run LVS

- Assura Tool(**Assura → Run LVS**)을 이용하여 schematic과 layout이 일치하는지를 확인해보면, 서로 일치한다는 메시지를 출력해준다.

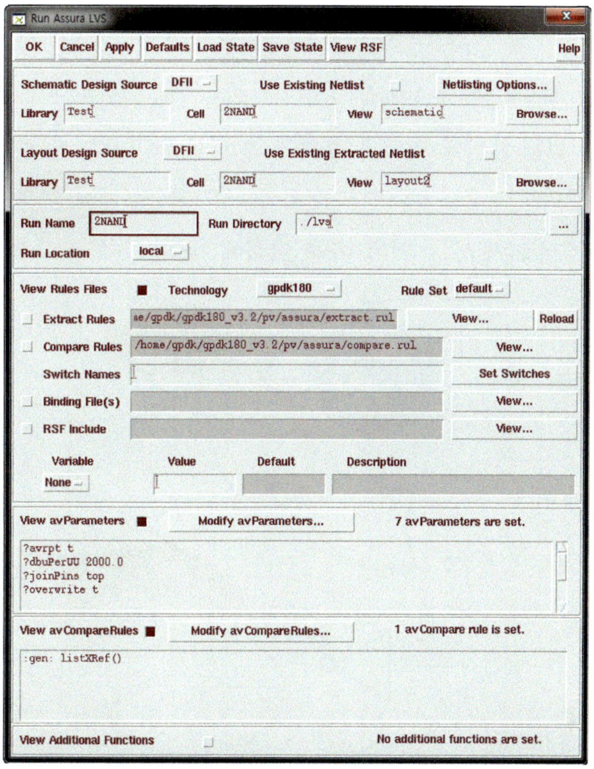

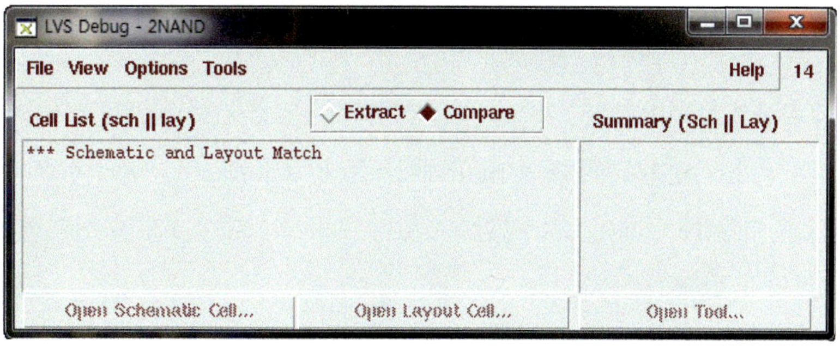

## 3.3 2-Input NOR

### 1) 설계 이론

NOR연산은 NAND연산의 쌍대성이다. 그래서 NOR논리에 대한 모든 과정과 규칙은 NAND논리를 위해 개발된 과정과 규칙에 대해 쌍대성이다. NOR게이트는 어느 Boole함수를 수행하기 위해 사용될 수 있는 또 하나의 유니버설 게이트이다. AND, OR, NOT연산을 NOR게이트로 수행하는 것이 아래 그림에 나와 있다.

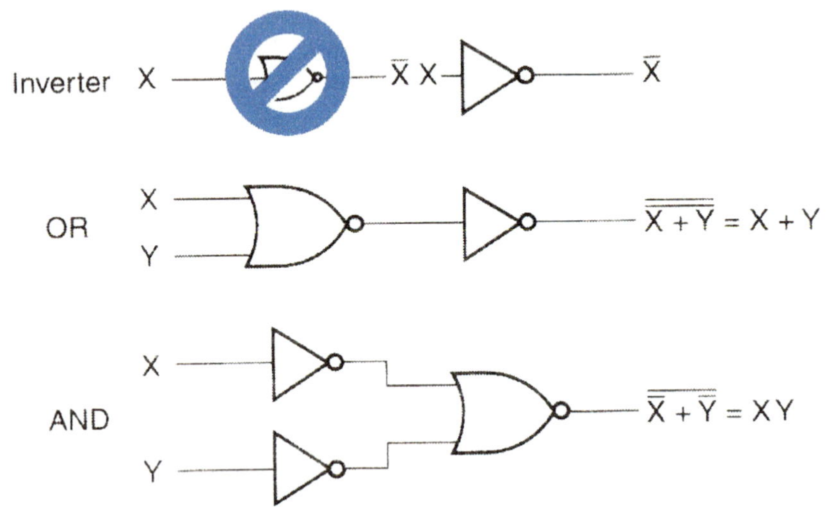


보수연산은 NAND게이트처럼 단일 NOT게이트로 축소되는 단일 입력 NOR게이트에서 구할 수 있다. OR연산은 2개의 NOR게이트를 필요로 하고, AND연산은 각 입력에 NOT게이트를 가진 NOR게이트로 구할 수 있다. NOR에 대한 2개의 선택적 그래픽 기호는 아래 그림과 같다.

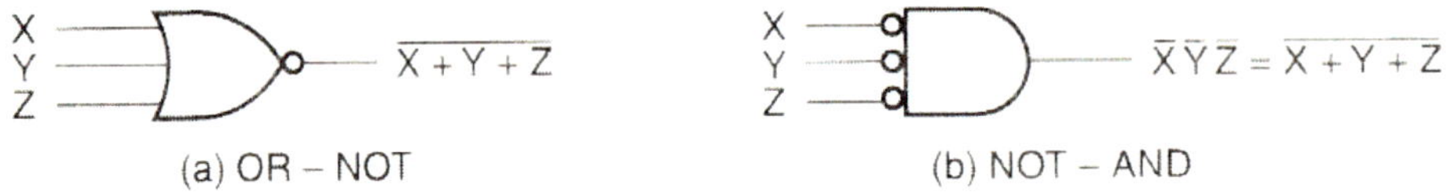


OR-NOT기호는 NOR연산을 NOT으로 연결된 OR로 정의한다. NOT-AND기호는 각

입력의 보수를 취하고 AND연산을 구현한다. 이러한 선택적인 기호는 똑같은 NOR연산을 지시하고 드모르간 법칙 때문에 논리적으로 같다.

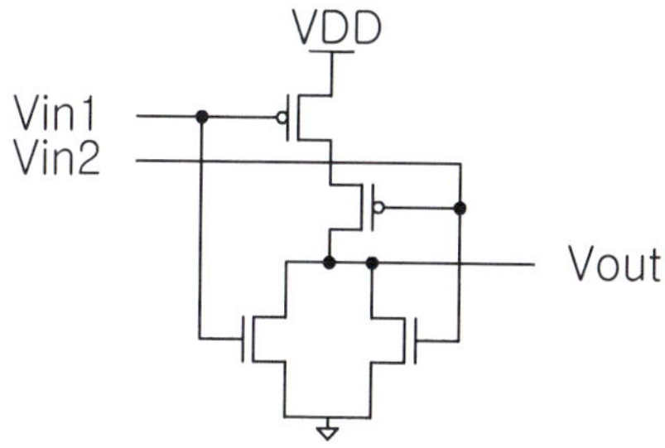


## 2) Simulation

### ① Simulation 준비.

▶ Techfile 적용한 Library 생성.

▶ 만들어진 Library를 click하고 **File → New → Cell View...** click.

▶ Cell View을 2NOR라고 설정.

### ② 회로도 그리기.

▶ 소자를 불러들여 회로를 그린다.

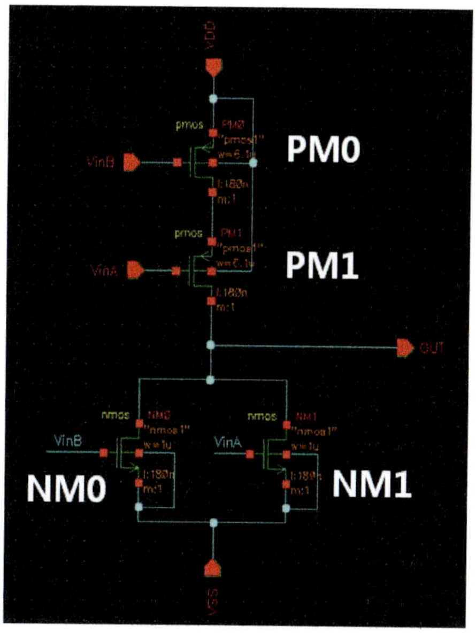

▶ 아래의 소자 값으로 setting을 해준다.

| MOSFET | Length(㎛) | Fingers | Finger Width(㎛) | Total Width(㎛) |
|---|---|---|---|---|
| PMOS(PM0) | 0.18 | 1 | width | width |
| PMOS(PM1) | 0.18 | 1 | width | width |
| NMOS(NM0) | 0.18 | 1 | 1 | 1 |
| NMOS(NM0) | 0.18 | 1 | 1 | 1 |

▶ **Design → Create Cellview → From Cellview ...**를 통해 Symbol을 그린다.

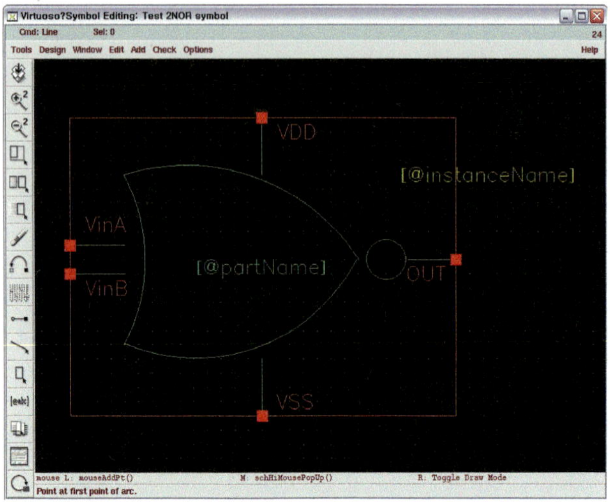


▶ 만들어진 Symbol을 가지고 테스트 회로도를 만든다. VinA와 VinB또한 simulation을 위해 변수로 입력 시킨다.

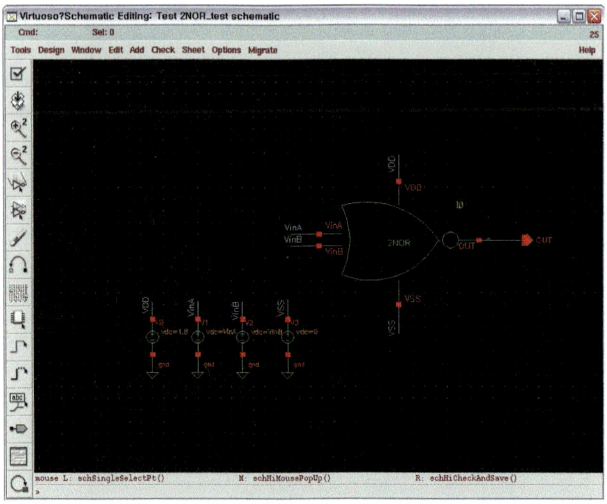

③ Analog Environment.

▶ Simulation을 실행하기 위해서 Analog Environment를 실행시킨다. **Tools → Analog Environment**를 click.

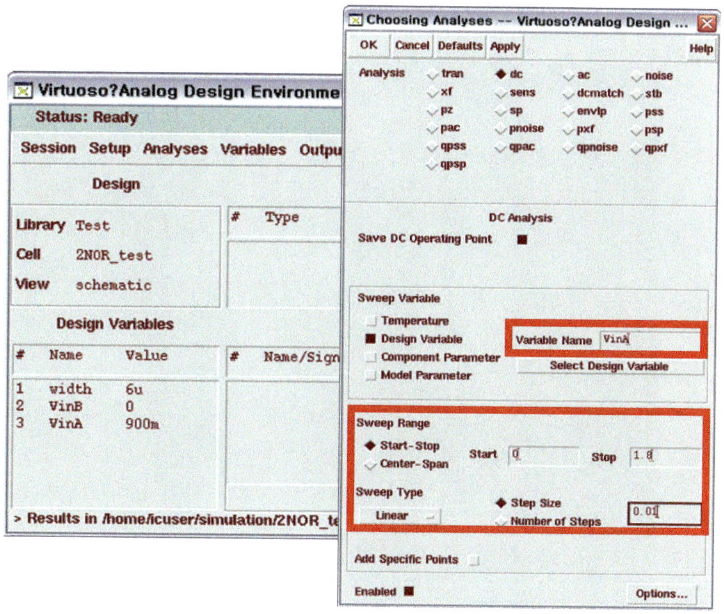


▶ 0.9V에서 정확한 스위칭이 되지 않는다. 정확한 점을 찾고 싶으면 앞에서와 같이 Parametric Analysis로 찾으면 약 W= 2.95㎛가 나온다.

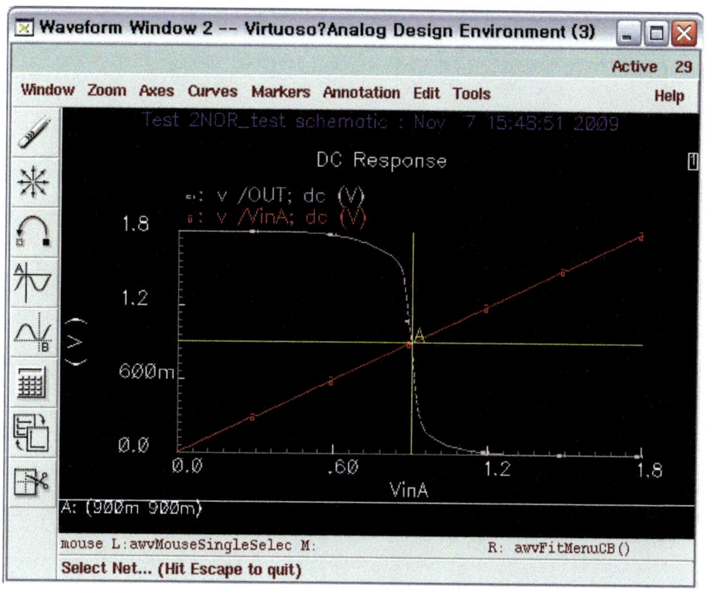

▶ 2-Input NAND가 정확히 동작하는 것을 확인 하기위해서 Transient Analysis를 하기위해 Add Instance에서 analogLib에 있는 vpulse를 불러온다. vpulse는 입력을 펄스 전압으로 인가 할 수 있다.

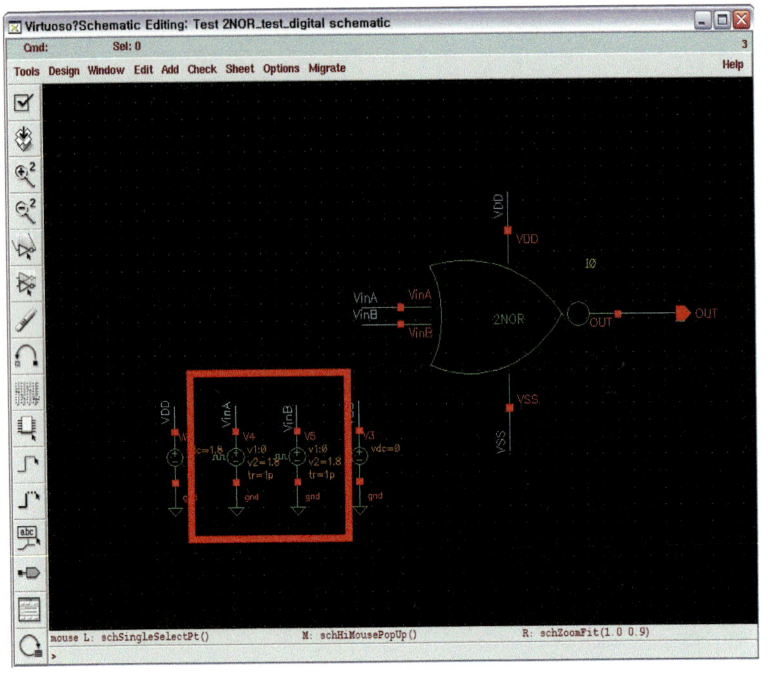

▶ vpulse 값 입력하기

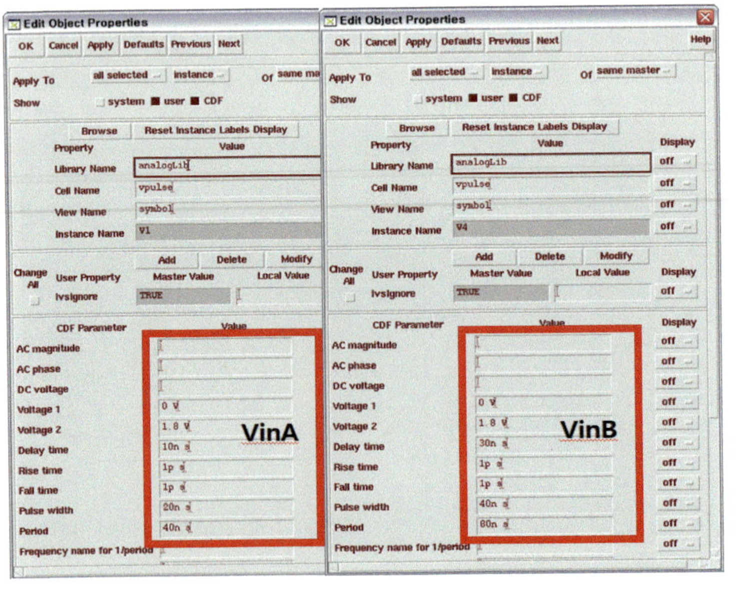

▶ Transient Analysis 해석을 위해 **Analyses → Choose** … 선택을 하고 tran을 check한다. Stop Time을 설정하고 moderate를 check한다.

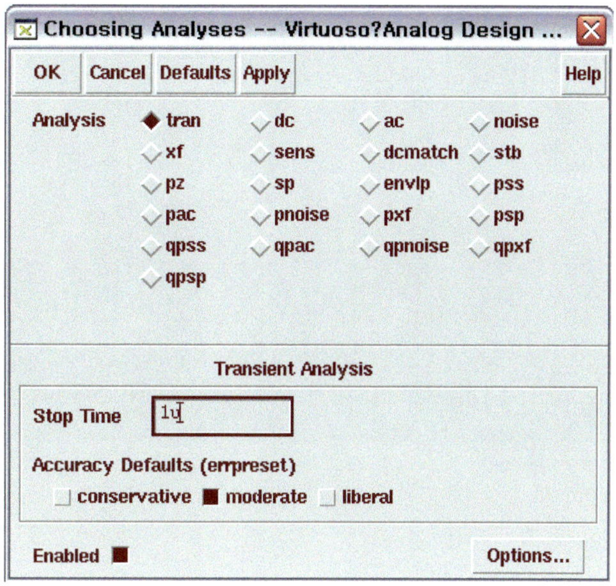


▶ 설정을 마친 뒤 simulation을 실행 시킨 후 결과를 확인하면 아래와 같은 결과 파형을 확인할 수 있다. 결과 파형 결과 2-Input NOR가 정확히 작동하는 것을 볼 수 있다.

– 처음 simulation 결과를 확인하면 왼쪽 아래와 같이 3개의 결과가 뭉쳐 나와서 해석하기가 어려운데 왼쪽 밑에 Switch Axis Mode를 click하면 오른쪽 아래와 같이 각각의 결과가 분리되어진다. 다시 한 번 누르면 원상태로 복귀된다.

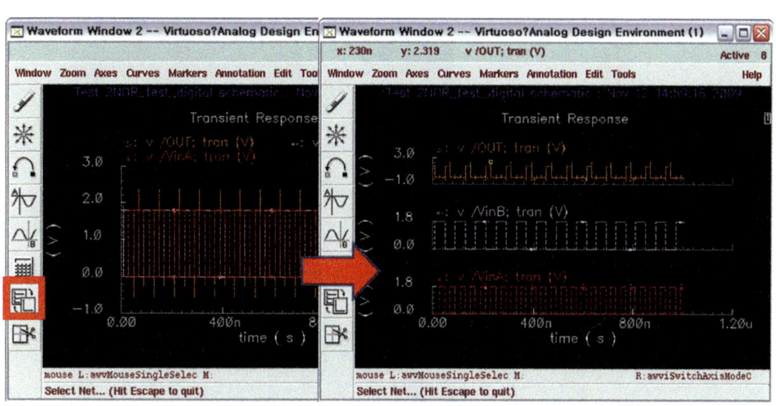

– 결과 파형 결과 2-Input NOR가 정확히 작동하는 것을 볼 수 있다.

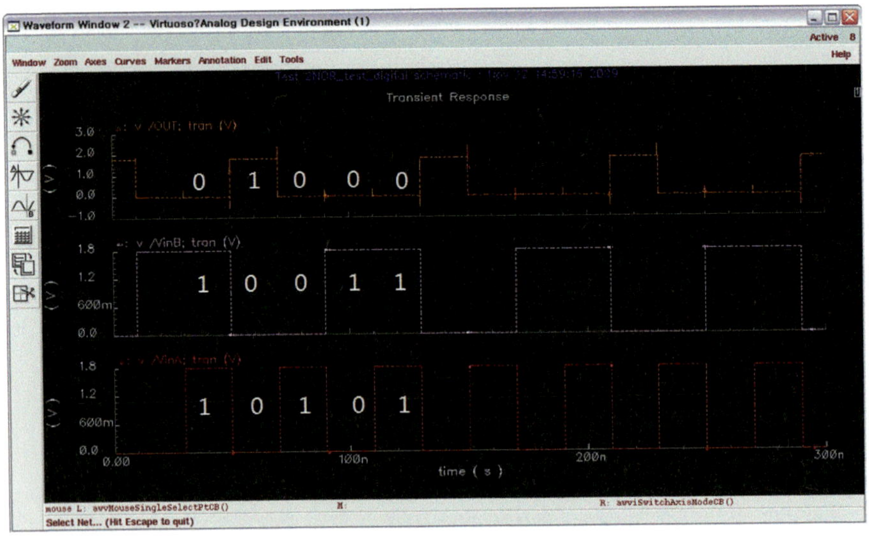


## 3) Layout

### ① Layout

▶ Schematic 확인

– Layout을 하기 전에 schematic을 확인하여 각 MOSFET의 소자 값을 먼저 확인하자.

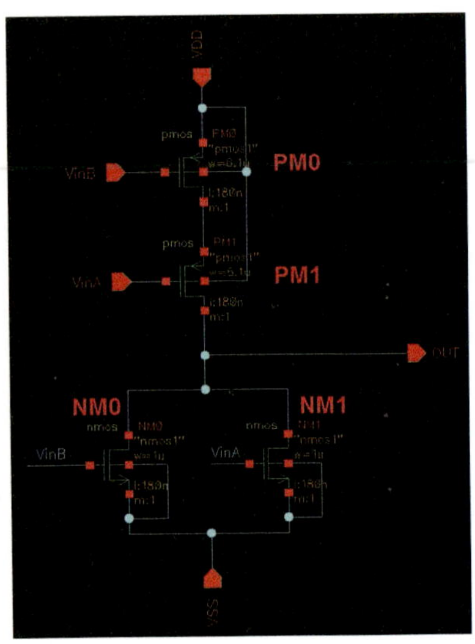

| MOSFET | Length(㎛) | Finger | Finger Width(㎛) | Total Width(㎛) |
|---|---|---|---|---|
| NMOS(NM0) | 0.18 | 1 | 1 | 1 |
| NMOS(NM1) | 0.18 | 1 | 1 | 1 |
| PMOS(PM0) | 0.18 | 1 | 6.1 | 6.1 |
| PMOS(PM1) | 0.18 | 1 | 6.1 | 6.1 |

▶ MOSFET instance 불러오기

– 2-Input NAND 예제에서 finger를 이용하여 MOSFET을 layout하는 법을 배웠다. 2-Input NOR 역시 작은 면적과 효율적인 metal 연결을 위해 finger를 이용하여 MOSFET을 layout하면 그림과 같다.

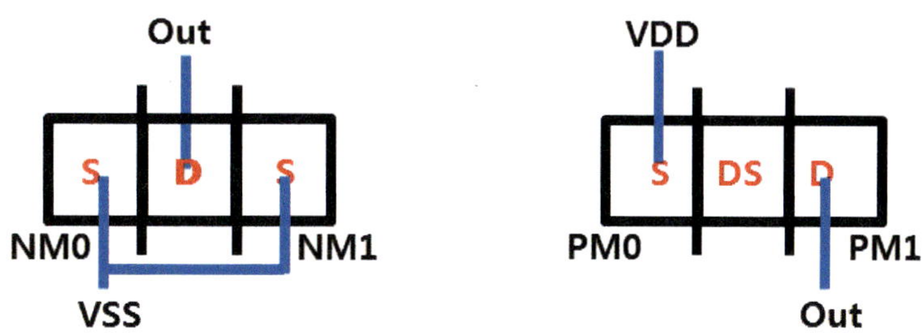


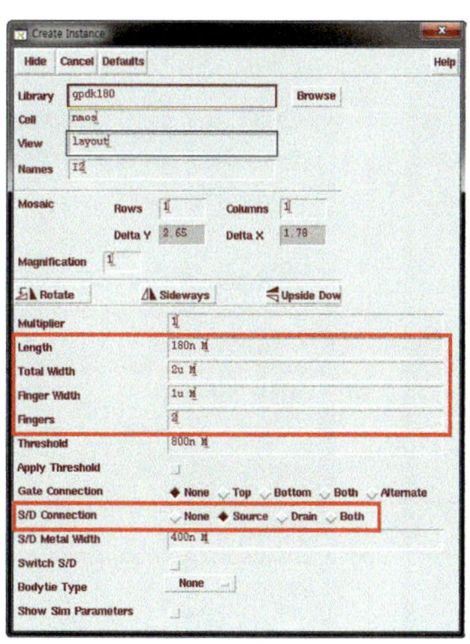


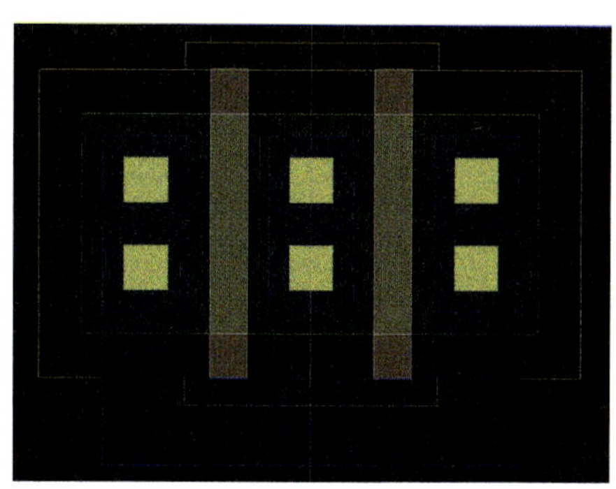

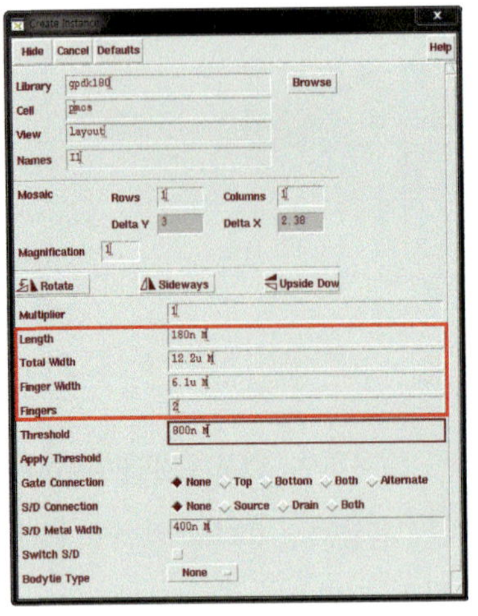

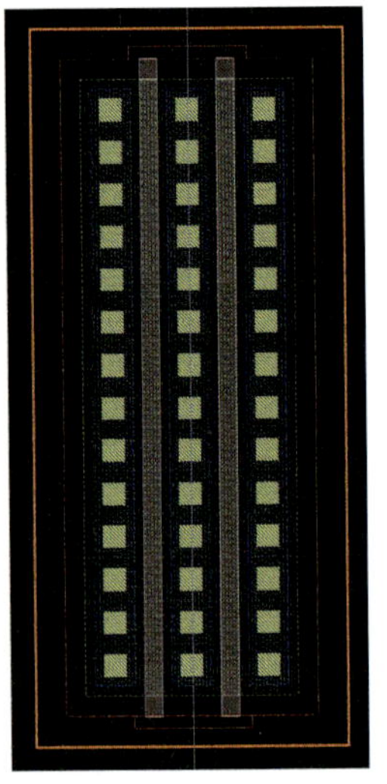

- 여기서 NMOS를 불러올 때 S/D Connection 부분에서 Source에 체크를 한 이유는 위의 finger 설명 그림에서 NM0과 NM1의 source가 서로 연결되어 있으므로 instance를 불러올 때 옵션에서 미리 설정한 것이다.

▶ VDD & VSS instance 불러오기

- Contact 명령(단축키 'o')을 이용하여 VDD 및 PMOS의 body와 VSS 및 NMOS의 body로 사용될 instance를 불러온다.

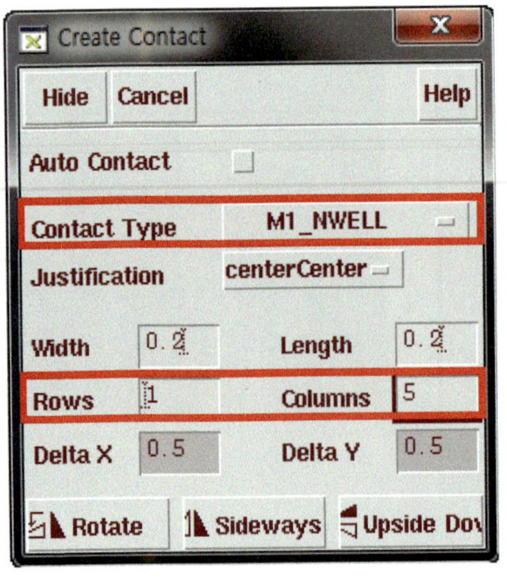


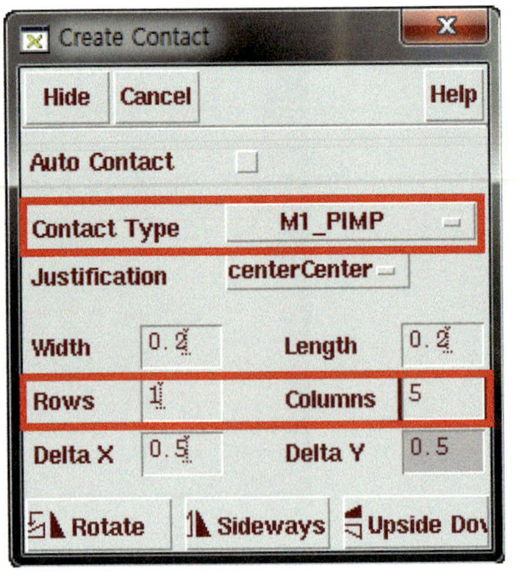

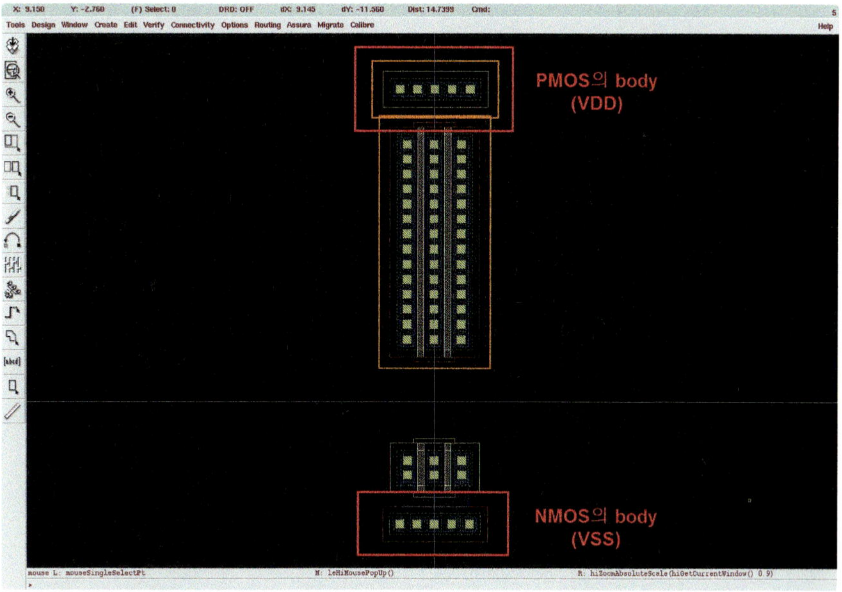


▶ Net 및 입/출력 연결하기

– Path 명령(단축키 'p')을 이용하여 PMOS와 NMOS의 gate를 Poly layer로 연결하고 PM0의 source는 VDD에 NMOS의 source는 VSS에 Metal 1 layer로 연결한다. 그리고 NM0과 NM1이 공유하고 있는 drain과 PM1의 drain을 Metal 1 layer로 연결한다.

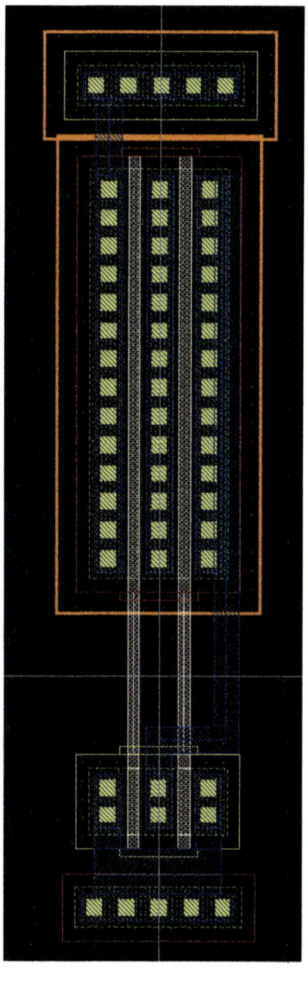

– PMOS와 NMOS의 gate가 Poly layer로 연결되어 있지만 입력 pin으로 지정하기 위해 Contact 명령(단축키 'o')을 이용하여 M1_POLY1 contact을 넣고 Path 명령(단축키 'p')을 이용하여 Metal 1 layer를 연결한다. 여기서는 2-Input NAND 예제의 DRC 확인에서 Poly 와 Poly의 간격이나 Metal 1 과 Metal 1의 간격이 최소 0.3㎛가 되어야 한다는 것을 알았으므로 DRC error를 줄이기 위해 미리 적당한 거리를 띄우고 layout 하자.

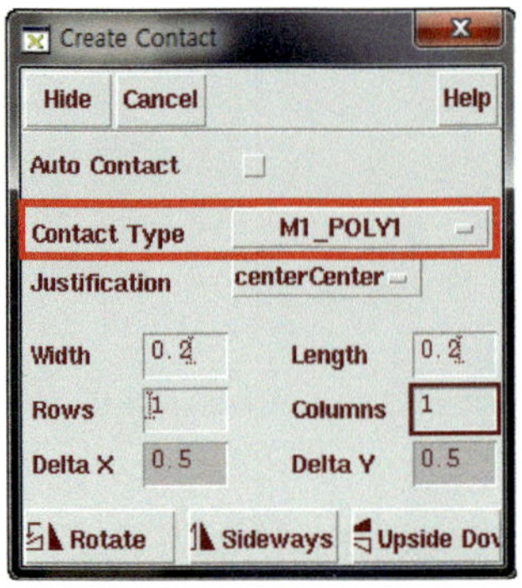


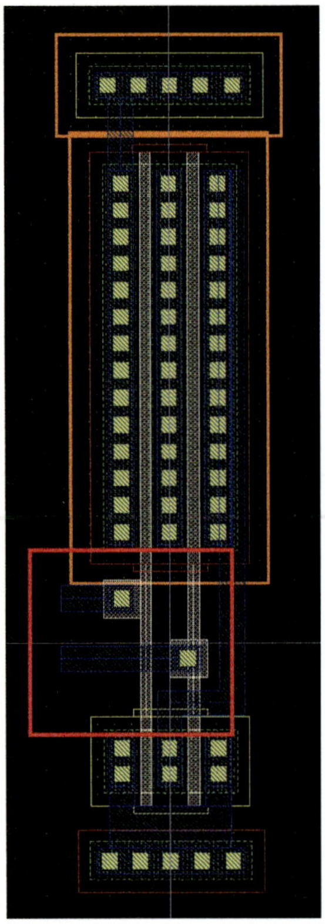

▶ Pin 지정

– Pin 명령(단축키 'Ctrl+p')을 이용하여 입력 pin인 VinA, VinB, VDD, VSS와 출력 pin인 OUT을 layout에 적용한다.

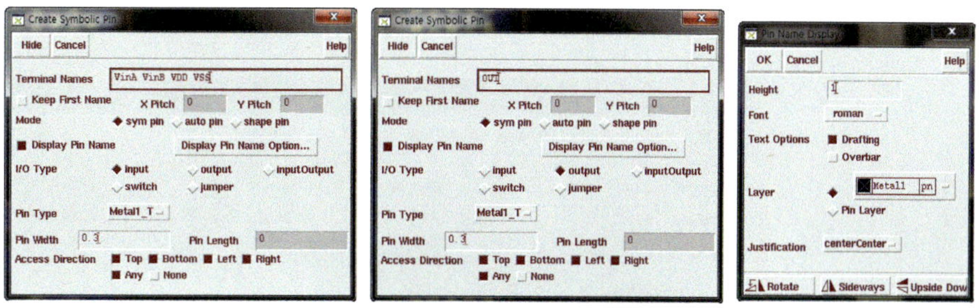


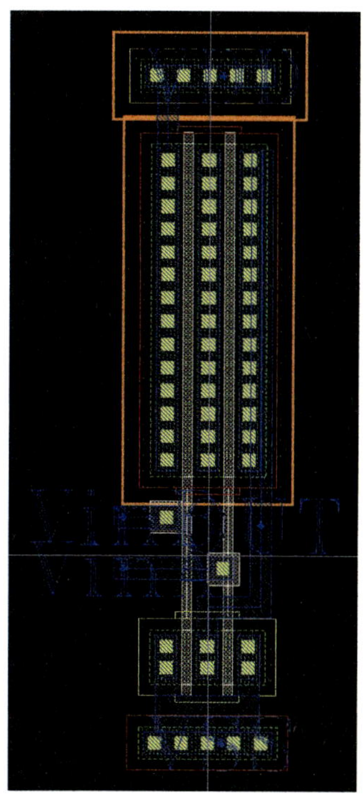

## ② Layout 검증

▶ Run DRC

– Assura Tool(**Assura → Run DRC**)을 이용하여 design rule에 맞게 layout 했는지 확인해보자.

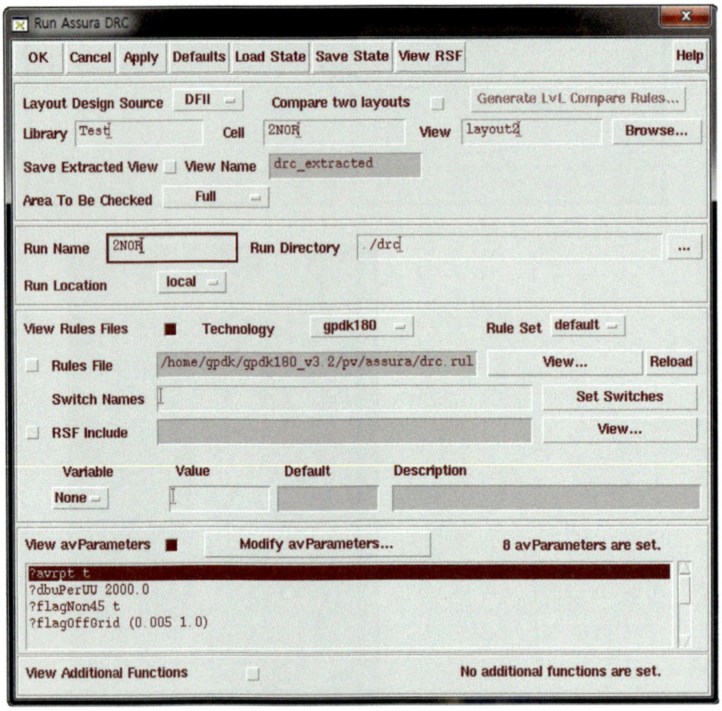


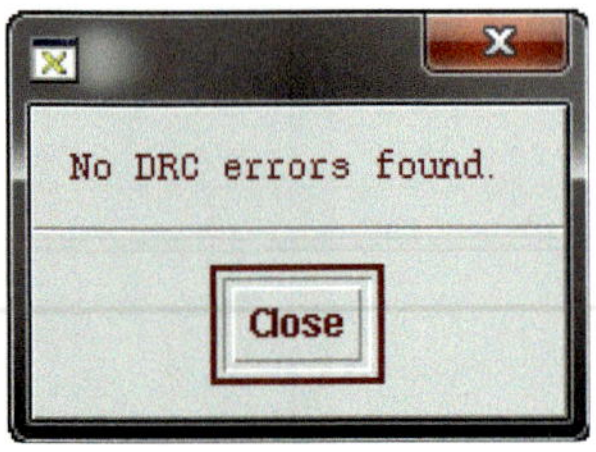


– Net 및 입/출력 연결하기에서 미리 알고 있던 최소 거리를 띄우고 layout한 덕분에 DRC error가 없다는 메시지가 출력된다.

▶ Run LVS

– Assura Tool(**Assura → Run LVS**)을 이용하여 schematic과 layout이 일치하는지를 확인해보면, 서로 일치한다는 메시지를 출력해준다.

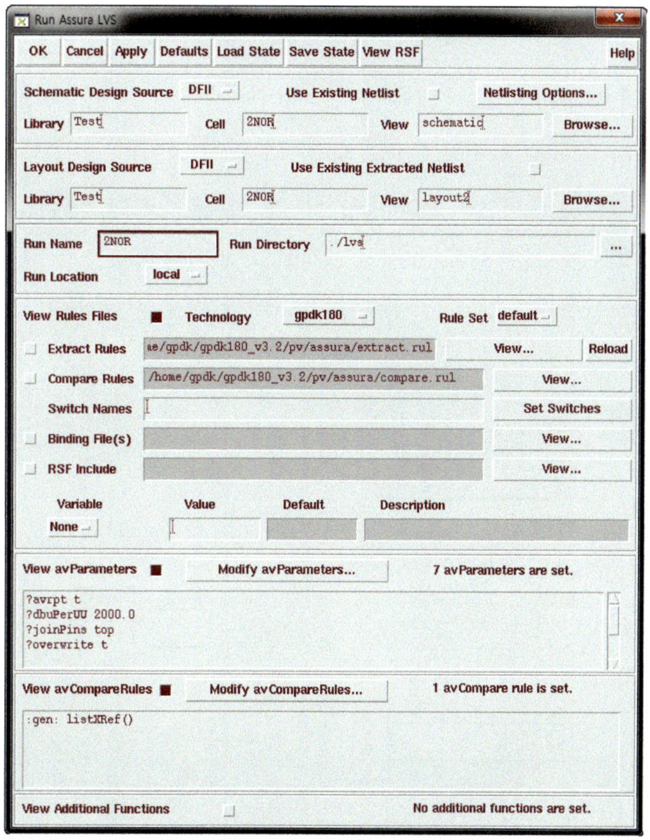


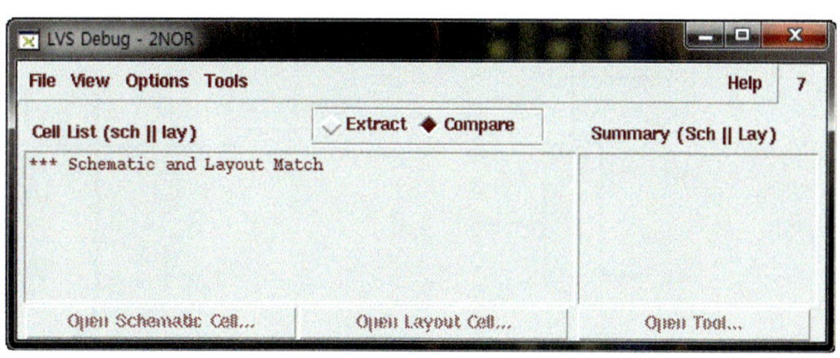

## 3.4 MUX

### 1) 설계 이론

멀티플렉서 회로는 많은 수의 데이터 입력, 한 개 이상의 선택 입력, 그리고 한 개의 출력을 가지고 있다. 즉, 여러 입력 데이터 중 선택 신호에 상응하는 하나의 데이터만 출력으로 내보내는 역할을 하는 것이다. 다음 그림은 2-to-1 멀티플렉서 회로를 보여준다. a는 일반적으로 멀티플렉서를 나타내는 기호이다. 선택입력 s는 입력 $W_0$ 또는 $W_1$을 멀티플렉서 출력으로 선택한다. 멀티플렉서의 진리표는 아래와 같다.

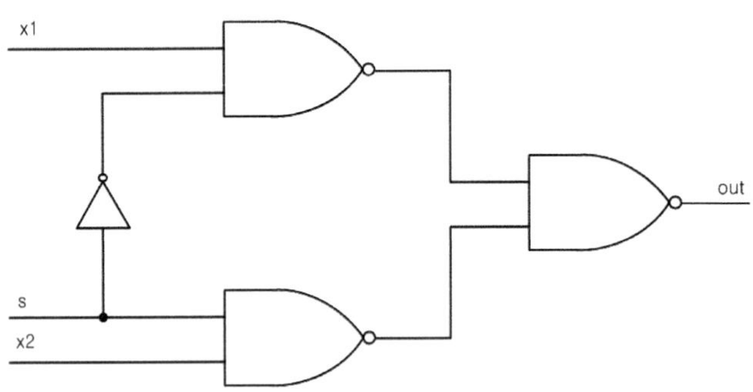


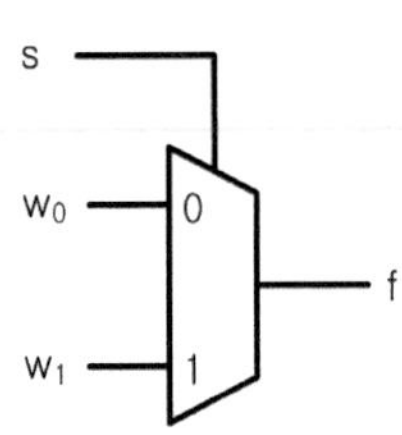


| s | f |
|---|---|
| 0 | $w_0$ |
| 1 | $w_1$ |

## 2) Simulation

### ① Simulation 준비.

▶ Techfile 적용한 Library 생성.

▶ 만들어진 Library를 click하고 **File → New → Cell View…** click.

▶ Cell View을 2x1mux라고 설정.

### ② 회로도 그리기.

▶ 앞에서 만든 2NAND와 inverter의 symbol을 불러들여 아래와 같은 회로도를 그린다.

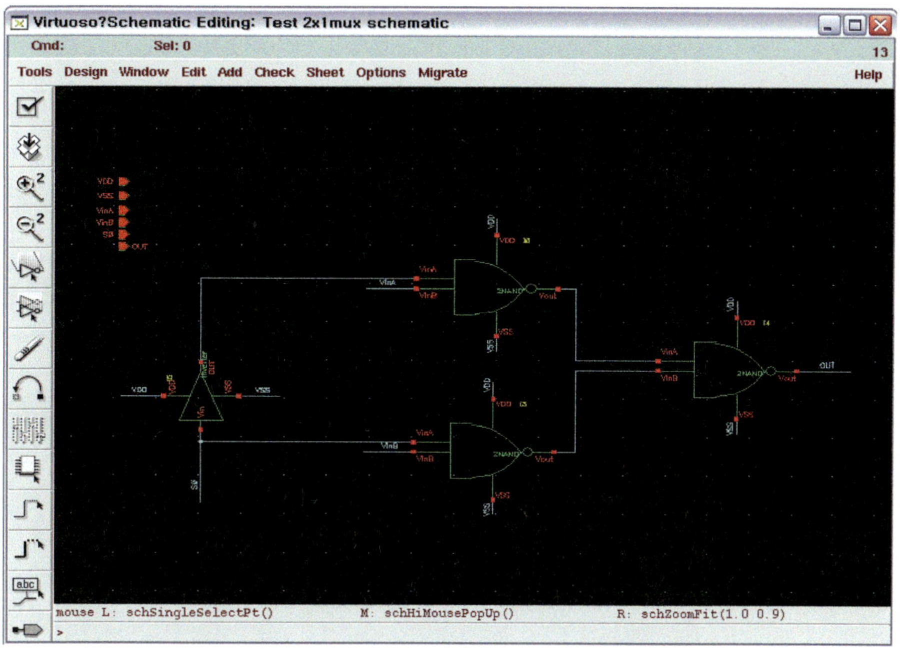


▶ **Design → Create Cellview → From Cellview ...**를 통해 Symbol을 그린다.

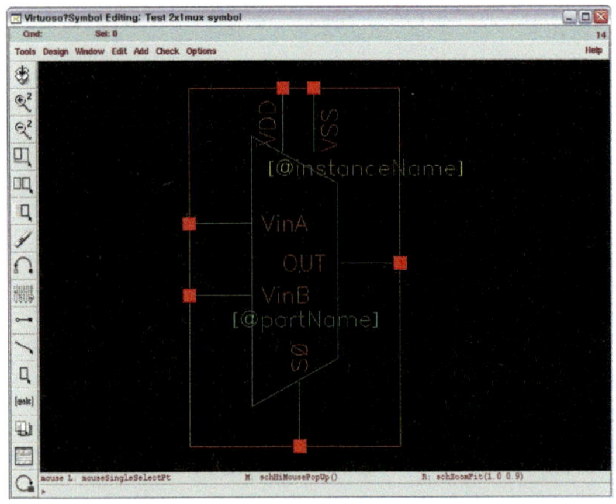


▶ 2x1 MUX 정확히 동작하는 것을 확인 하기위해서 Transient Analysis를 하기위해 Add Instance에서 analogLib에 있는 vpulse를 불러온다. vpulse는 입력을 펄스 전압으로 인가 할 수 있다.

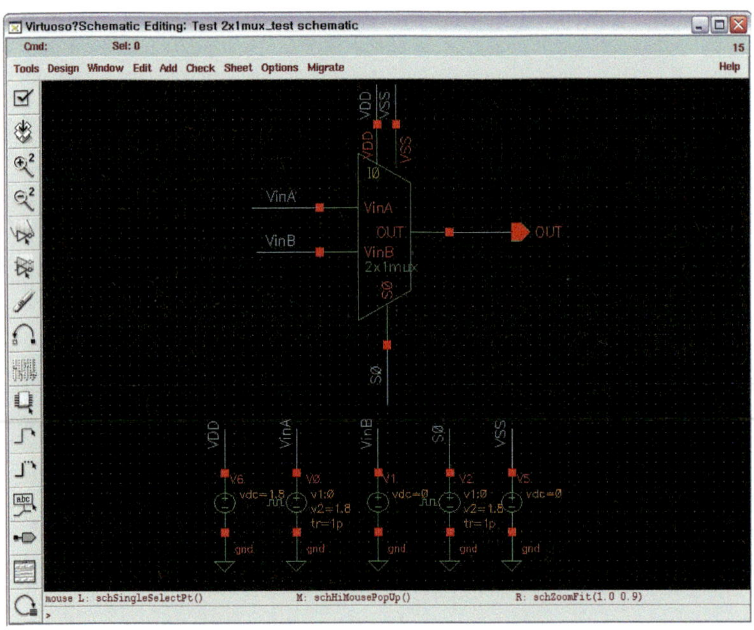

▶ vpulse 값 입력하기

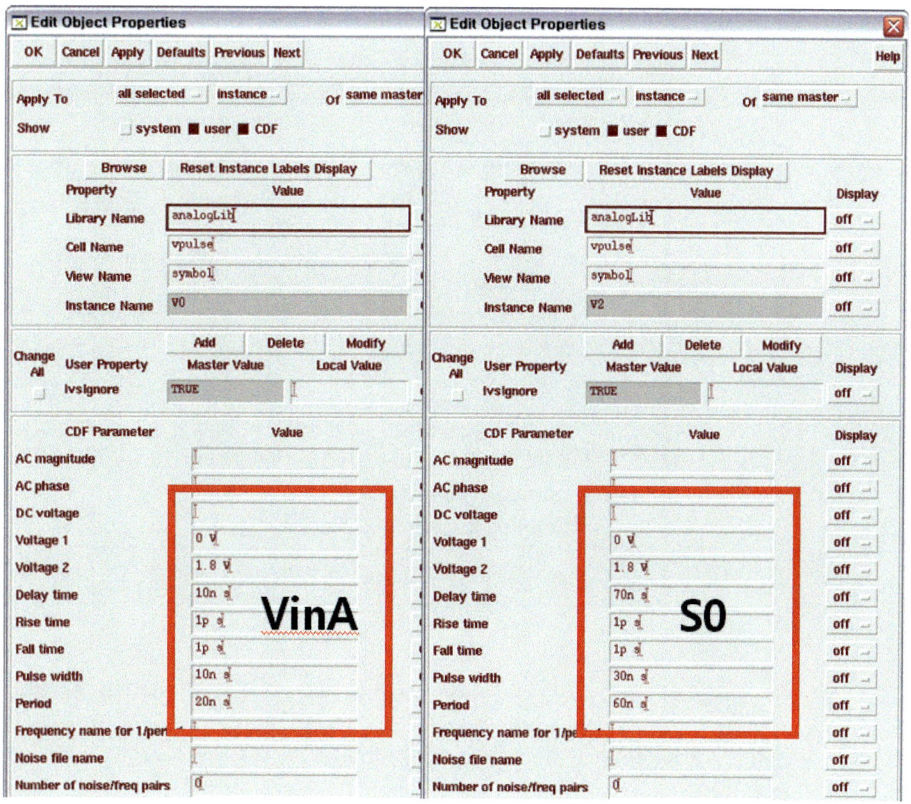


③ Analog Environment.

▶ Simulation을 실행하기 위해서 Analog Environment를 실행시킨다. **Tools → Analog Environment**를 click.

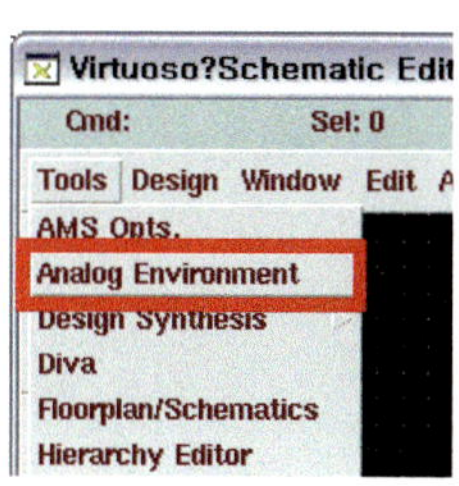


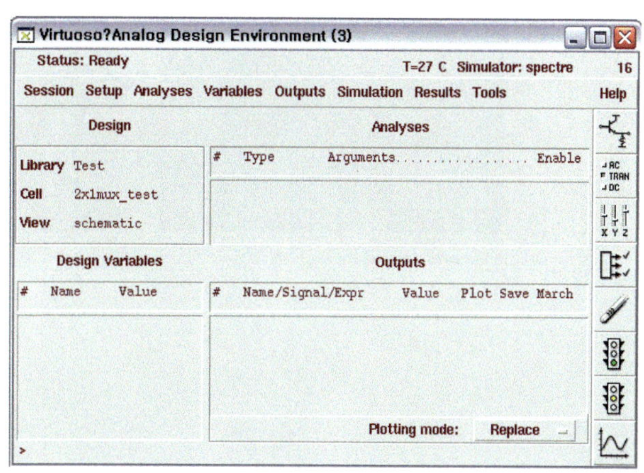

▶ Transient Analysis 해석을 위해 **Analyses → Choose** … 선택을 하고 tran을 check한다. Stop Time을 설정하고 moderate를 check한다.

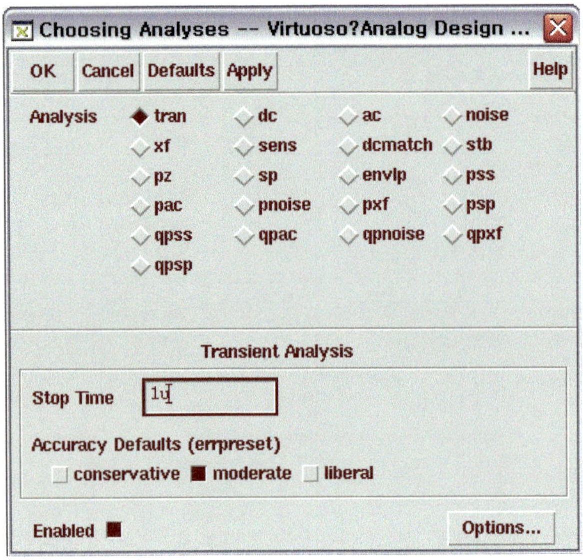


▶ 설정을 마친 뒤 simulation을 실행 시킨 후 결과를 확인하면 아래와 같은 결과 파형을 확인할 수 있다. 결과 파형 결과 2x1 MUX가 정확히 작동하는 것을 볼 수 있다.

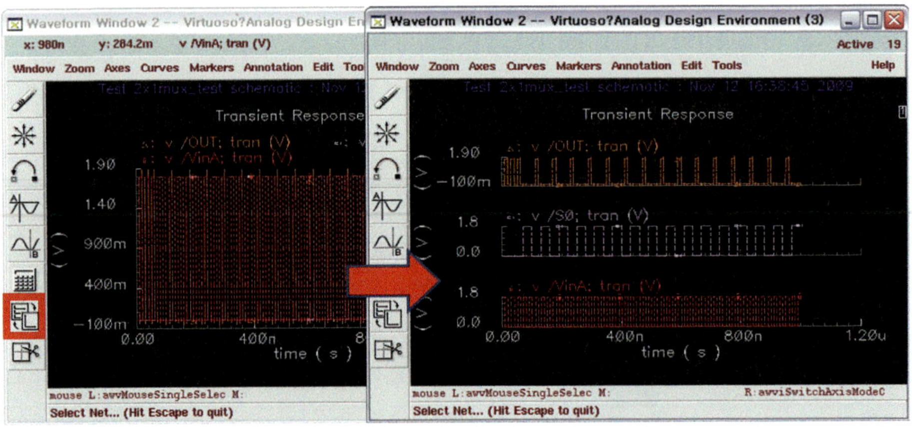

– 결과 파형 결과 2-Input NOR가 정확히 작동하는 것을 볼 수 있다.

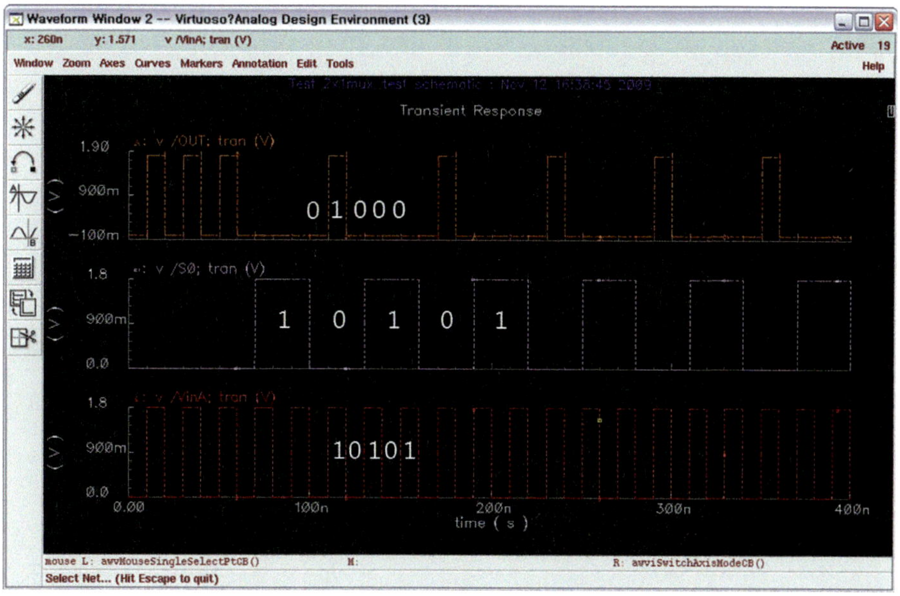

## 3) Layout

### ① Layout

▶ Schematic 확인

– Layout을 하기 전에 schematic을 확인하여 각 MOSFET의 소자 값을 먼저 확인하자. 2-1 Mux는 이미 앞 예제에서 설계한 3개의 2-Input NAND와 1개의 Inverter로 구성되어 있다.

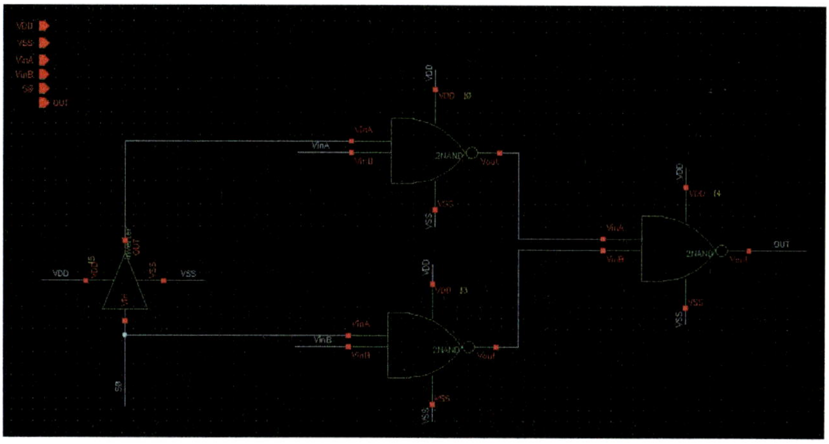

| Component | MOSFET | Length(㎛) | Finger | Finger Width(㎛) | Total Width(㎛) |
|---|---|---|---|---|---|
| Inverter | NMOS | 0.18 | 1 | 1 | 1 |
| | PMOS | 0.18 | 2 | 2.015 | 4.03 |
| 2-Input NAND | NMOSs | 0.18 | 1 | 1 | 1 |
| | PMOSs | 0.18 | 1 | 2.95 | 2.95 |

▶ MOSFET instance 불러오기

– 3개의 2-Input NAND 중 PMOS들의 source는 모두 VDD에 연결되어야 하고 drain만 NMOS의 drain과 연결되어 출력으로 연결하면 되므로 finger를 이용하여 layout할 수 있지만 NMOS들은 그렇지 않으므로 finger로 layout할 수 없다. 최종적으로 그리면 그림과 같고 주황색의 X표시는 contact 또는 via를 나타내며 net 연결 시 색깔을 달리한 것은 서로 다른 metal임을 의미한다.

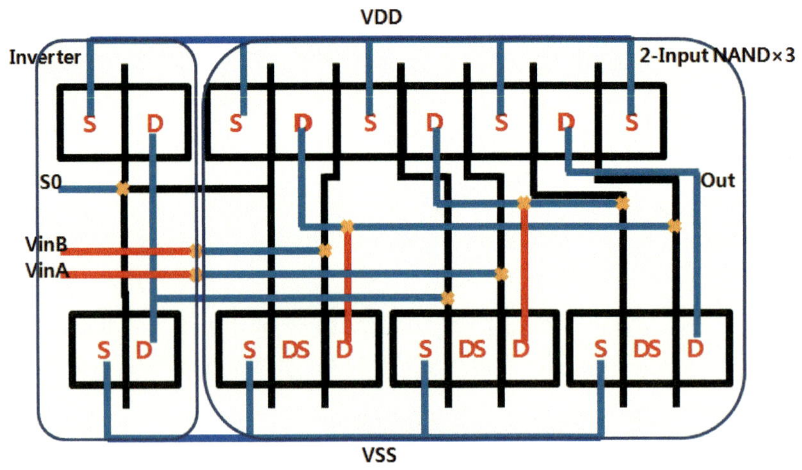

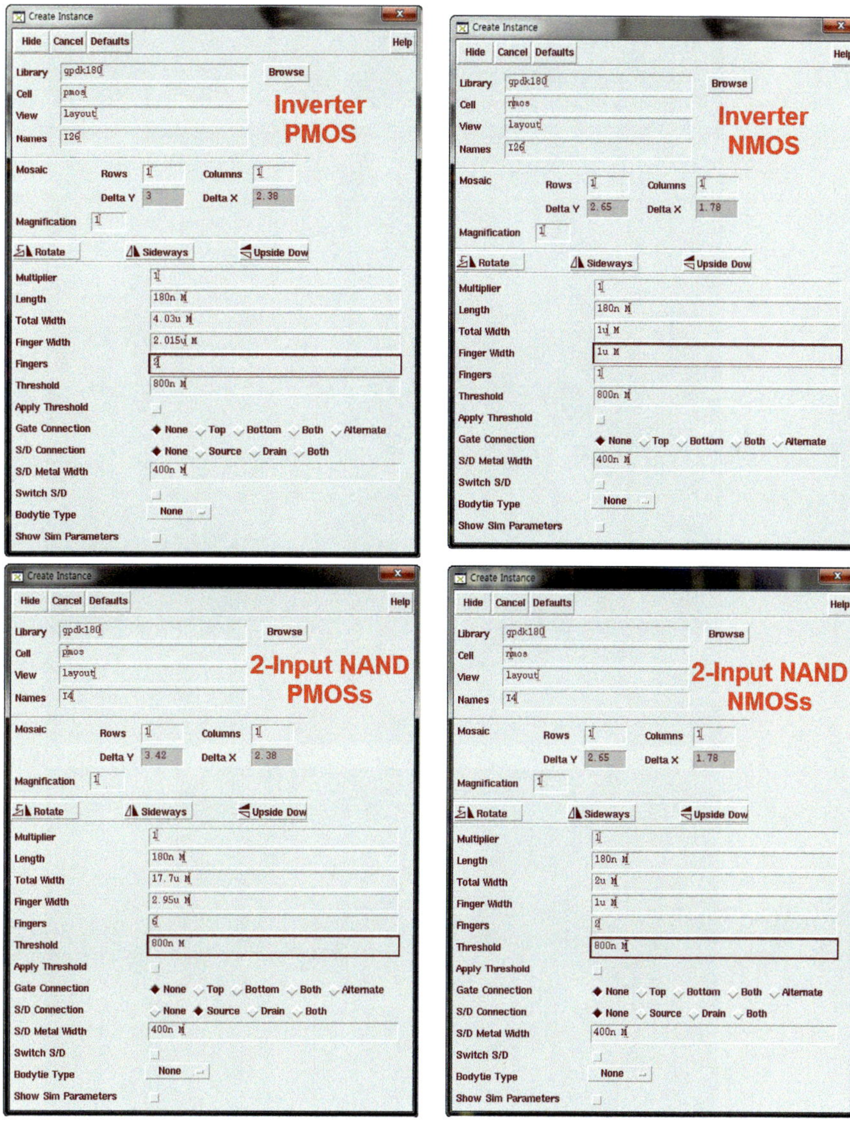


– Inverter의 PMOS instance를 불러올 때 length=1㎛, width=4.03㎛의 크기로 불러오면 그림과 같이 낭비되는 면적이 크므로 finger를 이용하여 length=1㎛, finger width=2.015㎛, finger=2의 크기로 지정하고 gate를 하나로 묶어주면 length=1㎛, width=4.03㎛와 같은 크기의 PMOS가 된다.

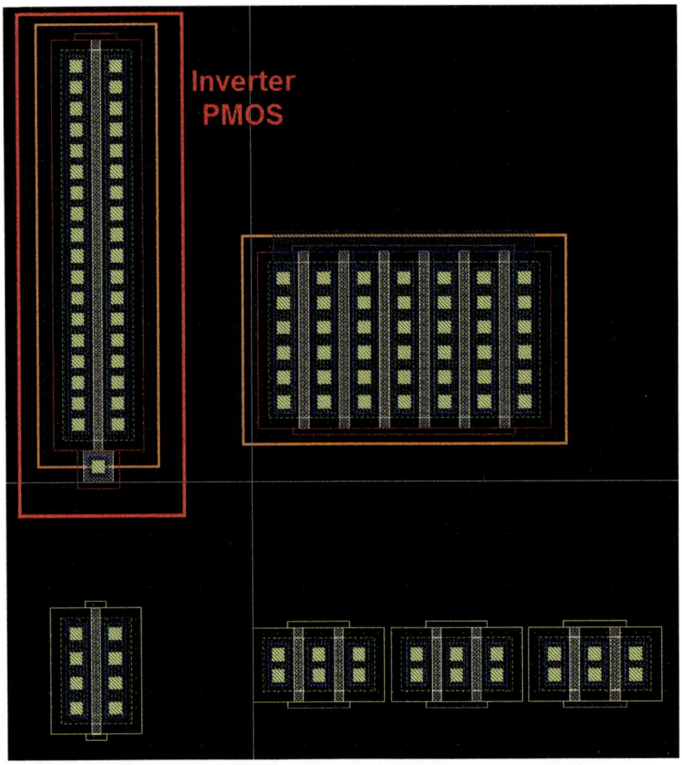
Inverter
PMOS

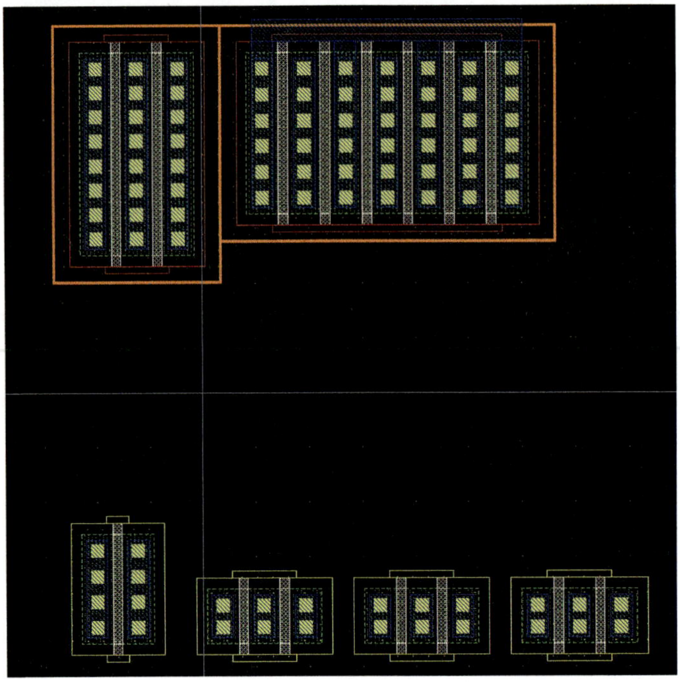

▶ VDD & VSS instance 불러오기

– Contact 명령(단축키 'o')을 이용하여 VDD 및 PMOS의 body와 VSS 및 NMOS의 body로 사용될 instance를 불러온다.

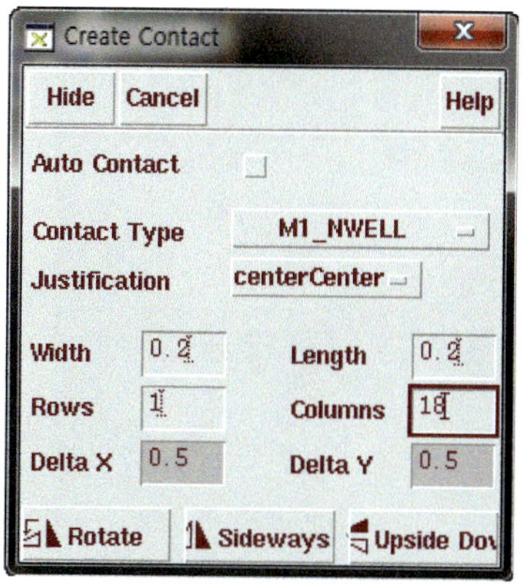


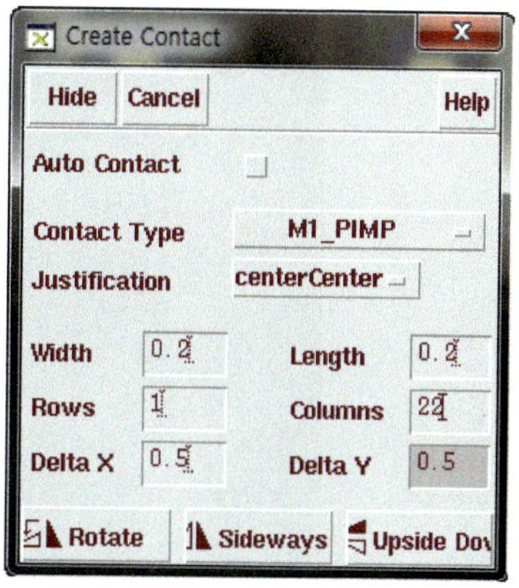


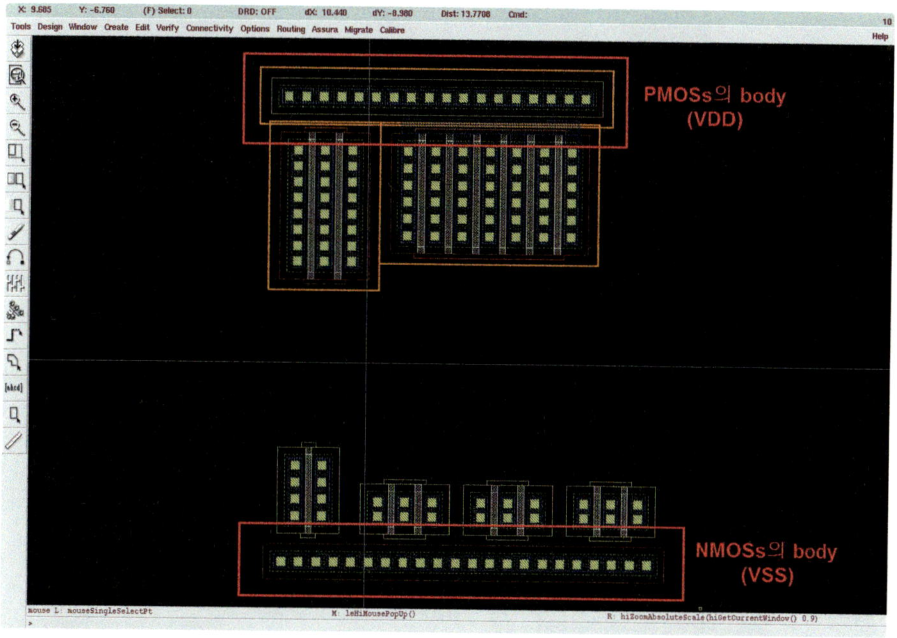


▶ Net 및 입/출력 연결하기

– Path 명령(단축키 'p')을 이용하여 앞의 'MOSFET instance 불러오기'의 그림처럼 net들을 연결하고 입/출력까지 연결하면 그림과 같다.

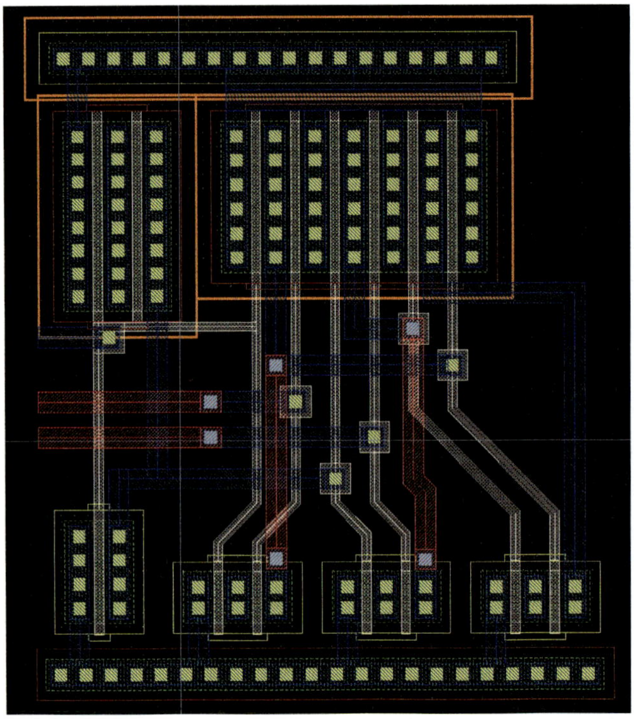

▶ Pin 지정

– Pin 명령(단축키 'Ctrl+p')을 이용하여 입력 pin인 VinA, VinB, S0, VDD, VSS와 출력 pin인 OUT을 layout에 적용한다.

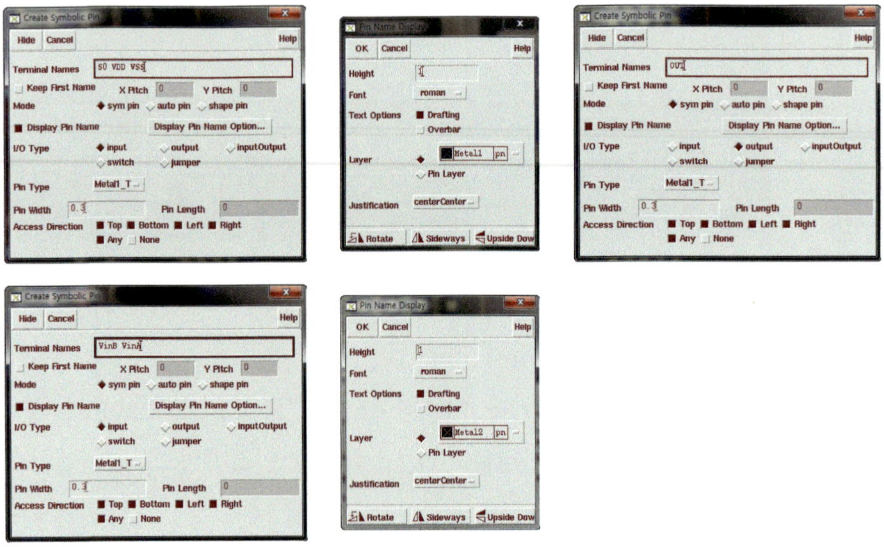

– 입력 VinB와 VinA는 Metal 2 layer로 연결되어 있으므로 pin layer 역시 Metal 2 layer(pn)로 지정해야 한다.

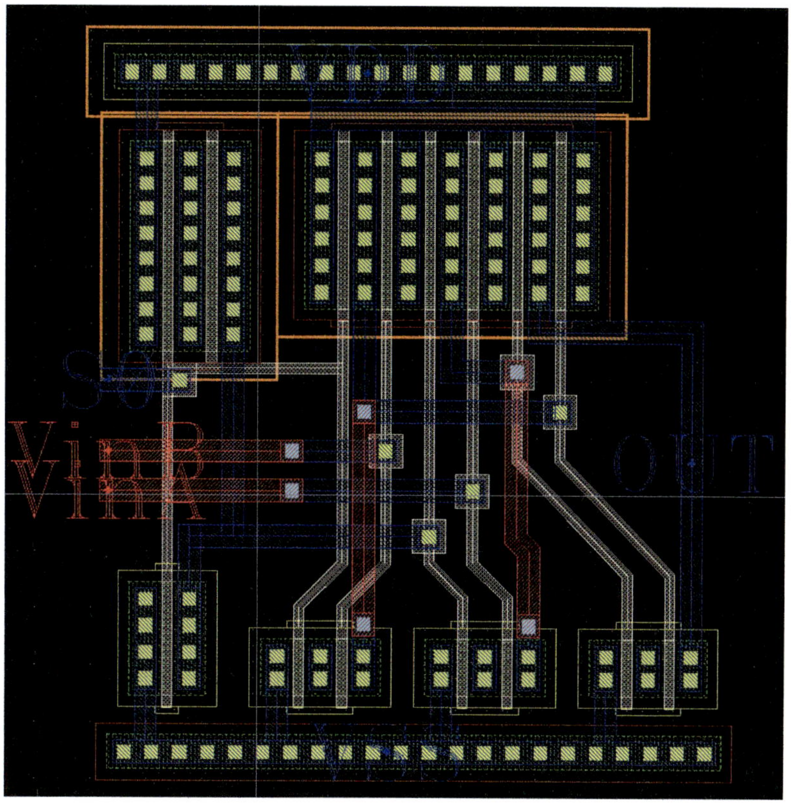


## ② Layout 검증

▶ Run DRC

– Assura Tool(**Assura → Run DRC**)을 이용하여 design rule에 맞게 layout 했는지 확인해보자.

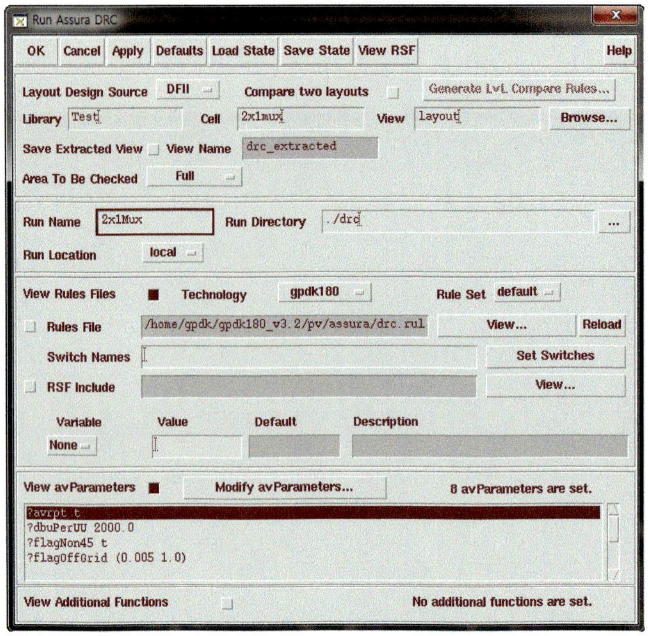


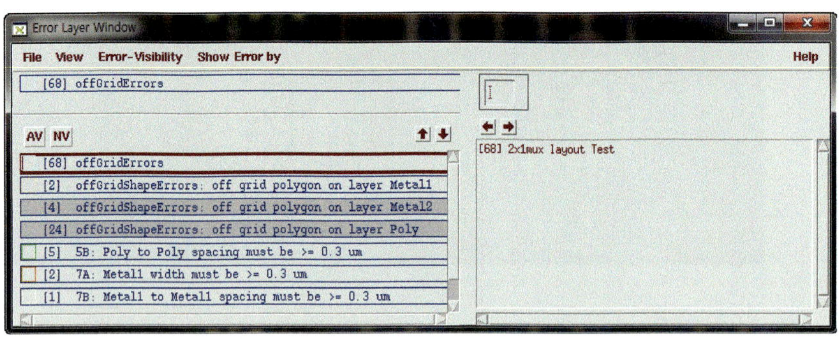


– 많은 DRC error가 발생했지만 자세히 보면 그렇게 많지는 않다. 우선 offGridErrors는 net을 연결할 때 path 명령을 이용했는데 45도로 꺾어서 그린 부분이 제일 처음 설정하는 X, Y 의 grid 옵션과 맞지 않아서 off-grid로 잡히는 것이다. 이 error를 해결하는 가장 편리한 방법은 LSW창에서 해당 layer를 선택하고 rectangle 명령을 이용하여 error가 발생한 path를 선택한 다음 rectangle로 그린 사각형과 해당 path를 shift로 함께 선택하여 merge(단축키 'shift+m') 시켜주면 된다.

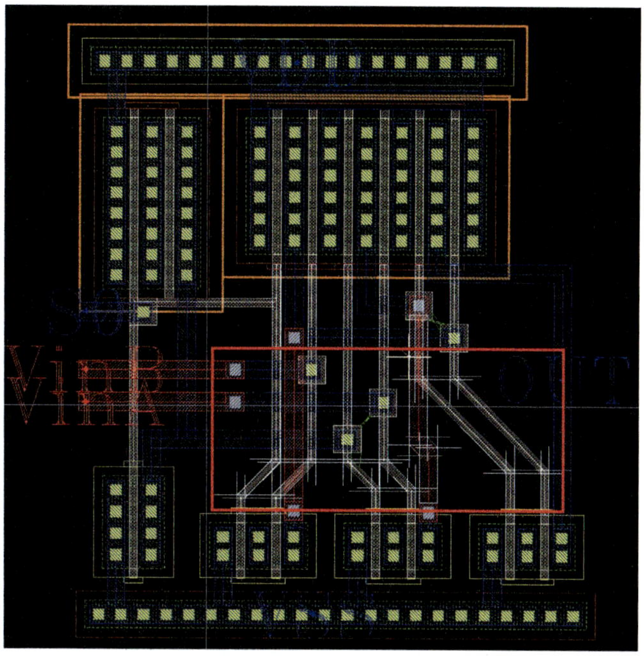

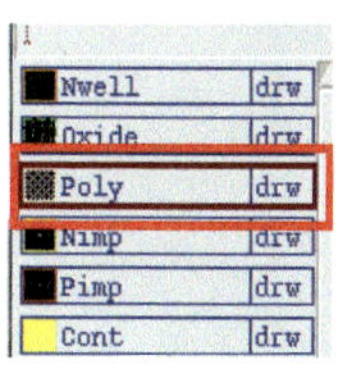


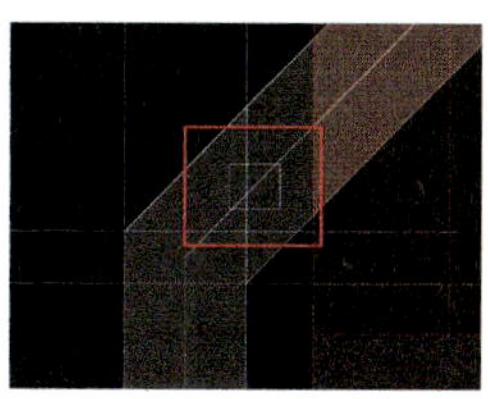

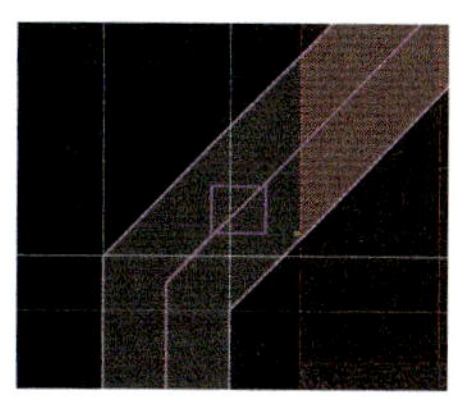

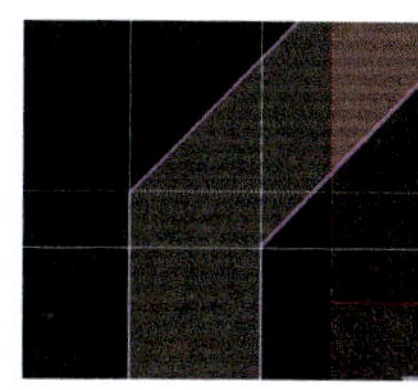

- 다시 DRC를 실행하면 offGridErrors가 없어진 것을 볼 수 있다.

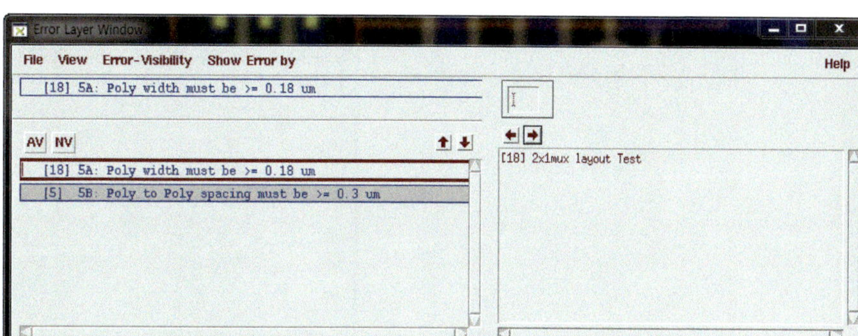


- 남은 2개의 DRC error를 보면 Poly의 width가 0.18㎛보다 커야한다는 메시지와 Poly와 Poly layer 사이의 거리가 0.3㎛ 이상이어야 한다는 메시지가 있는데 이 부분을 찾아서 수정하고 다시 DRC를 실행하면 error가 없다는 메시지가 출력된다.

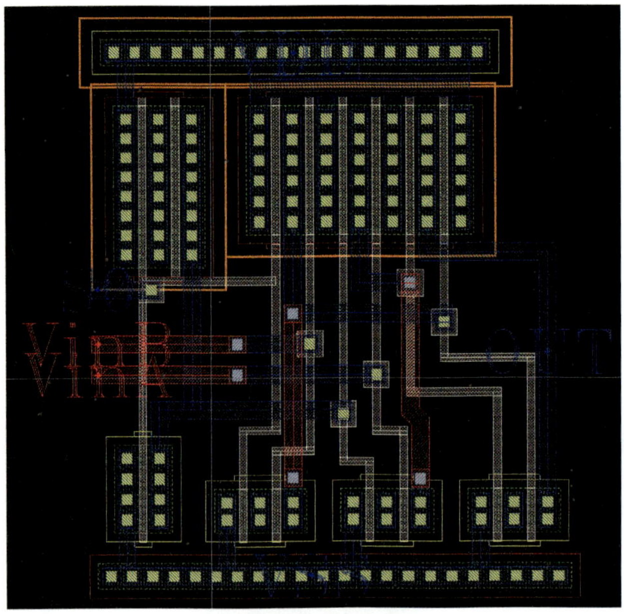

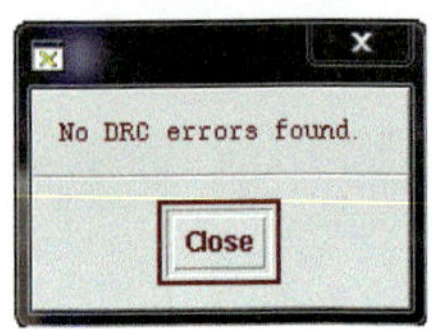


▶ Run LVS

– Assura Tool(**Assura → Run LVS**)을 이용하여 schematic과 layout이 일치하는지를 확인해 보자.

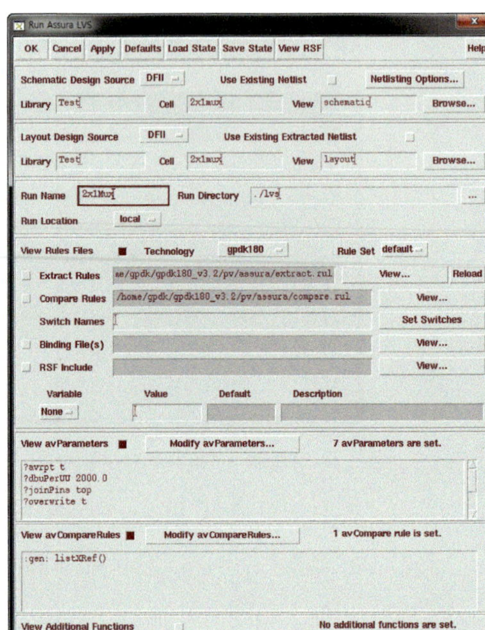

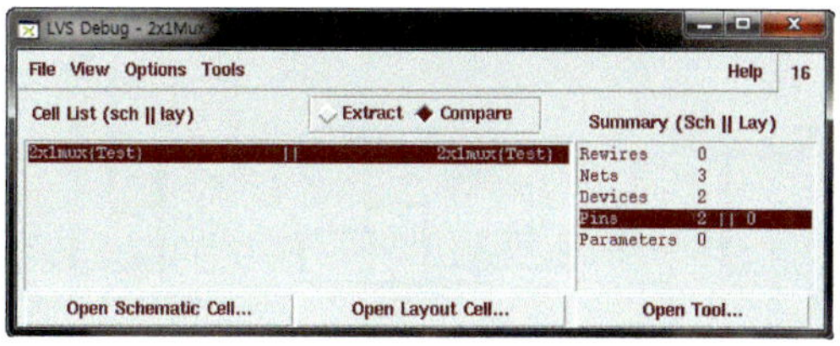


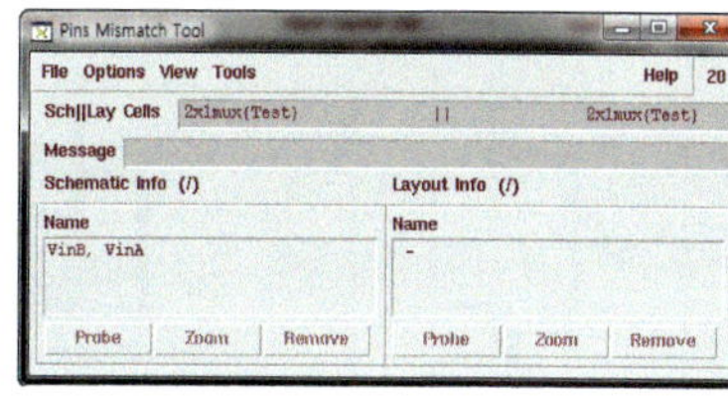


- Mismatch Tool의 메시지를 보면 schematic에는 VinB, VinA pin이 있지만 layout에는 없다고 error 메시지를 내보내고 있다. 이것은 앞에서 VinB, VinA pin을 지정할 때 Pin Type을 Metal 2_T로 지정하지 않고 Metal 1_T로 지정하는 실수를 했기 때문이다. VinB와 VinA는 Metal 2 layer로 입력을 연결해놨으므로 Pin Type 역시 Metal 2_T로 지정해야 한다.

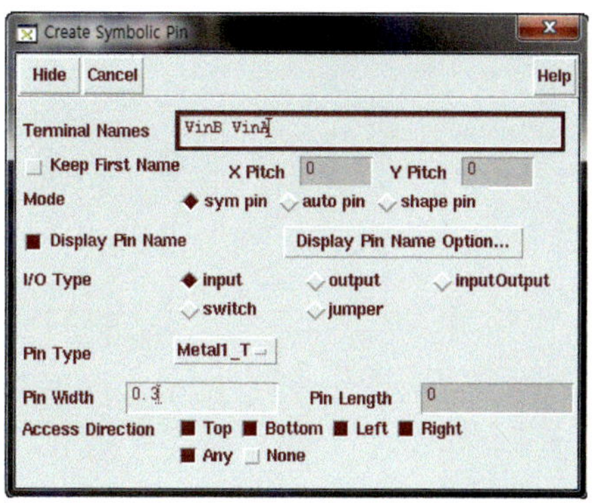


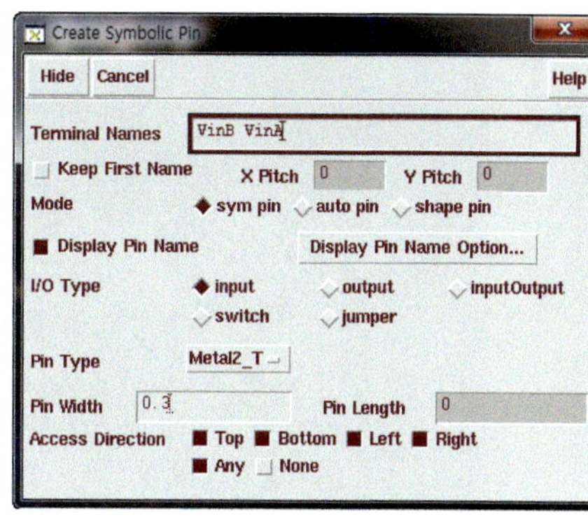


- 수정한 후 LVS를 다시 실행하면 LVS mismatch 메시지가 출력되는데 I5 device의 PM0이 schematic에는 있는데 layout에는 없고 schematic에는 없는 device가 layout에는 있다고 메시지를 출력하고 있다.

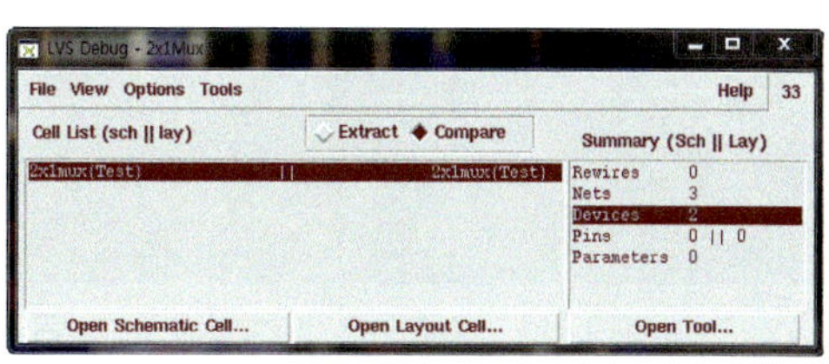


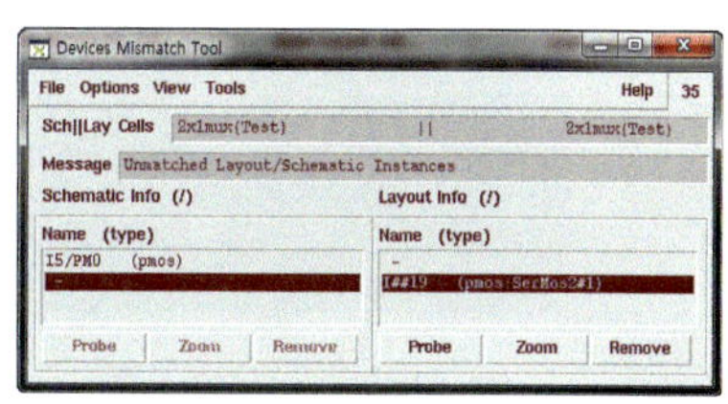


- 이것은 앞에서 설명하지는 않았지만 Inverter의 PMOS를 finger를 이용하여 layout했는데 source/drain의 연결이 잘못되어 제대로 인식하지 못했기 때문이다.

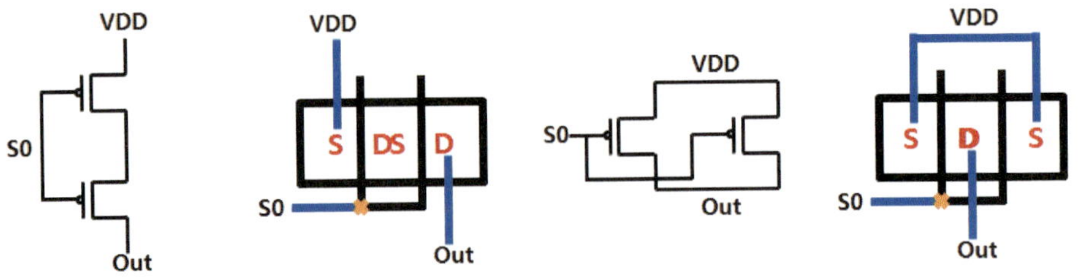


- 2개의 PMOS가 병렬로 연결되어 있어야 width가 2배가 되어 하나의 PMOS처럼 여겨지는 것인데 앞에서의 layout은 2개의 PMOS를 직렬로 연결하여 서로 다른 PMOS 2개를 layout 한 것과 같게 되기 때문에 LVS mismatch가 발생한 것이다.

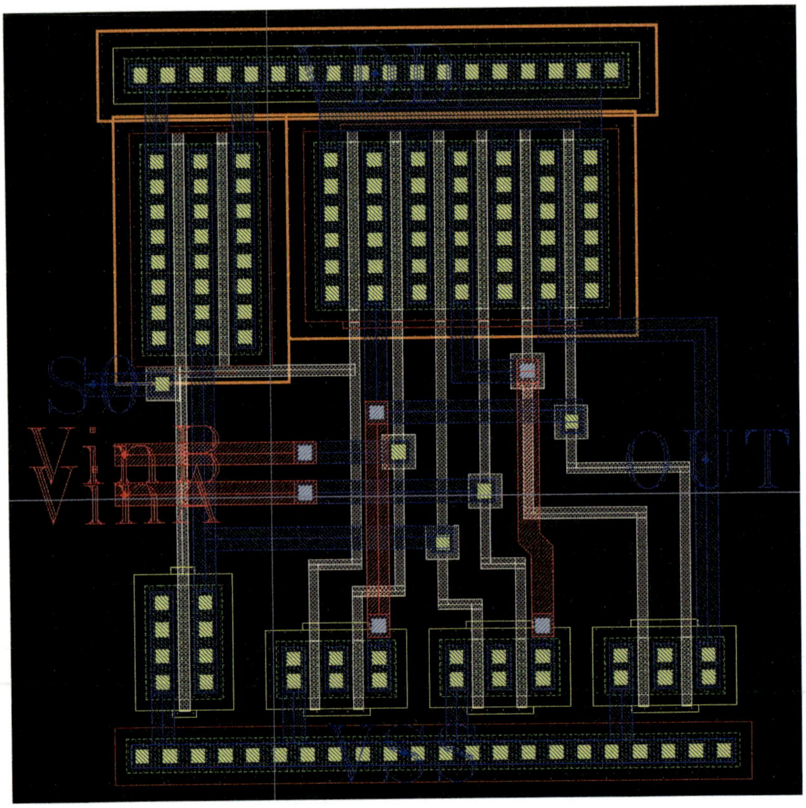


- 이 부분을 수정한 후 다시 LVS를 실행하면 schematic과 layout이 서로 일치하는 것을 확인할 수 있다.

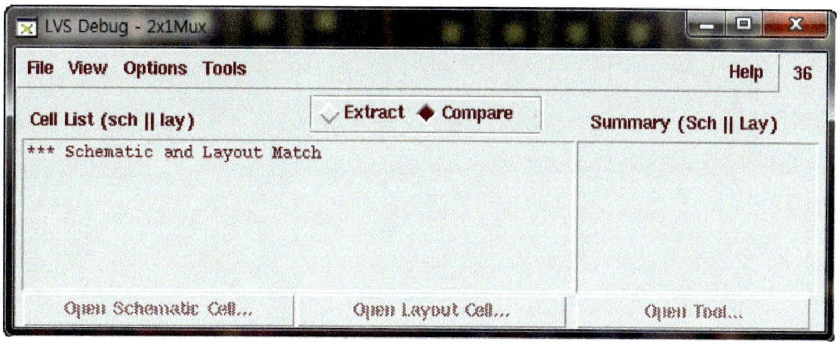
LVS Debug - 2x1Mux
File View Options Tools
Help
36
Cell List (sch || lay)
Extract Compare
Summary (Sch || Lay)
*** Schematic and Layout Match
Open Schematic Cell...
Open Layout Cell...
Open Tool...

# 제3장 | 이론

반도체설계산업기사

# 제1과목 반도체공학

## 1. 반도체 기초

### 1.1 반도체의 기초적 성질

#### 1) 결정구조

**① 원자 [atom]**

- 화학 원소로서의 특성을 잃지 않는 범위에서 도달할 수 있는 물질의 기본적인 최소 입자로서 핵(nucleus)과 핵의 주위를 둘러싼 전자(electron)로 구성되어 있으며, 핵은 양성자(positron)와 중성자(neutron)로 이루어져 있다.

| | 전하량(e) | 질량(m) |
|---|---|---|
| 양성자 | $+1.602 \times 10^{-19}[C]$ | $1.6726 \times 10^{-27}[kg]$ |
| 중성자 | 중성 | $1.6726 \times 10^{-27}[kg]$ |
| 전자 | $-1.602 \times 10^{-19}[C]$ | $9.1095 \times 10^{-31}[kg]$ |

〈표 1-1〉 원자의 구성

**② 보어의 원자모형 [Bohr's atomic model]**

- 1913년 보어(Niels Bohr)가 제창한 원자구조와 원자스펙트럼의 이론에 근거한 원자모형이다. 원자의 중심부에는 원자핵이 있고 그 주위를 전자가 궤도운동하고 있다

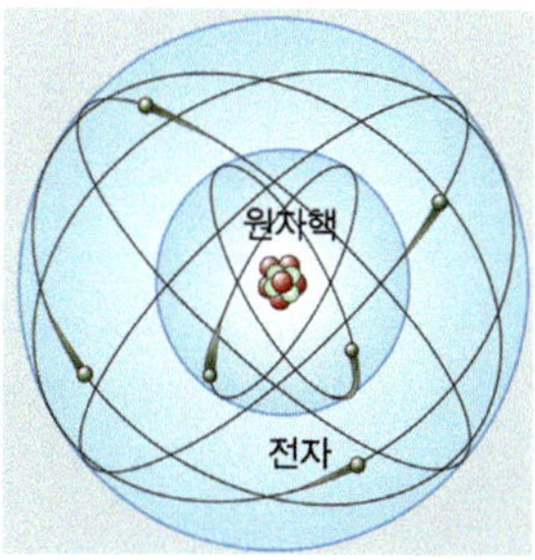

### ③ 원자의 에너지준위 [energy level]

- 원자의 에너지 준위란 원자가 가질 수 있는 에너지의 불연속적인 값을 말한다. 수소원자에 있어 전자의 에너지는 특정의 값만을 갖는데 이러한 전자의 에너지 상태를 나타내는 그림을 에너지 준위라고 한다. 양자수가 1인 에너지 준위를 바닥상태라고 하며 양자수 2번 이상의 에너지 준위를 들뜬상태들이라고 부른다. 전자는 들뜬상태에 오래도록 머물 수 있는 것이 아니고 순간적으로 머물며 다시 바닥상태로 떨어지고 만다. 이와 같은 에너지 준위는 원자마다 모두 다르나 경향은 비슷하다. 원자번호가 많아짐에 따라 전자수가 증가하는데 이 때 중요한 것이 각 궤도에 전자들이 채워지다가 가장 바깥 궤도에 있는 전자가 해당 원자의 에너지 특성을 결정하게 된다는 사실이다. 이러한 전자들을 최외각 전자라고 부르며 최외각 전자들이 어떻게 배열되어 있는가에 따라 원소들의 특징이 나타나고 또한 주기적인 성질이 나타나기도 한다. 여기서 각이라는 용어는 껍질의 한자말로 전자가 머물 수 있는 곳을 궤도라고 하였지만 이러한 궤도가 마치 양파껍질처럼 되어 있다는 의미로 껍질이라고 부른다. 원소의 주기율표는 그러한 최외각 전자들의 분포에 따라 나타나는 원자들의 성질을 집대성한 결과이다.

| 원자 번호 | 원소 기호 | 각($n$) | K각 | L각 | | M각 | | | N각 | | | |
|---|---|---|---|---|---|---|---|---|---|---|---|---|
| | | 부각 ($l$) | s (sharp) | s | p (principal) | s | p | d (diffuse) | s | p | d | f (fundamental) |
| | | 전자수 | 2 | 2 | 6 | 2 | 6 | 10 | 2 | 6 | 10 | 14 |
| | | ($2n^2$) | 2 | 8 | | 18 | | | 32 | | | |
| 19 | K | | 2 | 2 | 6 | 2 | 6 | | 1 | | | |

〈표 1-2〉 원자의 궤도 전자 수

※원자의 배열 : 전자가 궤도에 존재하는 최대 수는 $2n^2$, ($n$: 궤도수)개 이다.
pauli의 배타 원리에 따라 원자핵을 중심으로 전자가 궤도를 따라 배열되어 있다.
$1S^2 2S^2 2P^6 3S^2 3P^6 4S^2 3d^{10} 4P^6 \cdots$

※pauli의 배타 원리
전자의 상태를 기술하는 양자수로서, 보통은 주양자수, 방위양자수, 자기양자수 및 스핀양자수가 있으며, 이러한 네 가지 양자수에 의해 결정되는 하나의 상태를 2개 이상의 전자가 점할 수 없다는 원리이다. 동일한 양자수를 갖는 두 전자가 서로 상대방을 배제하는 것 같아 보이므로 배타원리라 한다.
예) $Si$ (원소번호 14번)의 원자 배열은 $1S^2 2S^2 2P^6 3S^2 3P^2$가 된다.

### ④ 원자의 결합

- 결합에는 화학적 결합(1차 결합)과 물리적 결합(2차 결합)이 있는데, 1차 결합에는 이온결합(예, $NaCl$), 금속결합 및 공유결합(예, $C$(탄소), 규소($Si$), 게르마늄($Ge$)) 등이 있으며, 이들은 비활성 기체처럼 최외각에 전자가 완전히 채워진 안정된 구조를 갖는 특징이 있다. 또한 2차 결합은 분자결합(예, 헬륨($He$), 네온($Ne$), 아르곤($Ar$)) 또는 반데르발스 결합이라고도 하며, 1차 결합에 비해 결합력이 약하다.

### ⑤ 결정구조

- 고체의 형태에는 비결정질(amorphous)고체와 결정질(crystalline)고체로 구분된다.
- 비결정질 고체는 유리나 고무와 같이 규칙성이 없는 특성을 갖고 결정질 고체는 물질 전체적으로 규칙적인 패턴이 반복되는데, 이와 같이 결정 내에서의 주기적인 원자 배열을 격자(lattice)라고 한다.
- 결정질 전체적으로 규칙성이 있는 경우를 단결정(single crystal), 여러 개의 단결정 구조로 되어 있는 경우를 다결정(poly crystal)이라 한다.
  - 고체의 준비방법에 따라 형태가 달라지고 특성이 다르며, 거기에 맞추어 반도체소자제작에 활용함.
  - 전기적 성질은 단결정이 가장 우수하여, IC 제조용 기판은 단결정 실리콘을 사용함.

**Tip 공간격자(Space Lattice)**

- 격자(lattice) : 결정 내의 원자의 규칙적 배열
- 격자점(lattice point) : 원자배열을 점으로표시
- 단위 셀(unit cell) : 전체 결정을 재구성하는 데 사용되는 최소부피. 단위 셀의 평행이동으로 전체 격자를 재구성할 수 있음. 보통 단위 셀의 면들이 직교되도록 선택함
- 기본 셀(primitive cell) : 격자를 구성하기 위해 반복될 수 있는 최소 단위 셀. 기본 셀의 면들은 비 직교적일 수 있음.

**Tip 격자구조**

- 단위격자가 입방체를 구성하는 공간격자를 입방격자(cubic lattice)라고 한다.
- 단순 입방(Simple Cubic : SC)
  : 평행육면체의 모서리 전체에 원자가 위치하는 3차원 입방체를 말한다.
- 면심 입방(Face Centered Cubic : FCC) : Al, Cu
  : 평행육면체의 8개 모서리뿐 아니라 면의 중심에도 원자가 있을 경우를 말한다.

- 체심 입방(Body Centered Cubic : BCC) : Fe
  : 평행육면체의 8개 모서리와 체적 중심에 원자가 있을 경우를 말한다.

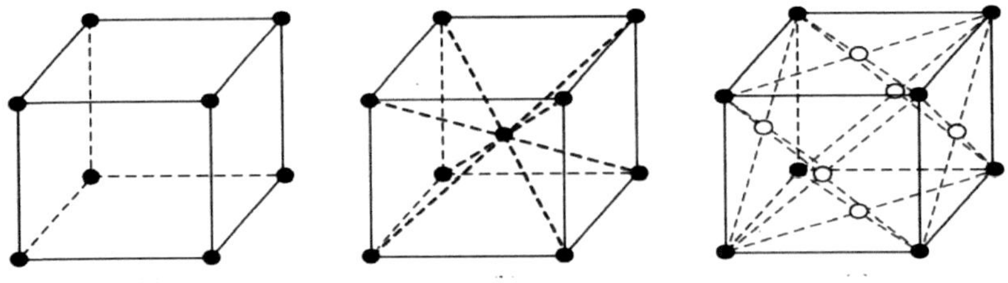

※ 격자구조 : 단위격자가 입방체를 구성하는 공간격자를 입방격자(cubic lattice)라고 한다.

- 단순 입방(Simple Cubic : SC)
  : 평행육면체의 모서리 전체에 원자가 위치하는 3차원 입방체를 말한다.
- 면심 입방(Face Centered Cubic : FCC) : Al, Cu
  : 평행육면체의 8개 모서리뿐 아니라 면의 중심에도 원자가 있을 경우를 말한다.

- 체심 입방(Body Centered Cubic : BCC) : Fe
  : 평행육면체의 8개 모서리와 체적 중심에 원자가 있을 경우를 말한다.

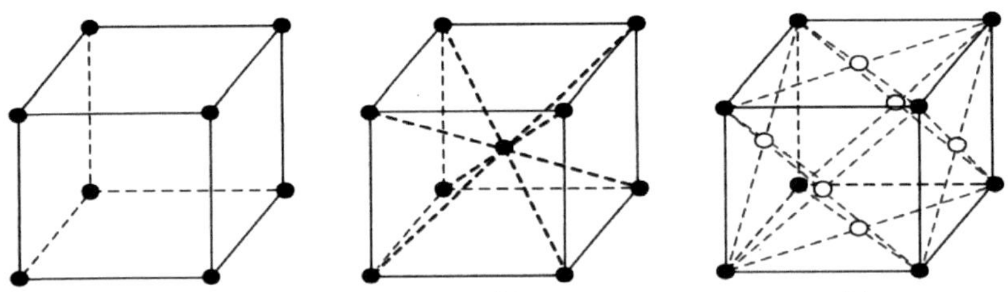

## 2) 에너지 밴드

- 낮은 에너지 준위로부터 높은 준위의 허용 대에 채워지기 시작한다.

이와 같이 $1S^2 2S^2 2P^6$ 등의 전자가 전부 채워졌을 때 전자가 가득 찬 허용 대를 충만대(filled band)라고 하고, $3S^2 3P^2 3d^0$의 에너지대에는 원자가 갖는 가전자로 채워져 있어 가전자대(valence band)라고 하며, 그 위의 에너지대는 전자가 존재할 수 있는 영역으로 이곳의 전자는 원자핵의 구속으로부터 벗어나 자유롭게 이동하여 전류를 형성 할 수 있으므로 이 에너지대를 전도대(conduction band)라고 한다. 또한, 전도대와 가전자대 사이의 영역은 전자가 존재할 수 없는 영역으로 금지대(forbidden band)라고 하며, 이 금지대 폭(energy band gap)의 크기에 따라 크면

절연체, 중간이면 반도체, 작으면 도체 등으로 구분된다.

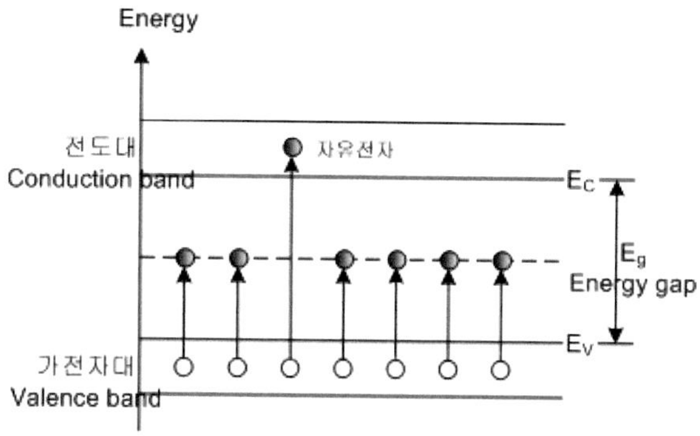


① 절연체$(E_g) > 5eV$
② 반도체$(E_g) \rightarrow Si$(약 $1.1eV$), $Ge$(약 $0.67eV$)
③ 도체$(E_g) \fallingdotseq 0eV$

### 3) 페르미준위 ( Fermi level )

- 절대온도 0도에서 최외각 전자가 가지는 에너지 높이를 말하며 페르미에너지라고도 한다.
- 고체 내 전자의 에너지 분포가 급격히 변화하는 에너지 준위로, 열평형 상태에서 전자를 찾을 수 있는 확률이 1/2이 되는 에너지 준위를 말한다. 또한 페르미 준위가 다른 물질과 접할 때 페르미 준위가 높은 쪽에서 낮은 쪽으로 전자가 이동하기 때문에 페르미 준위가 일치하는 현상이 나타난다.

### 4) 이동도와 전도도

① **이동도(mobility)** : 전기장이나 외부의 다른 힘을 받는 이온이나 전자 따위가 운동하기 쉬운 정도로 이동 속도는 전기장 따위의 강도에 비례하므로 그 비례 상수를 이른다.
② **전도도** : 전기 전도율(도체에 흐르는 전류의 크기를 나타내는 상수).

### 5) 확산( diffusion )

- 밀도 차이나 농도 차이에 의해 물질을 이루고 있는 입자들이 스스로 운동하여 농도(밀도)가 높은 쪽에서 농도(밀도)가 낮은 쪽으로 액체나 기체 속으로 분자가 퍼져 나가는 현상을 말한다.

- 전압이 인가되지 않을 경우에도 반도체 내에 캐리어 농도의 기울기(gradient)가 존재할 경우 전하의 이동에 의한 전류가 흐를 가능성이 있는데, 이러한 전하의 이동으로 인해 생긴 전류를 확산전류(diffusion current)라고 한다.

**Tip 이동도와 확산 계수 사이의 관계식(Einstein의 관계식)**

$$\frac{D_p}{\mu_p} = \frac{D_n}{\mu_n} = \frac{kT}{e} = \frac{T}{11600} = V_T$$

$D_p$: 정공의 확산 계수, $D_n$: 전자의 확산 계수, $\mu_p$: 정공의 이동도, $\mu_n$: 전자의 이동도, $e$: 전자의 전하량, $k$: 볼쯔만 상수, $T$: 절대온도, $V_T$: 온도의 등가 전압

## 2. PN 접합

### 2.1 반도체 재료

#### 1) 반도체 공정 기술

① 산화(oxidation) 공정
② 확산(diffusion) 공정
③ 이온 주입(ion implantation) 공정
④ 화학 기상 증착 공정
⑤ 사진 식각 공정(lithography)
⑥ 식각(etching) 공정
⑦ 금속화(metalization) 공정
⑧ 패키지(package) 공정

#### 2) 제조 방법에 따른 PN 접합

① 합금 접합(alloy junction)
② 성장접합(grown junction)
③ 확산 접합(diffused junction)

## 2.2 반도체내의 전자와 정공

### 1) 순수 반도체

※ 진성 반도체

- Ⅳ족 원소 Ge 또는 Si의 순수결정으로 이루어진 반도체로서 전자와 정공수가 같아 페르미 레벨은 금지대 중앙에 있다.

  $\Rightarrow \ E_f = \dfrac{E_c + E_v}{2}$

- 진성 반도체의 페르미 준위는 온도에 관계없이 금지대의 중앙에 있다.

### 2) 불순물 반도체

※ n형 반도체

- 진성 반도체에 Ⅴ가 불순물 As(아세나이드, 비소), P(인), Sb(안티몬)등을 doping시킨 반도체이다.
  ① 다수캐리어 : 자유전자
  ② 소수캐리어 : 정공
  ③ Donor(제공자) : 5족 원소이며 (+)이온을 갖는다.
  ④ n형 반도체의 에너지 준위는 다음과 같다.

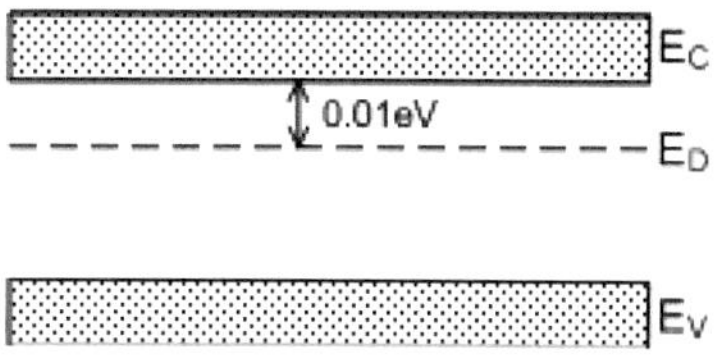


※ P형 반도체

- 진성 반도체에 Ⅲ가 불순물 B(boron), Ga(갈륨), In(인듐)등을 doping시킨 반도체이다.
  ① 다수캐리어 : 정공
  ② 소수캐리어 : 자유전자
  ③ Accepter(수락자) : 3족 원소이며 (-)이온을 갖는다.
  ④ P형 반도체의 에너지 준위는 다음과 같다.

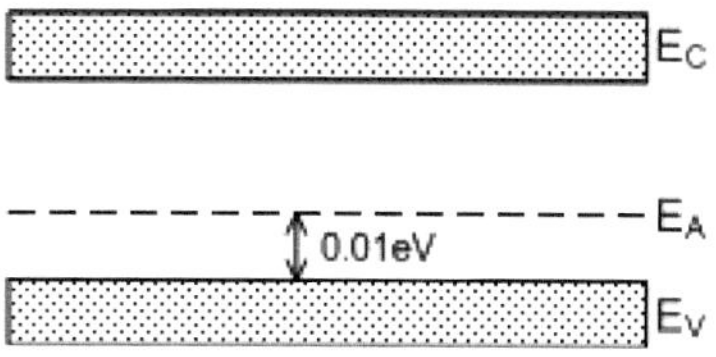

## 2.3 PN 접합의 특성

### 1) 평형상태에서의 PN 접합

※ 바이어스 되지 않은 다이오드

(a) 확산 전　　　　(b) 확산 후

〈그림 1-1〉 Bias되지 않은 다이오드

P와 N을 접합하면 확산에 의해 접합면 근처에서 자유전자와 정공이 소멸되는 영역을 공핍 층(Depletion layer) 또는 공간 전하 층이라 한다.

### 2) 바이어스 상태의 PN 접합

※ 순방향 바이어스(Forward bias)

- 캐리어의 이동을 도와주는 방향으로 가해주는 바이어스이며, P형 쪽에 (+), N형 쪽에 (−)를 걸어준다.

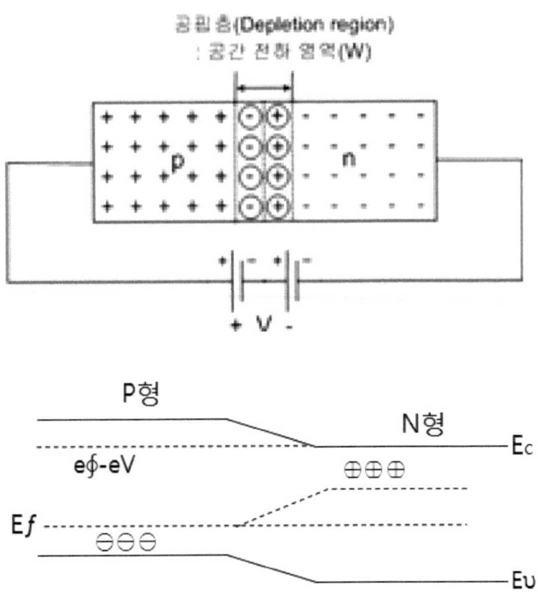


〈그림 1-2〉 순방향 바이어스와 에너지대

※ **역방향 바이어스(Reverse bias)**

- 캐리어의 이동을 방해하는 방향으로 가해지는 바이어스이며, P형 쪽에 (−), N형 쪽에는 (+)를 걸어준다.

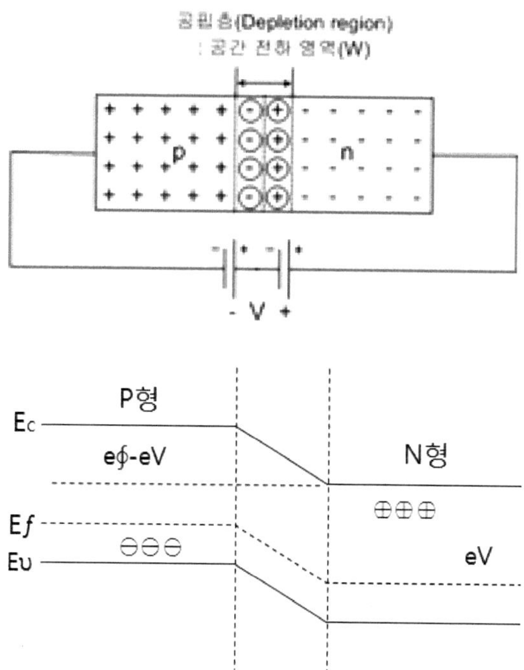


〈그림 1−3〉 역방향 바이어스와 에너지대

## 3. 반도체소자

### 3.1 반도체

- 반도체는 도체와 절연체의 중간적인 존재이다.

※ **물질**

① 절연체(insulator) : 석영, 유리 ⇒ $\rho$(고유저항) $=10^{12} \sim 10^{18}[\Omega \cdot m]$

② 반도체(semiconductor) : Ge, Si(Ⅳ족) ⇒ $\rho=10^{-4} \sim 10^{6}[\Omega \cdot m]$

③ 도체(conductor) : Ag, Au, Al(금속류) ⇒ $\rho=10^{-8} \sim 10^{-6}[\Omega \cdot m]$

## 3.2 반도체의 특징

① 도체와 부도체의 중간적인 성질을 갖는다.

② 반도체는 온도의 상승으로 저항이 감소하는 성질을 가지고 있다.

⇒ 부(−) 온도계수를 갖는다.

③ 약간의 불순물 첨가(dopping)하면 저항이 감소한다.

④ 열 또는 빛 그리고 외부에서의 Bias에 의해 전기저항이 변하는 특이한 현상을 보인다.

⑤ Hall 효과 및 정류작용을 한다.

※ Hall 효과

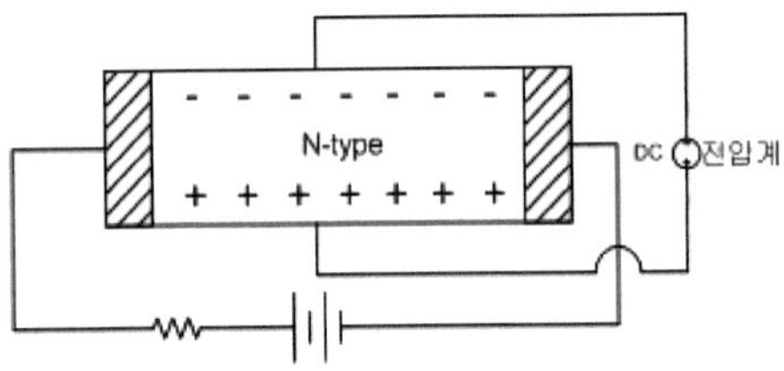


• y축 방향으로 자장의 힘을 받게 되어 전자들은 위층, 밑 부분에는 양으로 대전된 도우너(Donor) $N_D^+$이온이 남게 된다. 이러한 반도체 안에 음, 양의 공간 전하 분포로 인하여 y축 방향으로 전장이 발생하게 된다. 이러한 현상을 Hall 효과라 한다.

## 3.3 반도체의 종류

### 1) 용어

**① 도핑(doping)**

• 반도체에 Ⅲ족, Ⅴ족 원소의 불순물을 소량 첨가하여 전기적 특성을 갖게 하는 일이다.

**② Donor**

• Ⅴ족 원소의 불순물 으로서 As(아세나이드, 비소), P(인), Sb(안티몬)등이 있다.

**③ Accepter**

• Ⅲ족 원소의 불순물 으로서 B(boron), Ga(갈륨), In(인듐)등이 있다.

**④ EHP(electronic hole pair) 현상**

• R(recombination) : 소멸의 의미, G(generation) : 생성의 의미

### ⑤ 페르미 준위(Fermi Level)

- 절대온도 0°K에서 전자가 가질 수 있는 최대 에너지이다.

## 2) PN접합 다이오드

### ① PN 접합 다이오드의 특성

실질적 PN 다이오드에서 바이어스 전압 V를 걸 때 흐르는 다이오드 전류 I는 다음과 같다.

⇒ $I = I_o[e^{eV/kT} - 1]$　단, $I_o$는 역 포화 전류이다.

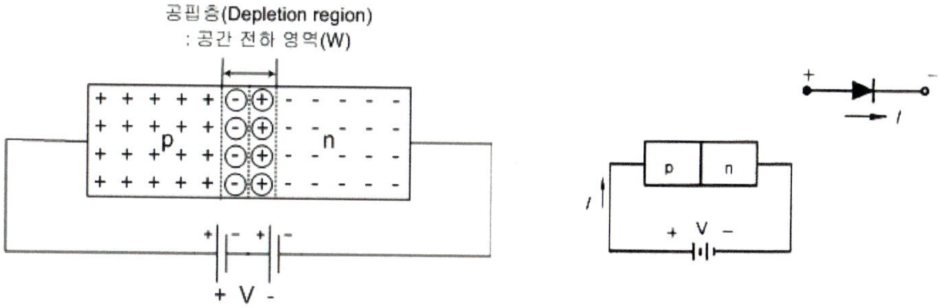


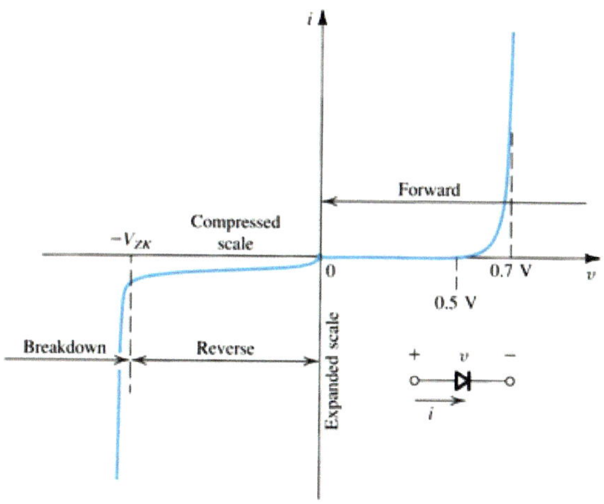


▶ three distinct regions
1) Forward-bias region (FBR)
2) Reverse-bias region (RBR)
3) Breakdown region (BDR) :

〈그림 1-4〉 다이오드의 정특성

㉠ 순방향 전압인가 시 전압에 따라 전류가 지수 함수적으로 증가한다.

⇒ 다이오드의 Catin 전압(threshold voltage) : 문턱전압( $V_T$)

㉡ 역방향 전압인가 시 전압에 관계없이 일정한 역방향 전류($I_o$)가 흐른다.

⇒ 항복현상(break down)

실제 다이오드에서 역 전압이 어떤 임계값에 달하면 전류가 갑자기 증대하기 시작하여 소자가 파괴되는 현상.

- 애벌란치 항복(Avalanche breakdown) : 전자사태

  높은 에너지를 갖는 홀/전자가 충돌에 의해 제 2의 Carrier를 형성

- 제너 항복(Zener breakdown)

  고농도의 불순물 첨가시키면 공간 전하영역이 좁아지고 그렇게 되면 전자의 tunneling 현상이 일어날 수 있다.

∴ 결국, 높은 전압에서 항복을 일으키는 다이오드는 애벌런치효과를 이용한 것이고, 낮은 전압에서 항복을 일으키는 것은 제너효과를 이용한 것이다.

ⓒ 공간전하용량 ($C_T$) : 천이용량

$$C_T = A\sqrt{\frac{\epsilon e N_a}{2}} \cdot \frac{1}{\sqrt{V_r}} \text{(단, } V_r \text{ : 역방향 전압)}$$

회로 적으로 볼 때 콘덴서 역할을 한다. 이런 천이용량 때문에 트랜지스터에서 이상현상(이득감소, 주파수 불안정, 불안정한 발진 등)이 일어난다.

ⓓ 역 포화 전류($I_o$)는 온도에 민감하다 (100C상승할 때 마다 2배씩 증가된다.)

ⓔ Carrier의 이동

- 확산(diffusion) 전류 : 반도체(N형 or P형)에서는 캐리어 농도 차에 의한 캐리어의 이동으로 전류가 발생(확산 전류)
- 드리프트(drift) 전류 : 반도체에 전계(전압)를 가하면 캐리어가 힘을 받아 이동하여 전류가 발생.(drift 전류)

  ⇒ 열평형 상태 : 확산전류(diffusion)와 드리프트 전류(drift)의 합이 0이 될 때를 말한다.

② 제너 다이오드

- 전압을 일정하게 유지하기 위한 전압제어 소자로 널리 이용된다.(전압 안정화 응용에 이용)

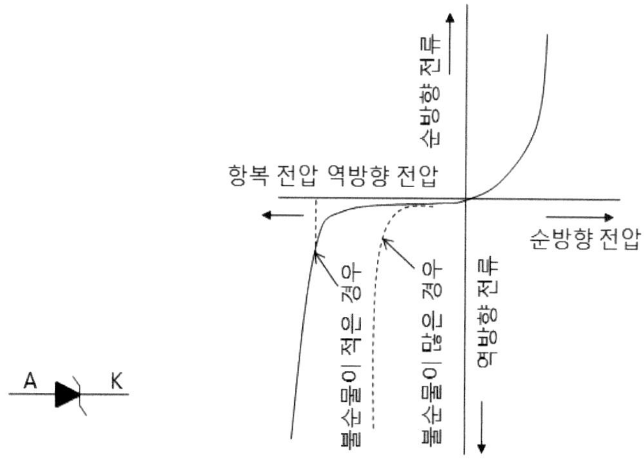


(a) 제너 다이오드의 기호 (b) 제너 다이오드의 특성곡선

### ③ 터널다이오드(Esaki diode)

- 불순물 농도를 매우 크게 하여 공간전하 영역 폭을 줄여 Carrier의 Tunneling 현상을 이용한 다이오드이다.

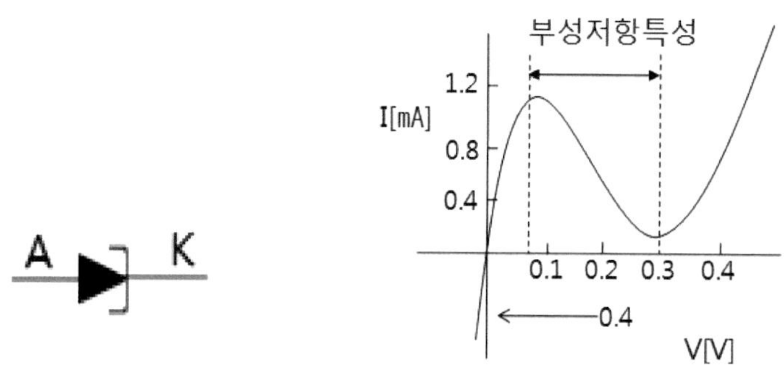


(a) 터널 다이오드의 기호 (b) 터널 다이오드의 특성곡선

㉠ 역 bias 상태에서 훌륭한 도체이다.

㉡ 작은 순 bias상태에서 저항은 대단히 적다

㉢ 부성저항을 나타낸다.

㉣ **응용** : 고속 스위칭 회로, 마이크로웨이브 발진기 등

### ④ 배리스터(varistor : Variable resistor)

㉠ 2개의 diode를 병렬 또는 직렬로 연결하여 대칭적인 특성을 갖는다.

㉡ 낮은 전압에서 큰 저항을, 높은 전압에서 작은 저항을 나타낸다.
(가해진 전압에 따라 저항 값이 비 직선으로 변하는 반도체)

㉢ **응용** : 과전압 보호소자(surge 전압에 대한 회로 보호용), 통신 선로의 피뢰침(통신기기의 불꽃 방지회로)

### ⑤ 배랙터 다이오드(Varactor diode)

㉠ **가변용량 다이오드(배리캡 또는 배랙터 : varactor)** : 전압을 역방향으로 가했을 경우에 다이오드가 가지고 있는 콘덴서 용량(접합용량)이 변화하는 것을 이용하여, 전압의 변화에 따라 발진주파수를 변화시키는 등의 용도에 사용한다. 텔레비전이나 FM 튜너의 자동 동조 시스템에 사용하여, 주파수 변조나 자동 주파수 조정을 한다.(역방향의 전압을 높이면 접합용량은 작아진다)

㉡ 역방향 바이어스 조건하에서 가변 캐패시터로 작용한다.

가변용량 다이오드의 기호

**(응용)** AFC(Automatic frequency control), FM 변조회로, 동조회로 등.

$$C_T = K \cdot \frac{1}{\sqrt{V_r}}, \quad V_r : \text{역전압}$$

### ⑥ Thermister

- 온도가 상승하면 저항이 감소되는 부(−)의 온도계수를 가지므로 Carrier가 증가한다.

### ⑦ SCR(Semiconductor controlled Rectifier) : 실리콘 제어 정류 소자

- SCR은 하나의 트랜지스터의 base가 다른 트랜지스터의 Collector에 접속된 PNP와 NPN의 두 트랜지스터가 접속된 것이다.

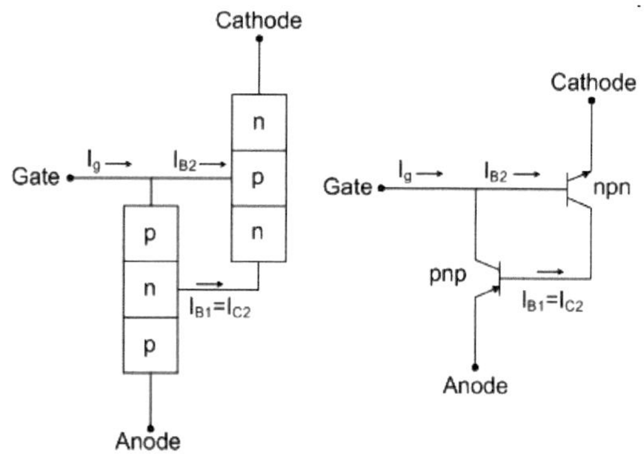


※ **전류–전압 곡선**

- ON상태 일 때 전류를 감소시켜가며 순 전류가 어떤 임계값 이하로 내려갈 때 갑자기 OFF 상태로 옮겨간다.

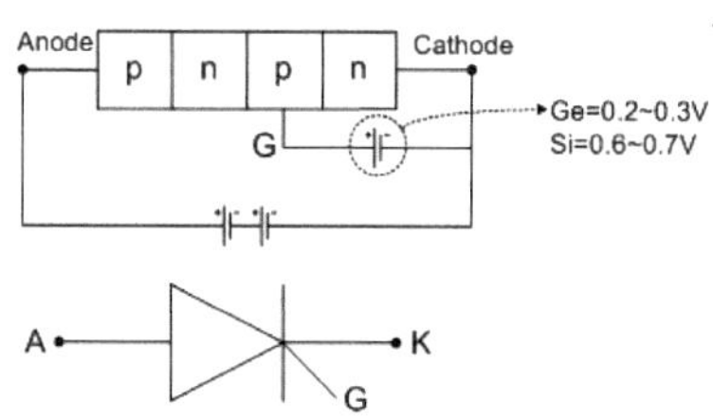


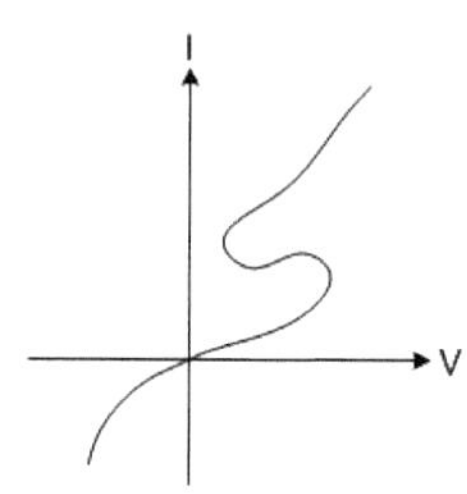


※ **SCR을 turn off 시키는 방법**

① 양극 전압이 0V 이거나 역 bias를 걸어야만 양극 전류가 차단된다.

② 애노드와 캐소드간의 전류를 bypass 시킨다.

③ 애노드 전류를 끊는다.

### 3) 전계효과 트랜지스터(FET : field effect transistor)

- 전계효과 트랜지스터(FET)는 단극0성 소자(unipolar device)로서 전류의 존재가 다수 캐리어(carrier)에 의해서만 이루어지고 제어는 전압에 의해 이루어진다. 또한 FET는 제조가 간단하고 소형화가 용이하여 집적회로 공정의 기본소자로 널리 사용된다.

※ **FET의 종류**

① 접합형 FET(JFET : junction field effect transistor)

② MOS(metal oxide semiconductor) FET

③ MES(metal semiconductor) FET

| 특징 | BJT(bipolar junction transistor) | FET(field effect transistor) |
|---|---|---|
| 소자 특성 | 양극성(bipolar) | 단극성(unipolar) |
| 제어방식 | 전류제어 | 전압제어 |
| 전류 흐름 | 다수 및 소수캐리어에 의해 동작 | 다수 캐리어에 의해서만 동작 |
| 동작속도 | 빠르다. | 느리다.(고속 스위칭 가능) |
| 온도계수 | | 0으로 할 수 있다. |
| 입력 임피던스 | 보통 | 매우 높다. |
| 제조 공정 | 복잡하다. | 간단하다. |
| 집적도 | 낮다. | 높다. |
| 잡음 | 많다. | 매우 적다. |
| 이득 · 대역폭 곱 | 크다. | 적다. |

### ① JFET의 구조 및 특성

- 접합형 FET의 기본 구조는 그림과 같이 소스(S : source)와 드레인(D : drain)의 옴성 접촉(ohmic contact)과 상·하 p형 반도체로 구성된 게이트(G : gate) 사이에 n형 반도체가 접합되어 구성된다.

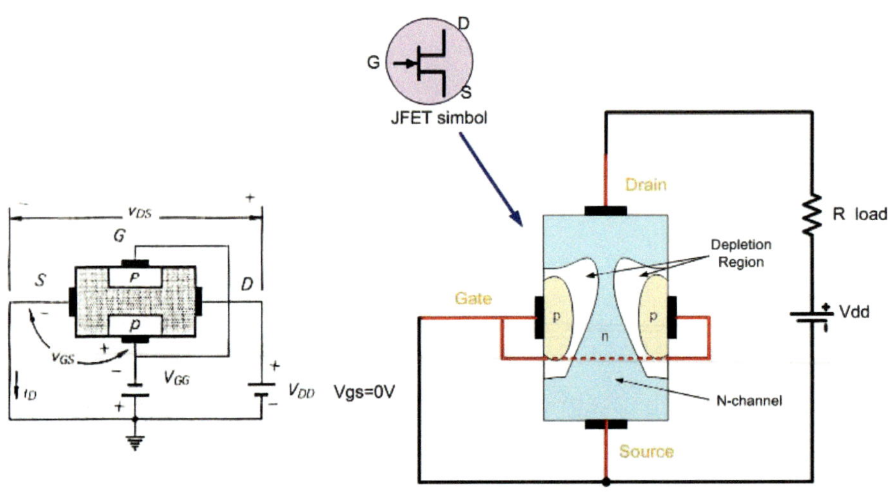


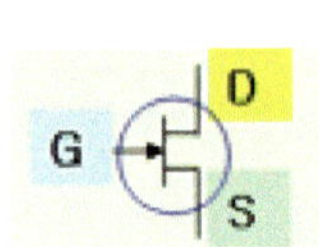


n 채널

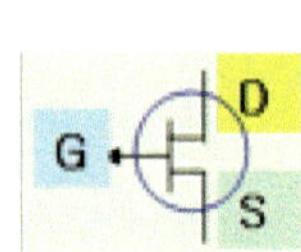


p 채널

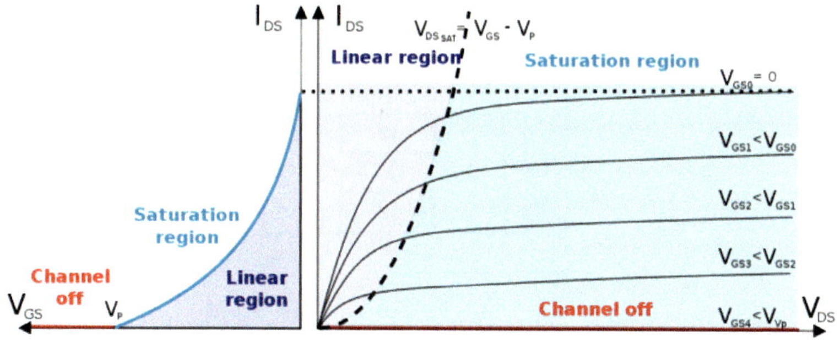


〈그림 1-5〉 n 채널 JFET와 전류 특성곡선

㉠ n 채널 JFET의 동작원리

- Drain과 Source 사이는 n 채널이 연결되어 있고, Gate에는 p 채널이 연결되어 있는 구조이다.
- 이때 Drain에 양(+), Source에 음(−) 전압을 인가하면 다수 캐리어인 자유전자가 Drain쪽으로 이동함으로써 Source쪽으로 전류가 흐르게 된다. 이때 Drain 전류가 이동하는 공간을 채널이라고 한다.
- 한편, p형 반도체로 이루어진 Gate에는 반드시 역방향 바이어스 값을 주어야 하는데 그 값을 키우면 Gate쪽과 n 채널 사이의 PN접합부분에서 공핍 층이 발생하여 채널 폭이 좁아지게 된다. 그리하여 Drain과 Source 간 흐르는 전류를 Gate 전압을 이용하여 제어할 수 있게 된다.

㉡ 핀치오프( pinch–off )

- n 채널의 전계 효과 트랜지스터의 게이트는 고농도의 p형 반도체가 확산되어 있으며, $p^{+}-n$접합부에는 공핍층이 생기지만 게이트가 고농도로 확산되어 있기 때문에 공핍층은 주로 n 채널 측으로 튀어 나와 있다. 공핍층의 두께는 게이트 전압($V_G$)에 의해 변화하고, 소스 · 드레인 간 저항은 게이트 전압에 의해서 제어된다. 채널이 튀어 나온 공핍층에 의해 막히게 되는데 이 상태를 핀치오프(pinch−off)라고 한다. 이 순간 Gate와 Source간의 전압($V_{GS}$)을 핀치오프 전압($V_p$)라 한다.

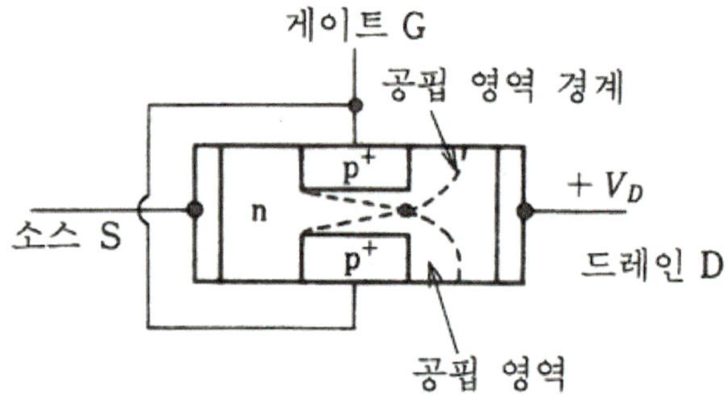


〈그림 1-6〉 n 채널 JFET의 핀치오프(pinch-off)

ⓒ 전류식

- $I_D = I_{DSS}(1 - \frac{V_{GS}}{V_p})^2$, $I_{DSS}$: $V_{GS} = 0$일 때의 드레인 전류

ⓔ FET의 3정수

- $g_m = \frac{\partial I_d}{\partial V_{GS}}$(전달 컨덕턴스)
- $r_d = \frac{\partial V_{DS}}{\partial I_d}$(드레인 저항)
- $\mu = \frac{V_{DS}}{V_{GS}}$(증폭정수)

> ※ 3정수 관계
>
> $\mu = g_m \cdot r_d$

## ② MOSFET의 구조 및 특성

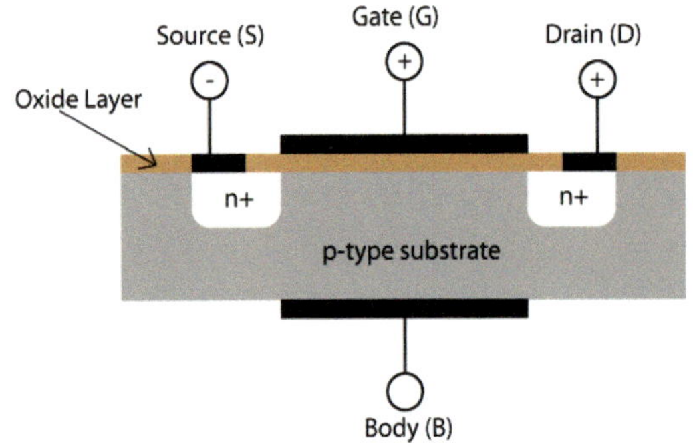

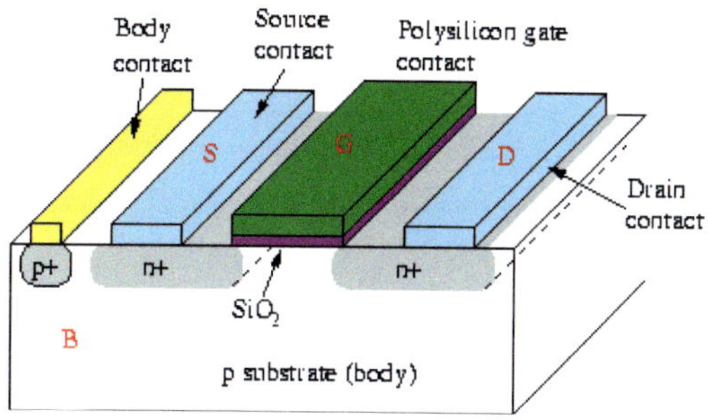
Body
contact
Source
contact
Polysilicon gate
contact
S
G
D
Drain
contact
p+
n+
n+
$SiO_2$
B
p substrate (body)

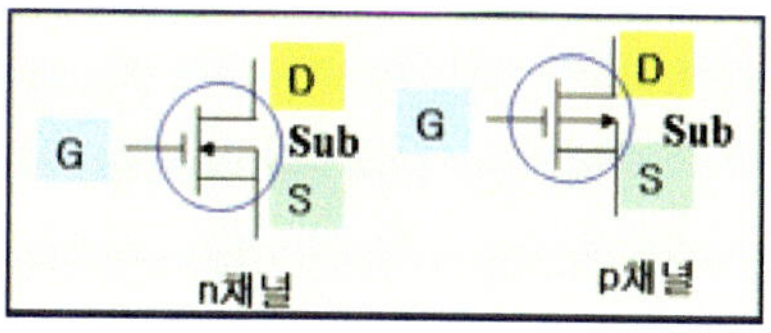
G
D
Sub
S
n채널
G
D
Sub
S
p채널

# 반도체공학 핵심문제

01. 트랜지스터의 증폭계수 $\alpha$ 와 $\beta$ 의 관계에서 $\alpha$ 가 0.99인 트랜지스터의 $\beta$ 값은?

답 $\beta = \frac{\alpha}{1-\alpha} = \frac{0.99}{1-0.99} = 99$

02. 전원 전압을 안정하게 유지하기 위해서 사용하는 다이오드는?

답 제너 다이오드

03. 진성 반도체의 페르미(Fermi) 준위 위치는?

답 금지대의 중앙에 위치

04. 접지형 트랜지스터의 바이어스 방식에 따른 분류다. ( )안에 해당하는 것은?

| 종류 | E-B 접지 | C-B 접지 |
|---|---|---|
| ( ① ) | 순 바이어스 | 순 바이어스 |
| ( ② ) | 역 바이어스 | 역 바이어스 |
| ( ③ ) | 순 바이어스 | 역 바이어스 |
| ( ④ ) | 역 바이어스 | 순 바이어스 |

답 ① 포화영역, ② 차단영역
③ 활성영역, ④ 역 활성영역

05. 단순입방의 구조를 갖는 반도체 재료에서 1개의 단위 셀 당 포함되는 원자의 개수는?

답 1개

06. 정공의 농도가 전자의 농도보다 높은 반도체를 무엇이라 하는가?

답 P형 반도체

07. 다음 중 P형 반도체를 만드는 불순물은?

답 붕소(B), 알루미늄(Al), 인듐(In), 갈륨(Ga)

08. 다음 중 $Si$의 기본 격자구조로 올바른 것은?

답 다이아몬드 격자 구조

09. 다음 중 FET에 있는 3 단자의 명칭은?

답 소스(source), 드레인(drain), 게이트(gate)

10. 페르미 준위가 $E_f$이고, 장벽에너지를 $F_h$라 할 때 일 함 수 $\Phi$는? ($E_b$:장벽 에너지)

답 $\Phi = E_b - E_f$

11. PN접합에서 순방향 바이어스를 인가하였을 때 접합면의 전위 장벽이 (① 낮아 ② 높아) 진다.

답 ①

12. JFET에서 게이트에 인가하는 역방향 바이어스의 크기를 크게 하여, 공핍 층의 폭이 늘어나 채널이 끊기게 되는 현상을 일컫는 용어는?

답 핀치 오프 (pinch-off)

13. FET의 특징은?

> 가. 입력 임피던스가 (①높다. ②낮다.)
> 나. (①다수 ②소수) 캐리어의 전류에 의해서만 동작한다.

> 다. 게이트 (①전류 ②전압)로 드레인 전류를 제어한다.
> 라. 접합 트랜지스터 보다 잡음이 (①작다. ②크다.)

답 가. ①, 나. ①, 다. ②, 라. ①

**14.** 에너지 밴드의 구조 중에서 다음의 어느 밴드의 폭에 의해 도체와 반도체 및 부도체를 구분 할 수 있는가?

답 금지대

**15.** P-N 접합을 제작하는 방법은?

답 성장형 접합, 합금형 접합, 확산형 접합 등

**16.** 단결정 실리콘 웨이퍼 표면에 결정 방향을 맞추어서 새로운 고 순도의 얇은 단 결정 층을 형성하는 공정을 무엇 이라고 하는가?

답 에피택시(Epitaxy) 공정

**17.** 불순물이 전혀 포함되지 않은 반도체는?

답 진성반도체

**18.** $Si$ 원소의 전자 배열로 옳은 것은?

답 $1s^2 2s^2 2p^6 3s^2 3p^2$

**19.** 역방향 전압을 점점 증가시켜 가면 어느 임계 전압에서 전류가 급증하게 되는데, 이 현상을 (　　)이라고 한다.

답 항복현상

**20.** 원자의 질량수를 A, 원자번호를 Z라 할 때 양자수는?

답 Z

**21.** 다음 중 n 형 반도체를 만드는 불순물(Donor)은?

답 안티몬(Sb), 비소(As), 인(P)

**22.** 접합 전계효과 트랜지스터(JFFT)에서 핀치오프(Pinch-off) 전압이란?

답 채널 폭이 막힐 때의 게이트 역방향 전압

**23.** 이상적 PN 접합 다이오드에 바이어스 전압을 인가했을 때 다이오드에 흐르는 전류 I에 대한 관계식은?

답 $I = I_o(e^{\frac{ev}{kT}} - 1)$

**24.** 전계효과트랜지스터(FET)를 단극성 소자라 하는 이유는?

답 다수 캐리어만으로 FET가 동작하기 때문이다.

**25.** 다음 4가 원소의 종류는?

답 탄소(C), 게르마늄(Ge), 실리콘(Si)

**26.** 원자번호 14인 $Si$ 원자의 최외각(M각) 전자는 몇 개인가?

답 4개

**27.** 열평형 상태의 PN 접합에서 캐리어 확산에 의해 전계가 생긴 영역을 일컫는 용어는?

답 공핍영역(depletion region),
천이영역(transition region),
공간전하영역(space charge region)

**28.** 일반적으로 Si 반도체 웨이퍼의 제조는 (　) 접합법을 이용하며, 웨이퍼 위에 소자를 만들 때에는 (　)접합법을 이용한다.

답 성장, 확산

**29.** P형과 N형 반도체에서 다수 반송자(Carrier)는?

답 P형: 정공, N형: 전자

**30.** 다음 중 실리콘($Si$) 및 게르마늄($Ge$)의 결합 구조는?

답 공유결합

**31.** NMOS FET에서 게이트 전압을 높이면 드레인과 소스 사이에 전류 $I_D$가 흐르기 시작한다. $I_D$가 흐르기 시작하는 시점의 게이트 전압을 무엇이라고 하는가?

답 문턱전압

**32.** 반도체에서 전자가 원자의 속박으로부터 벗어나 전계에 의해 자유롭게 움직일 수 있는 에너지대는?

답 전도대

**33.** 일정한 온도 하에서 N형 반도체의 도너 불순물 농도를 증가시키면 페르미 준위는?

답 가전자대로 접근한다.

**34.** 전계에 의해 전자가 이동(drift)하게 되는데 이때의 평균속도를 이동속도(drift velocity)라 한다. 이동속도를 나타내는 수식은? (단, $\mu$는 이동도, E는 전계 세기)

답 $V_d = \mu E$

**35.** P형 반도체를 만들기 위해 첨가하는 억셉터(acceptor) 원자의 원자가는?

답 3가

**36.** 반도체의 에너지 대역에서 금지대의 위치는?

답 가전자대와 전도대 사이에 있다.

**37.** PN 접합에서 전류가 "0" 일 때의 설명은?

답 접합면을 지나는 다수캐리어(Carrier)와 소수 캐리어가 같다.

**38.** 다음 중 물질의 결정구조의 종류?

답 단결정(single crystal), 다결정(poly crystal), 무정형(amorphous)

**39.** 다음 중 확산 운동의 특징은?

답 ① 외부 전장의 세기에 반비례하게 일어난다.
② 반도체 내부의 캐리어 농도 기울기에 의해 생긴다.
③ 밀도가 높은 곳에서 낮은 곳으로 일어난다.
④ 캐리어의 이동도가 빠를수록 확산 속도가 빠르다.

**40.** 다음 중 PN접합에 대한 특징은?

답 ① 역(revese) 바이어스를 가하면 공핍 층이 커진다.
② p형 반도체에서는 정공이, n형 반도체에서는 전자가 다수 캐리어가 된다.
③ 역 바이어스를 가하면 접합면에 생기는 정전용량(Capacitor)이 적어진다.
④ 역바이어스를 가했을 때 흐르는 전류는 소수 캐리어에 의한 것이다.

반도체설계산업기사

# 제2과목 전자회로

## 1. 전원회로

- 직류전원회로에서는 건전지 이외에 교류를 직류로 변환해서 사용하는 장치가 필요한데 이 장치가 전원회로이며 전원회로의 구성은 정류회로, 평활회로, 정전압 전원회로 등으로 이루어진다.

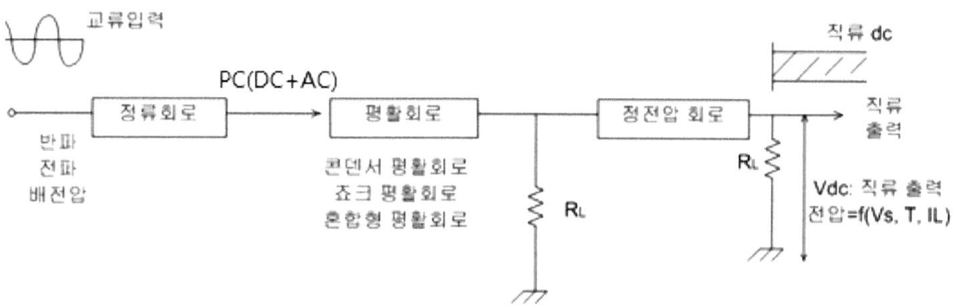


- 정류회로는 다이오드 특성을 이용하여 교류를 한쪽 방향의 전류로 변환하며, 평활회로(LPF:저역여파기)는 변환된 전류 속에 포함된 교류성분(맥류)을 제거하여 직류성분을 얻는 데 필요한 회로이며, 정전압 전원회로는 교류 입력전압의 변동에 따른 직류전압의 변동, 부하의 변동에 따른 직류 출력전력의 변화, 온도에 의한 회로소자의 특성변화 등의 직류 출력전압 변동의 주요 원인을 제거하여 일정한 직류전압을 얻는 데 필요한 회로이다.

| 항목 \ 정류방식 | 단상반파정류 | 단상전파정류 |
|---|---|---|
| 실효값 : $I_{rms}$ | $\frac{I_m}{2} = 0.5 \cdot I_m$ | $\frac{I_m}{\sqrt{2}} = 0.707 \cdot I_m$ |
| 출력전력: $P_{DC} = I_{dc}^2 \cdot R_L$ | $\frac{V_m^2 \cdot R_L}{\pi^2(r_f + R_L)^2}$ | $\frac{4V_m^2 \cdot R_L}{\pi^2(r_f + R_L)^2}$ |
| 정류효율: $\eta = \frac{P_{dc}}{P_{ac}}$ | $\eta = \frac{P_{dc}}{P_{ac}} = \frac{40.6}{1 + \frac{r_f}{R_L}}$ | $\eta = \frac{P_{dc}}{P_{ac}} = \frac{81.2}{1 + \frac{r_f}{R_L}}$ |
| 맥동률 : $\gamma = \frac{I_{rms}}{I_{dc}}$ | 121[%] | 48.2[%] |
| PIV | $PIV = V_m$ | 중간탭형 : $PIV = 2V_m$<br>Bridge형 : $PIV = V_m$ |

〈표 2-1〉 단상 각 정류방식 요약

### 3) 브리지형 정류회로 : 전파 정류 회로

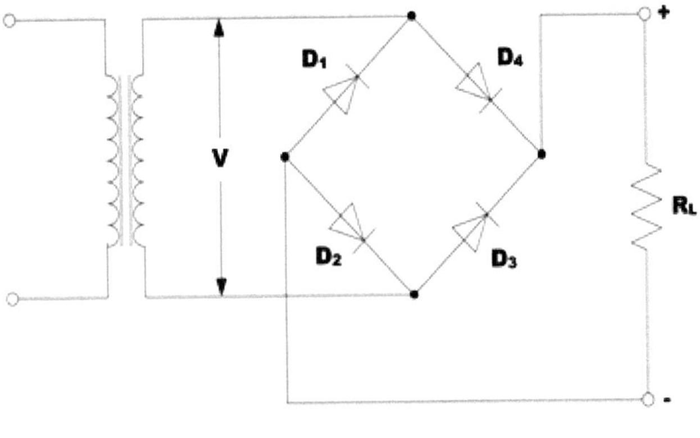


#### ① 출력 전류 및 전압의 직류분(평균값)

- $I_{dc} = \frac{1}{\pi}\int_0^{2\pi} i(t)\,dt = \frac{1}{\pi}\int_0^{\pi} I_m \sin\omega t\,dt = \frac{I_m}{\pi}[-\cos\omega t]_0^{\pi} = \frac{2}{\pi}I_m$

  실효치(root mean square value) : $I_{rms}$

  $$I_{rms} = \frac{1}{\sqrt{2}}\left(\frac{V_m}{R_f + R_L}\right) = \frac{I_m}{\sqrt{2}}$$

② 정류 효율

- $\eta = \dfrac{P_{dc} : \text{직류 출력 전력}}{P_{ac} : \text{교류 입력 전력}} \times 100\% = \dfrac{0.812}{1 + \dfrac{2R_f}{R_L}} \times 100[\%]$

③ 맥동률

- $\gamma = \sqrt{(\dfrac{I_{rms} : \text{실효값}}{I_{dc}})^2 - 1} \times 100[\%] = 17[\%]$

④ 최대 역전압($PIV$)

- 단상 전파 정류 회로의 경우 $PIV = V_m$

**Tip 브리지형 정류회로의 특징**

① 고압 정류 회로에 적합하다.
② 전원 변압기의 2차 코일에 중간 탭이 필요하지 않다.(작은 변압기 사용가능)
③ 높은 출력전압이 얻어진다.
④ 각 정류 소자에 대한 $PIV = V_m$ 이다.

#### 4) 배전압 정류 회로 : 직접 고전압의 직류가 얻어지는 장점이 있다.

① 반파 배전압 정류 회로

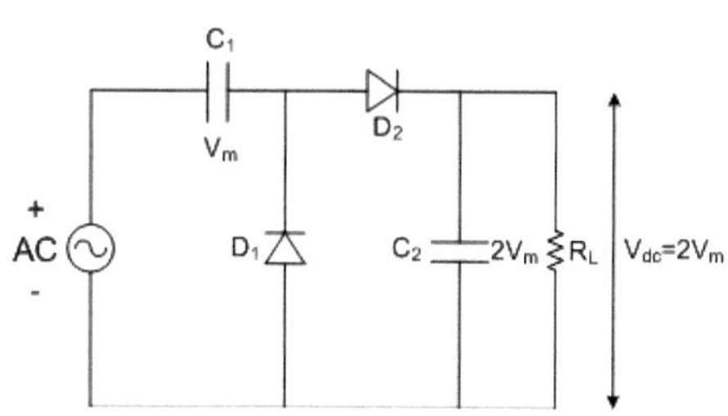


**Tip 반파 배전압 정류 회로 특징**

$R_L = \infty$
$C_2$의 용량을 가능한 크게 한다 ($\therefore C_2$ 값이 작게 되면 전압 변동률이 나쁘다)
구형파 인가 시 계단파 발생

### ② 전파 배전압 정류회로

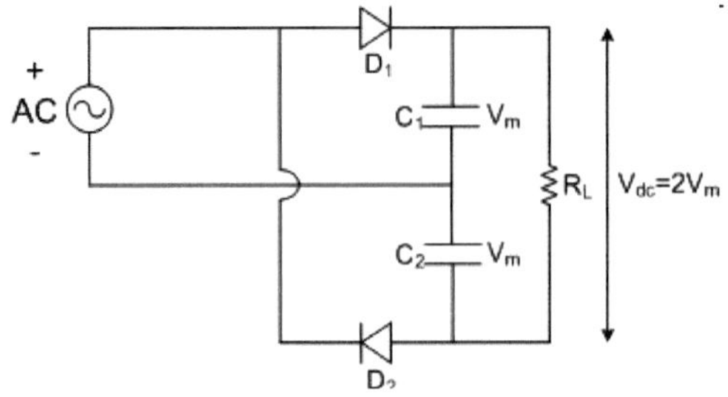


**Tip 전파 배전압 정류회로의 특징**

- 승압 변압기가 필요 없다
- 고전압용
- 큰 전류를 흘릴 수 없다
- $PIV = 2V_m$ 이다.
- 전압 변동률을 줄이기 위해서 용량이 큰 콘덴서를 사용한다.

### ③ n배 배전압기 정류회로

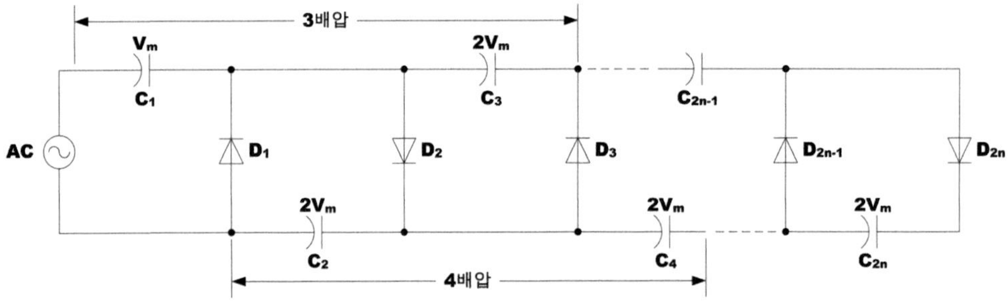


㉠ 음(−)의 반주기 동안 $D_1$이 순방향으로 바이어스 되어 $C_1$이 $V_m$까지 충전되고, 양(+)의 반주기 동안에는 $D_2$가 순방향으로 바이어스 되어 $C_2$가 $2V_m$까지 충전된다. 다시 음(−)의 반주기 동안 $D_3$가 순방향으로 바이어스 되어 $C_3$가 $2V_m$까지 충전되고, 양(+)의 반주기 동안에는 $D_4$이 순방향으로 바이어스 되어 $C_4$가 $2V_m$까지 충전되는 방식이다.

㉡ 따라서 $C_1$과 $C_3$양단에서 출력을 얻으면 $V_m$과 $2V_m$까지 충전된 전압을 얻을 수 있어 3배압 정류 회로가 되고, $C_2$와 $C_4$양단에서 출력을 얻으면 $2V_m$과 $2V_m$까지

충전된 전압을 얻게 되어 4배압 정류 회로가 된다.

### 5) 맥동률과 맥동주파수

※ 맥동율(r)은 $r = \dfrac{V_{ac}(\text{직류에 포함된 교류전압})}{V_{dc}(\text{정류회로의 출력 전압})} \times 100[\%]$가 된다.

| | 단상반파 | 단상전파 | 3상반파 | 3상전파 |
|---|---|---|---|---|
| 맥 동 율 | $r = 1.21$ | $r = 0.482$ | $r = 0.183$ | $r = 0.042$ |
| 맥동주파수 | f | 2f | 3f | 6f |

## 1.3 평활회로(Smoothing circuit) = LPF

• 일반적으로 정류회로에서 부하저항에 흐르는 전압이나 전류는 맥동전압, 전류이다. 이와 같이 정류기의 출력전압 속에 포함되어 있는 맥동을 적게 하기 위해 쓰이는 일종의 적분회로(LPF)이다.

① 용량성(콘덴서)평활회로

② 쵸크 입력형 평활회로

③ 조합형

→ L ,C를 평활 정수라고 부른다.

→ 평활정수를 크게 하면 ripple값이 작아진다.

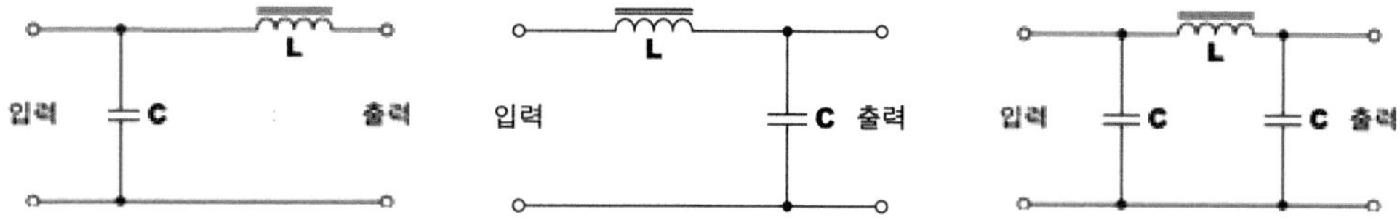


(a) 콘덴서 입력형 평활회로 (b) 쵸크 입력형 평활회로 (c) $\pi$형 평활회로

### 1) 콘덴서(용량성) 평활회로

• $r(ripple) \propto \dfrac{T}{2\sqrt{3}\,R_L C} = \dfrac{1}{2\sqrt{3}\,f R_L C}$(단상 반파정류일 경우)

• 주파수, 부하저하 , 콘덴서 용량을 크게 할수록 ripple 값이 감소한다.

① 출력 전류가 비교적 적을 때 적당하다.

② f, C 값이 클수록 ripple 값이 작아진다.

③ Diode에 흐르는 전류 파형은 펄스파형이 된다.

④ 소 전력으로 수신기의 전원회로에 사용한다.

⑤ Choke coil 평활보다 大 직류 출력전압과 小 맥동률을 갖는다.

### 2) 초크 입력형 평활회로

- L(inductance)은 전류의 변화를 억제하는 성질을 가지므로 부하전류의 맥동을 작게 하는 여파기 역할을 한다.

  $r(ripple) \propto \dfrac{R_L}{3\sqrt{2}L}$

- $R_L$(부하저항)이 작을수록, L(인덕턴스)이 클수록 리플이 적어진다.

  ① 부하전류 변화에 대해 전압변동이 적다.

  ② 부하전류의 평균값이 된다.

  ③ 대전력 회로로 송신기에 사용된다.

**Tip 콘덴서 입력형 평활회로와 초크 입력형 평활회로의 특성 비교**

| | 콘덴서 입력형<br>(condenser type LPF) | 초크 입력형<br>(choke coil type LPF) |
|---|---|---|
| 직류 출력전압($V_{dc}$) | 높다(병렬연결) | 낮다(직렬연결) |
| 전압 변동률($\Delta V$) | 크 다 | 작 다 |
| 맥 동 률 | 적 다 | 부하전류가 작을수록 크다. |
| 역 전 압 | 높다 (소전력 송신기) | 낮다 (대전력 송신기) |
| 가 격 | 싸다 | 비싸다 |

### 3) 조합형

- $r(ripple) = \dfrac{1.21}{\omega^2 LC - 1} \times 100\%$ (단상 반파정류의 경우) → $R_L$(부하저항)에는 무관하다.

## 1.4 전원 안정화 회로

• **정전압 전원회로(=직류안정화 전원회로)**

평활회로를 사용한 일반정류 회로는 전원전압의 변동이나 부하전류 또는 온도의 변화에도 출력전압이 변동하여 안정화된 전원이 되지 못한다. 제너다이오드나 TR을 정전압회로 소자로 구성하면 전원전압의 변동, 부하전류의 변화, 온도의 변화에도 출력전압의 변동을 자동적으로 방지하여 거의 일정한 직류 출력전압을 얻는다.

**Tip 정전압 전원회로의 분류**

연속제어방식 • 직렬형 정전압회로
• 병렬형 정전압 회로
단속제어방식 • 교류 입력 제어용
• 직류 입력 제어용

### 1) 직렬형 정전압 회로

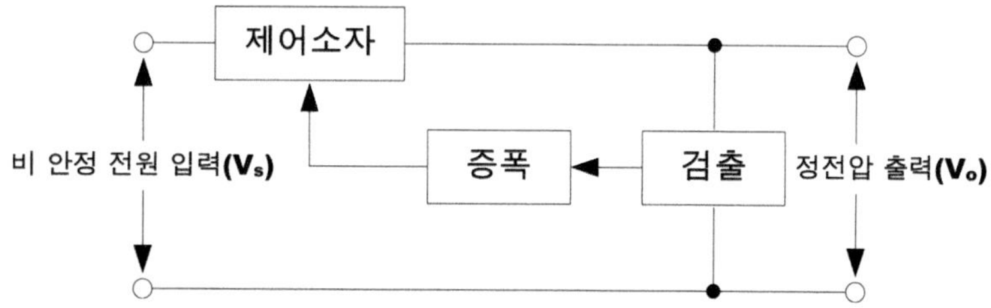


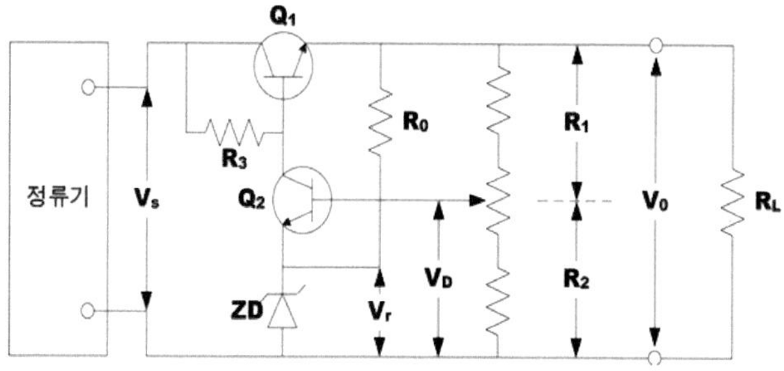


• 효율은 우수하나 과부하시에 $T_r$이 파괴되는 단점이 있다.

• $T_r$과 $R_L$이 직렬연결, 출력 전압을 광범위하게 가변할 수 있다.

• 각 부분의 용도

$Q_1$ : 제어용 트랜지스터, $Q_2$ : 검출, 비교 및 증폭용 TR, 제너다이오드 : 정전압용

으로 전류에 관계없이 기준전압을 일정하게 유지하는 역할

### 2) 병렬형 정전압 회로

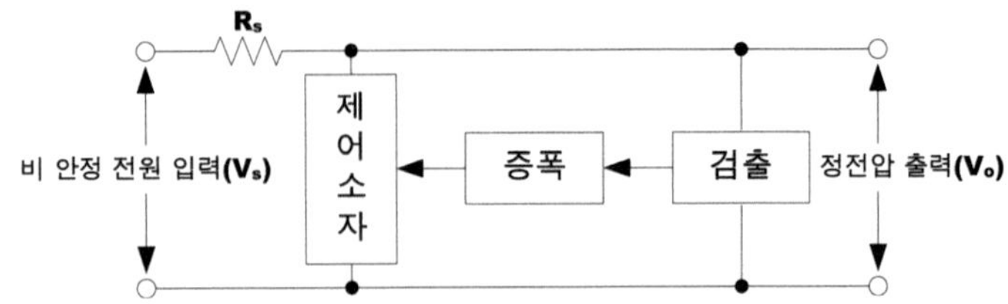


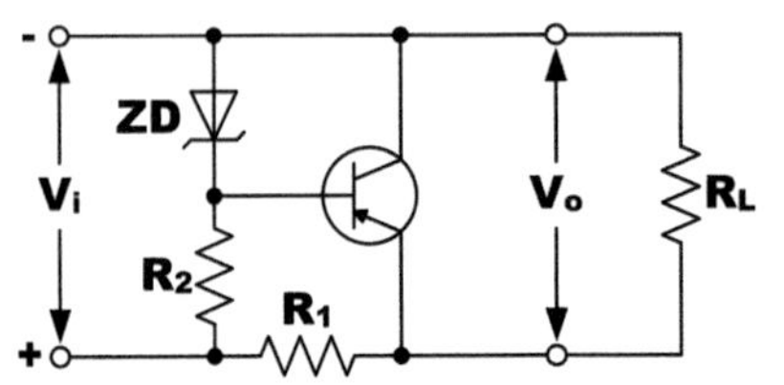


- 과부하에 대해 보호능력이 있으나 효율이 나쁘다.
- $T_r$과 $R_L$이 병렬연결, 부하변동이 적고 소전류일 때 이용된다.

**Tip 병렬형 정전압 회로**

① ZD: 제너 다이오드로서 정전압용 다이오드이다.
② $R_1$: 출력전압의 변동분을 분담하여 보상하는 저항소자이다.
③ $R_2$: 제너 다이오드를 일정한 전압에서 bias 시키기 위한 저항이다.
④ $R_L$: 부하저항으로 일정한 출력전압을 뽑아내는 출력저항이다.

## 2. 증폭회로

### 2.1 증폭회로의 기초

#### 1) 트랜지스터(Transistor)의 구조

- 트랜지스터는 3층 반도체 디바이스로서 npn 형 트랜지스터와 pnp형 트랜지스터가 있다.

- BJT(bipolar junction transistor)는 전자와 정공의 두개의 캐리어를 사용한다는 것을 의미한다.

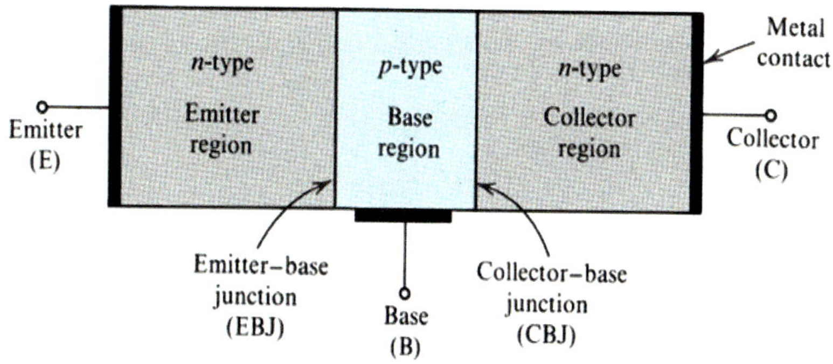


① 바이어스

- 트랜지스터가 증폭 기능 또는 스위칭 ON/OFF 기능을 하려면 활성영역, 포화영역(또는 차단영역)에서 동작되어야 하는데, 이런 목적으로 설계된 회로를 바이어스 회로라고 한다. 바이어스 회로는 교류 신호 없이 직류 전압과 직류 전류만 있으므로 직류 바이어스 회로라고도 부른다.

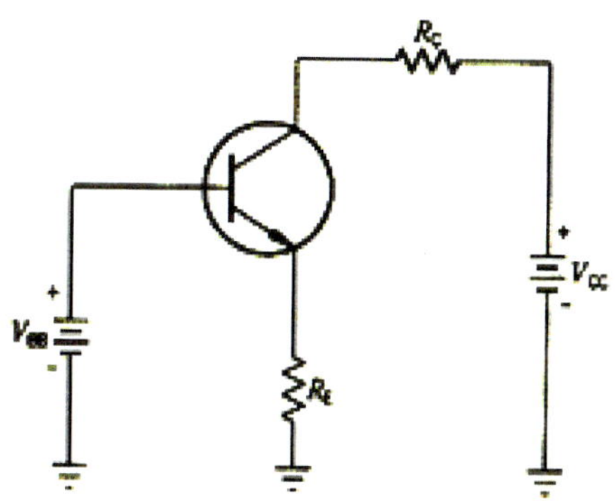

② 바이어스 종류

- 바이어스는 트랜지스터 회로를 동작시키기 위해 직류 전압과 전류를 공급하는 것으로 베이스 바이어스, 이미터 바이어스, 음(–)되먹임 바이어스와 이들을 혼합한 바이어스 등이 있다.
- 일반적으로 베이스 바이어스 방식이 가지고 있는 주위 온도나 트랜지스터 자체 온도 변화에 따라 바이어스가 변화되는 단점을 해결한 이미터 바이어스 방식이나 음(–)되먹임 바이어스 방식이 널리 사용된다.

## 2) TR회로의 구성과 특징

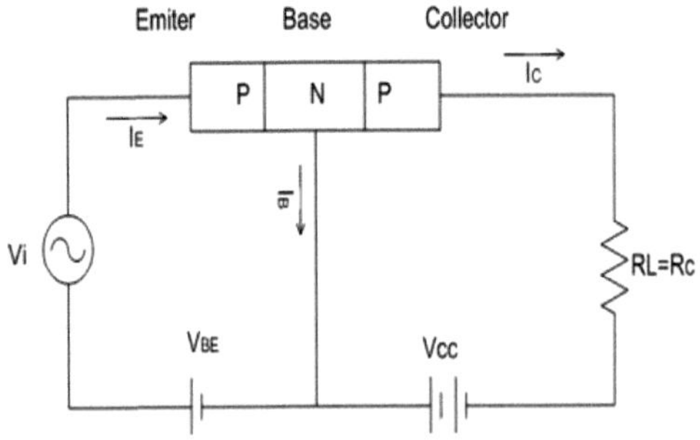


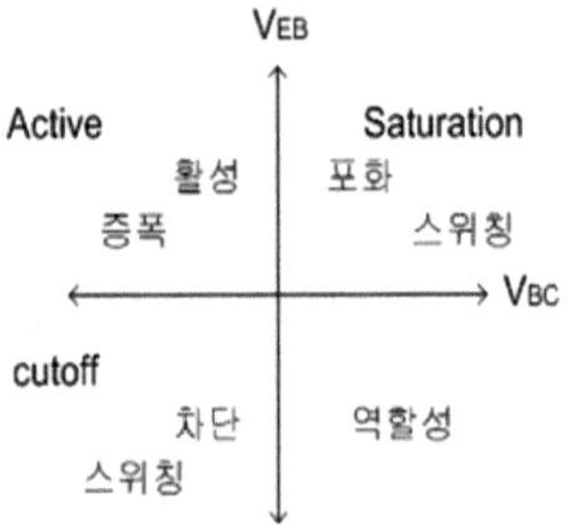


### ① 트랜지스터의 동작영역

- 트랜지스터의 동작 영역을 다음과 같이 4가지 영역으로 나눌 수 있다.
  - ㉠ 활성 영역(active region) : $V_{CE}$ 가 대략 1~40 [V] 사이인 중간 구간으로, 트랜지스터가 정상적으로 증폭 동작(전류 증폭)을 하는 영역이다.
  - ㉡ 항복 영역(breakdown region) : $V_{CE}$ 가 40 [V] 이상되는 구간으로 활성 영역과는 전혀 다른 동작을 하게 된다. 이 영역에서 트랜지스터가 동작하게 되면 트랜지스터는 손상될 가능성이 매우 높아서 이 영역에서는 동작하지 않도록 해야 한다.
  - ㉢ 포화 영역(saturation region) : $V_{CE}$ 가 0~1 [V] 사이인 구간으로, 이 구간에서 트랜지스터는 증폭기가 아닌 스위치와 같은 역할을 하게 되고, 스위치 역할 중에서 스위치가 닫힌(ON) 기능을 하게 된다.
  - ㉣ 차단 영역(cutoff region) : $I_C$ 가 0인 구간으로 트랜지스터가 스위치 역할 중에서 열린(OFF) 기능을 하게 된다.

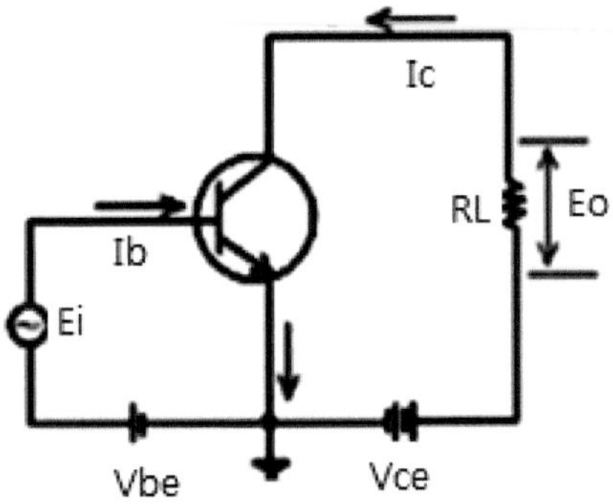

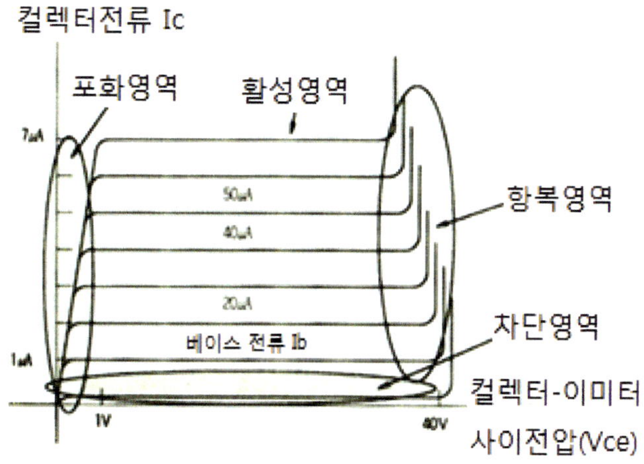


3) h 파라미터 등가 회로( h parameter equivalent circuit )

- h는 하이브리드(hybrid : 혼성)의 약칭을 말하며, 4단자 회로망 상수계의 하나로 트랜지스터를 4단자 회로망으로 생각했을 때의 트랜지스터의 저주파 특성 측정에 이용된다.

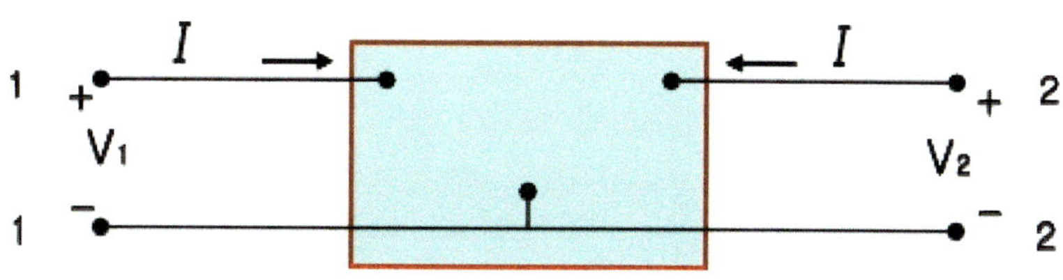


$$V_1 = h_{11} I_1 + h_{12} V_2$$

$$I_2 = h_{21} I_1 + h_{22} V_2$$

$$h_{11} = \frac{V_1}{I_1}|_{V_2=0} \Rightarrow h_i(\text{입력 임피던스}), \text{단위} : [\Omega]$$

$$h_{12} = \frac{V_1}{V_2}|_{I_1=0} \Rightarrow h_r(\text{역방향 전압이득}), \text{단위} : \text{없음}$$

$$h_{21} = \frac{I_2}{I_1}|_{V_2=0} \Rightarrow h_f(\text{순방향 전류이득}), \text{단위} : \text{없음}$$

$$h_{22} = \frac{I_2}{V_2}|_{I_1=0} \Rightarrow h_o(\text{출력 컨덕턴스}), \text{단위} : [S]$$

### 4) 소신호 증폭 및 안정도

- 트랜지스터가 증폭 작용을 하기 위해서는 입력 측 접합에는 순방향 바이어스, 출력 측 접합에는 역방향 바이어스를 공급하여 활성 영역에서 동작하도록 한다.
- 트랜지스터의 3단자 중에서 입력과 출력은 2단자를 사용하므로 어느 한 단자를 공통 단자로 사용해야한다. 이러한 전원과 증폭하고자 하는 신호원을 어떠한 방법으로 접속하는가에 따라 3가지 방식이 있다.

#### ① 공통 에미터(CE) 증폭기

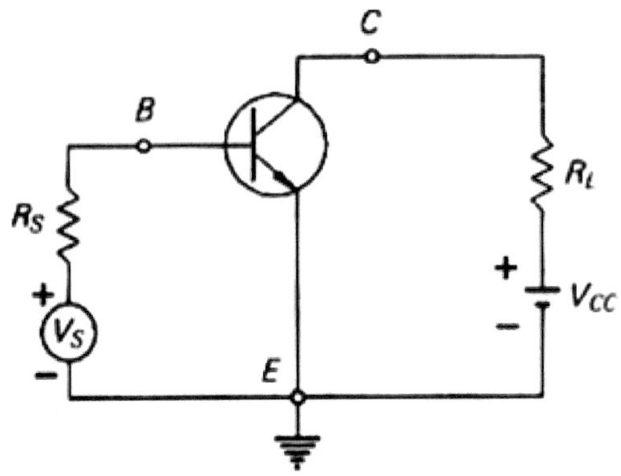


㉠ 전류이득과 전압이득을 동시에 얻을 수 있다.

㉡ CB, CE와 비교할 때 입력저항과 출력저항은 중간이다.

㉢ 증폭기로서 가장 많이 사용된다. (다단 증폭기의 중간 단으로 사용한다.)

㉣ 위상이 반전된다. (역 위상)

#### ② 에미터 저항을 갖는 공통 에미터(CE) 증폭기

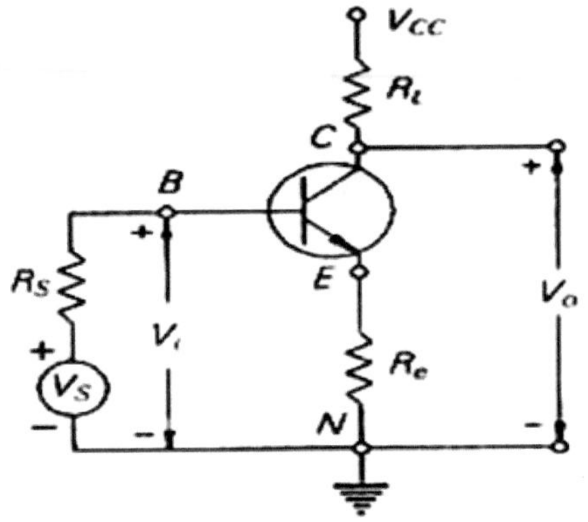


㉠ 입력저항이 증가 ( $R_i = h_{ie} + (1 + h_{fe})R_e$ )

㉡ 안정도가 향상된다.

㉢ 전압이득이 감소된다.

⇒ 방지책 : Bypass 콘덴서를 병렬로 접속시킨다.

㉣ 출력저항도 약간 증대된다.

### ③ 공통 콜렉터(CC) 증폭기

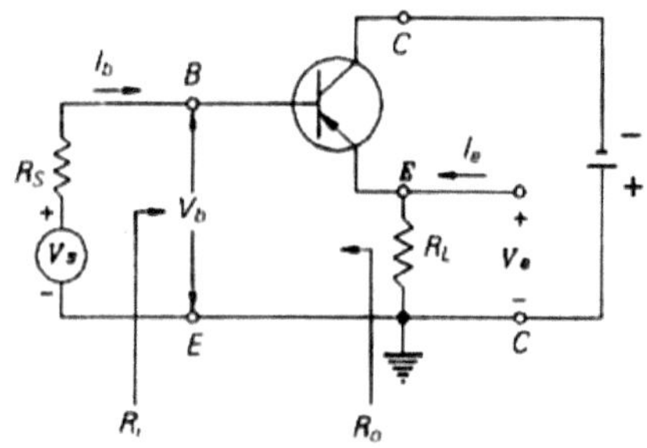


㉠ 일명 에미터 플로워(Emitter follower)라 한다.

㉡ 전류 이득이 가장 크다. ⇒ 전류 증폭기로 사용한다.

㉢ 전압 이득은 거의 1에 가깝다. ⇒ Buffer Amplifier로 사용된다.

㉣ 입력저항이 대단히 크다.

㉤ 출력저항은 가장 작다.

㉥ 전력 증폭기로도 사용된다.

### ④ 공통 베이스(CB) 증폭기

- 이미터 입력과 컬렉터 출력이 베이스를 공통단자로 사용하는 회로이다.
  - ㉠ 입력 임피던스가 가장 낮고, 출력 임피던스가 가장 높다.
  - ㉡ 전류 증폭도는 거의 1이고, 전압 증폭도는 크다.
  - ㉢ 차단 주파수가 높아서 고주파 증폭회로에 많이 사용한다.

### ⑤ 접지방식에 따른 증폭 회로의 종류와 특징

| | 이미터 접지 | 베이스 접지 | 컬렉터 접지 |
|---|---|---|---|
| 회 로 | 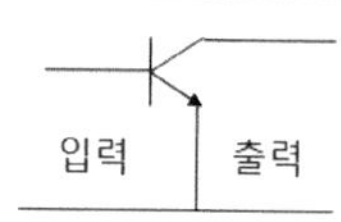 | 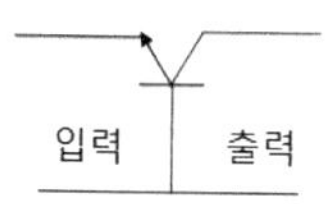 | 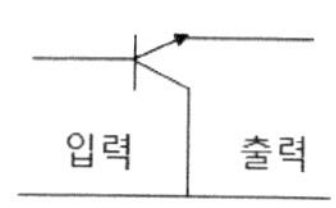 |
| 입력 저항 | 중간 | 매우 작다. | 매우 크다. |

| | 이미터 접지 | 베이스 접지 | 컬렉터 접지 |
|---|---|---|---|
| 출력 저항 | 중간 | 매우 크다. | 매우 작다. |
| 위상관계 | 역위상 | 동위상 | 동위상 |
| 전압증폭도 | 중간 | 높다 | ≒1(1이하) |
| 전류증폭도 | 중간 | ≒1(1이하) | 높다 |
| 특징 | 전류증폭과 전압증폭 모두 할 수 있어 널리 사용됨. | | 이미터폴로워(Emitter follower)라고도 함 |

### 5) 고 입력 저항회로

#### ① 다링턴(Darlington)회로

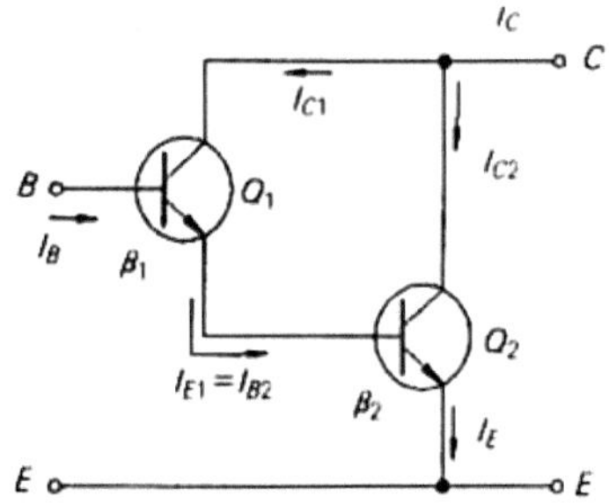


㉠ 전류 이득이 매우크다. ( $I_c = I_{c1} + I_{c2} = I_{B1}[h_{fe1} + h_{fe2}(1 + h_{fe1})]$ )

㉡ 입력 저항이 대단히 커진다.

㉢ 전압 이득은 1보다 작아진다.

㉣ 출력 저항은 낮아진다.

㉤ $Q_1$과 $Q_2$는 등가적으로 NPN(PNP) 형이다.

### 6) 전계효과 트랜지스터(FET : field effect transistor)

- 전계효과 트랜지스터(FET)는 단극성 소자(unipolar device)로서 전류의 존재가 다수 캐리어(carrier)에 의해서만 이루어지고 제어는 전압에 의해 이루어진다. 또한 FET는 제조가 간단하고 소형화가 용이하여 집적회로 공정의 기본소자로 널리 사용된다.

Tip FET의 종류

접합형 FET(JFET : junction field effect transistor)
② MOS(metal oxide semiconductor) FET
③ MES(metal semiconductor) FET

| 특징 | BJT<br>(bipolar junction transistor) | FET<br>(field effect transistor) |
|---|---|---|
| 소자 특성 | 양극성(bipolar) | 단극성(unipolar) |
| 제어방식 | 전류제어 | 전압제어 |
| 전류 흐름 | 다수 및 소수캐리어에 의해 동작 | 다수 캐리어에 의해서만 동작 |
| 동작속도 | 빠르다. | 느리다.(고속 스위칭 가능) |
| 온도계수 | | 0으로 할 수 있다. |
| 입력 임피던스 | 보통 | 매우 높다. |
| 제조 공정 | 복잡하다. | 간단하다. |
| 집적도 | 낮다. | 높다. |
| 잡음 | 많다. | 매우 적다. |
| 이득 · 대역폭 곱 | 크다. | 적다. |

## ① JFET의 구조 및 특성

- 접합형 FET의 기본 구조는 그림과 같이 소스(S : source)와 드레인(D : drain)의 옴성 접촉(ohmic contact)과 상·하 p형 반도체로 구성된 게이트(G : gate) 사이에 n형 반도체가 접합되어 구성된다.

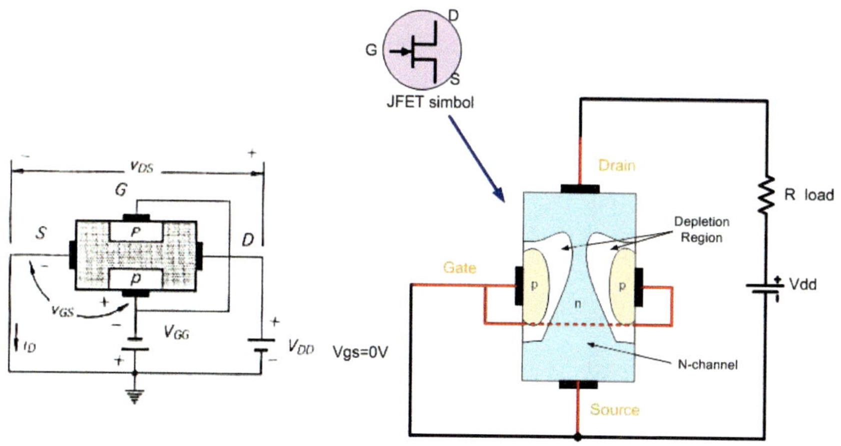


n 채널 JFET

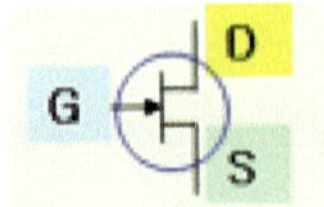


n 채널

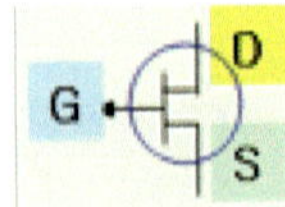


p 채널

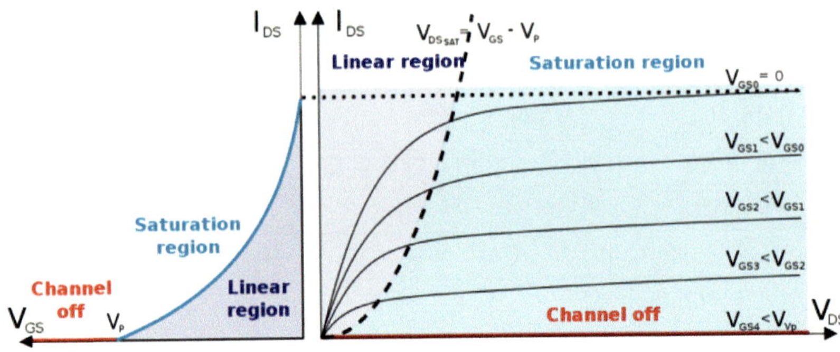


㉠ n 채널 JFET의 동작원리

- Drain과 Source 사이는 n 채널이 연결되어 있고, Gate에는 p 채널이 연결되어 있는 구조이다.
- 이때 Drain에 양(+), Source에 음(−) 전압을 인가하면 다수 캐리어인 자유전자가 Drain쪽으로 이동함으로써 Source쪽으로 전류가 흐르게 된다. 이때 Drain 전류가 이동하는 공간을 채널이라고 한다.
- 한편, p형 반도체로 이루어진 Gate에는 반드시 역방향 바이어스 값을 주어야 하는데 그 값을 키우면 Gate쪽과 n 채널 사이의 PN접합부분에서 공핍 층이 발생하여 채널 폭이 좁아지게 된다. 그리하여 Drain과 Source 간 흐르는 전류를 Gate 전압을 이용하여 제어할 수 있게 된다.

㉡ 핀치오프( pinch−off )

- n 채널의 전계 효과 트랜지스터의 게이트는 고농도의 p형 반도체가 확산되어 있으며, $p^+ - n$접합부에는 공핍층이 생기지만 게이트가 고농도로 확산되어 있기 때문에 공핍층은 주로 n 채널 측으로 튀어 나와 있다. 공핍층의 두께는 게이트 전압($V_G$)에 의해 변화하고, 소스 · 드레인 간 저항은 게이트 전압에 의해서 제어된다. 채널이 튀어 나온 공핍층에 의해 막히게 되는데 이 상태를 핀치오프(pinch−off)라고 한다. 이 순간 Gate와 Source간의 전압($V_{GS}$)을 핀치오프 전압($V_p$)라 한다.

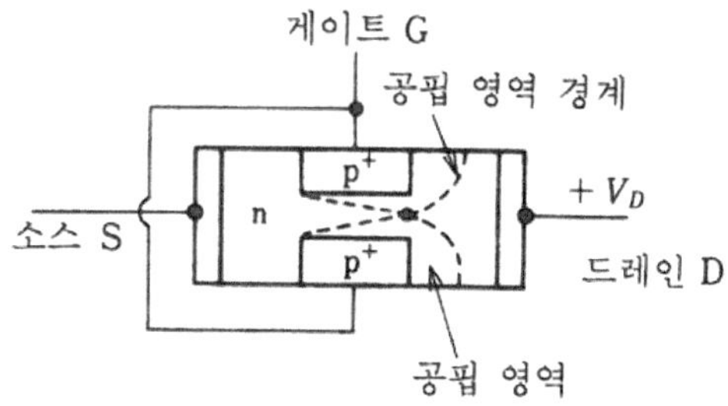


n 채널 JFET의 핀치오프(pinch-off)

ⓒ 전류식

- $I_D = I_{DSS}(1 - \frac{V_{GS}}{V_p})^2$ , $I_{DSS}$: $V_{GS} = 0$일 때의 드레인 전류

ⓡ FET의 3정수

- $g_m = \frac{\partial I_d}{\partial V_{GS}}$(전달 컨덕턴스)
- $r_d = \frac{\partial V_{DS}}{\partial I_d}$(드레인 저항)
- $\mu = \frac{V_{DS}}{V_{GS}}$(증폭정수)

Tip 3정수 관계

- $\mu = g_m \cdot r_d$

## 2.2 궤환(feedback) 증폭회로

### 1) 부(−) 궤환의 장 · 단점

- 증폭기에서 출력의 일부를 입력 측으로 되돌리는 궤환을 함으로써 그 특성을 개선하는 증폭기로, 일반적으로 부궤환이 널리 쓰인다. 부궤환을 걸어줌으로써 증폭도는 작아지지만 주파수 특성을 개선하고 파형의 일그러짐이나 잡음을 감소시키고, 안정한 동작을 시킬 수 있다

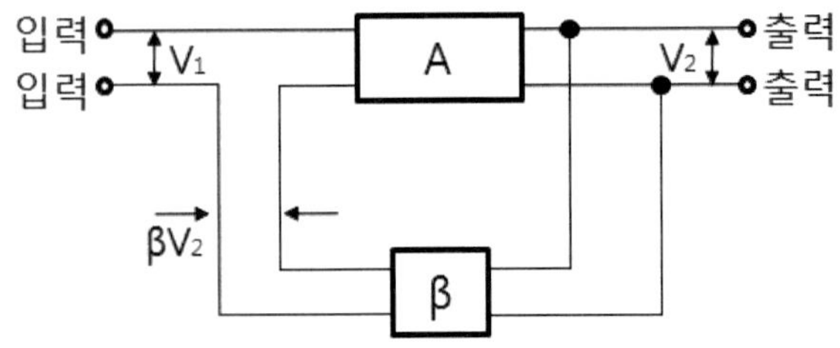


궤환 증폭기의 블록도

**Tip 부(−) 궤환(negative feedback)의 특징**

① 주파수 특성이 개선된다.
② 진폭 및 위상 일그러짐이 감소한다.

$$D_f = \frac{D}{1+\beta A}$$

$A$: 이득, $D$: 궤환이 없을 때의 왜율, $D_f$: 궤환을 걸었을 때의 왜율, $\beta$: 궤환율

③ 내부 잡음(S/N)이 감소한다.
④ 이득이 감소한다.

$$A_f = \frac{A}{1+\beta A}$$

$A$: 이득, $A$: 궤환이 없을 때의 이득, $A_f$: 궤환을 걸었을 때의 이득, $\beta$: 궤환율

## 2.3 연산증폭회로

### 1) 차동증폭기(differential amplifier)

- 차동 증폭기는 두 입력 신호의 전압차를 증폭하는 회로로 연산 증폭기나 Emitter coupled 논리 게이트의 입력 단에 주로 쓰인다.

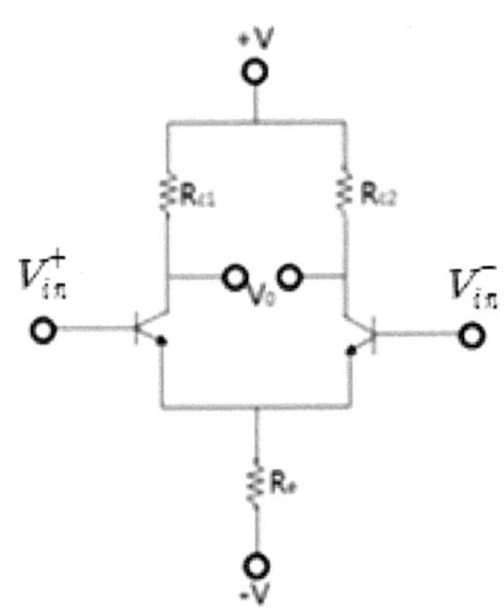

- 각 입력 단자의 전압을 $V_{in}^{+}$ 와 $V_{in}^{-}$ 로 나타내면, 출력단자의 전압($V_{out}$)은 다음과 같다.

$$V_{out} = A_d(V_{in}^{+} - V_{in}^{-}) + A_c(\frac{V_{in}^{+} + V_{in}^{-}}{2})$$

- 이 때, $A_d$는 차동 신호 이득, $A_c$는 동상 신호 이득을 뜻한다.

**① 동상 신호 제거비(CMRR : common-mode rejection ratio)**

- 차동 신호 이득과 동상 신호 이득의 비율이다.

$$CMRR = \frac{A_d}{A_c}$$

- 위의 공식에서 $A_c$가 0에 가까워질수록 CMRR은 무한대로 증가한다.
- 만약 $A_c$=0이면, 완벽한 대칭성을 가진 차동 증폭기로, 출력 전압은 $V_{out} = A_d(V_{in}^{+} - V_{in}^{-})$이다.

**② 차동증폭기(differential amplifier)의 특징**

㉠ noise=0이 되기 위해서는 $CMRR$가 ∞가 되어야 한다.

㉡ $CMRR$가 ∞가 되기 위해서는 $A_c$가 0이 되어야한다.

㉢ $A_c$가 0이 되기 위해서는 $V_o$가 0이 되어야한다.

㉣ $V_o$가 0이 되기 위해서는 $R_e$를 ∞만큼 크게 한다.

## 2) 연산증폭기(operational amplifier)

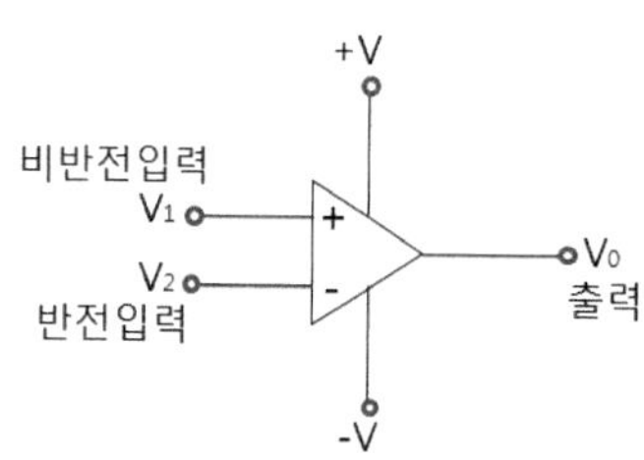


연산증폭기의 기호

**① 이상적인 연산증폭기의 특징**

㉠ 직류 증폭기이며 입력 임피던스($Z_i$)가 무한대(∞)이며 출력 임피던스($Z_o$)가 0이다.

㉡ 전압 이득($A_v$)가 무한대이다.

㉢ 대역폭(Band Width)가 무한대(∞)이다.

㉣ CMRR(동상제거비)가 무한대(∞)이다.

㉤ 입력 오프셋(offset) 전류 및 전압은 0일 것.

### 3) 연산증폭기의 응용

#### ① 반전 증폭기(inverting operational amplifier)

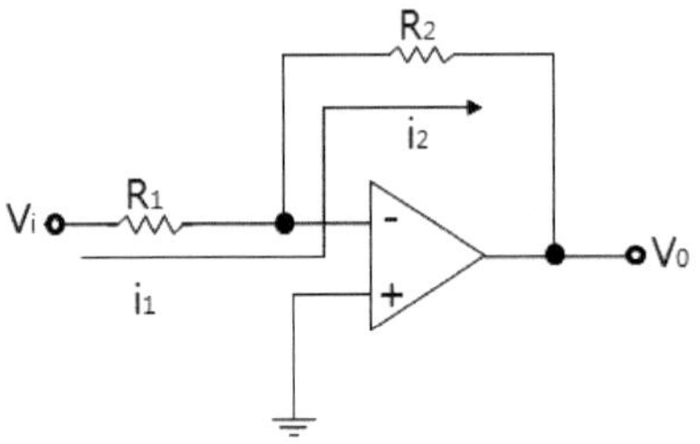


연산증폭기에 흘러 들어가는 전류 $I_1$은 모두 저항 $R_2$로 흐른다.

즉, $I_1 = I_2$에서

$I_1 = \frac{V_i}{R_1}$, $I_2 = -\frac{V_o}{R_2}$

전압 이득$(A_V) = \frac{V_o}{V_i} = -\frac{R_2}{R_1}$

입력신호에 대한 출력신호의 위상관계는 역위상이 된다.

$$V_o = -\frac{R_2}{R_1} V_i$$

#### ② 비반전 증폭기(noninverting operational amplifier)

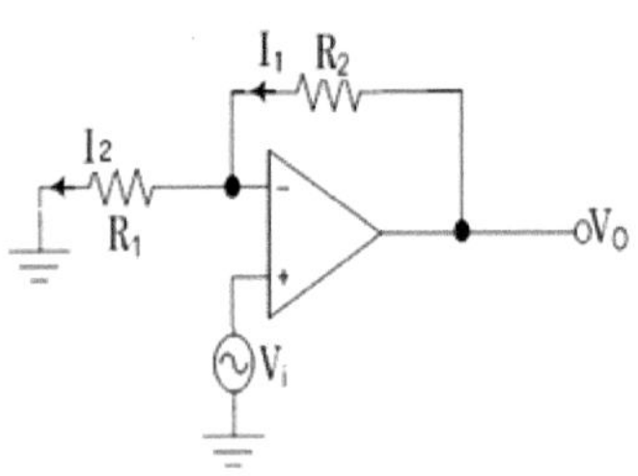


가상접지 개념에 의해 반전단자의 전압$(V^-) = V_i$이므로

$I_1 = I_2$

$$V_i = \frac{R_1}{R_1 + R_2} \times V_o$$

전압 이득$(A_V) = \frac{V_o}{V_i} = \left(1 + \frac{R_2}{R_1}\right)$

입력신호에 대한 출력신호의 위상관계는 동위상이 된다.

$$V_o = (1 + \frac{R_2}{R_1})\, V_i$$

### ③ 가산기(adder)

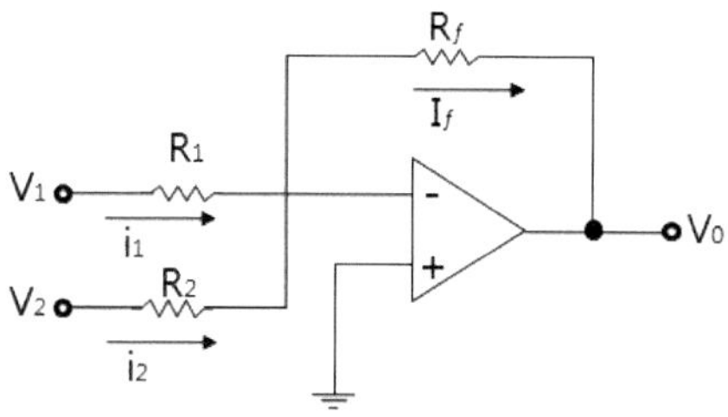


출력 전압$(V_o) = -\left(\frac{R_f}{R_1} V_1 + \frac{R_f}{R_2} V_2 + \cdots\right)$

이때 $R_1 = R_2 = R_f$라면

$V_o = -(V_1 + V_2)$

### ④ 감산기

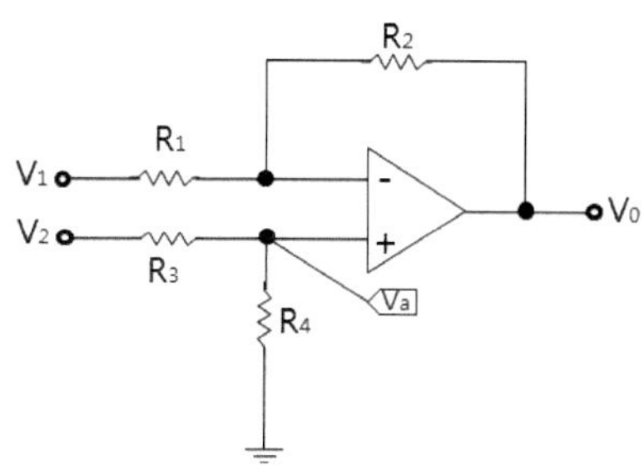


입력전원이 두 개이므로 출력전압은 중첩의 원리를 이용한다.

$V_2$입력이 없이 $V_1$에 의한 출력전압은 반전증폭기이므로

$V_{o1} = -\frac{R_2}{R_1} \cdot V_1$가 된다.

$V_1$입력이 없이 $V_2$에 의한 출력전압은 비반전 증폭기이므로

$$V_a = \frac{R_4}{R_3 + R_4} \cdot V_2$$

$$V_{o2} = \left(1 + \frac{R_2}{R_1}\right) V_a = \left(1 + \frac{R_2}{R_1}\right)\left(\frac{R_4}{R_3 + R_4}\right) \cdot V_2$$가 된다.

전체 출력전압은

$$V_o = V_{o1} + V_{o2} = -\frac{R_2}{R_1} \cdot V_1 + \left(1 + \frac{R_2}{R_1}\right)\left(\frac{R_4}{R_3 + R_4}\right) \cdot V_2$$

만약 $R_1 = R_2 = R_3 = R_4$라면 $V_o = (V_2 - V_1)$이 된다.

### ⑤ 미분기

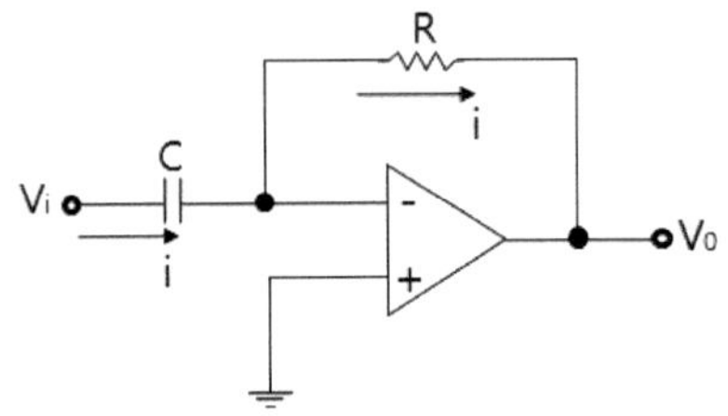


콘데서(C)에 흐르는 전류는

$$i = C\frac{dV_i}{dt}$$

출력전압($V_o$)은

$$V_o = -iR = -RC\frac{dV_i}{dt}$$

### ⑥ 적분기

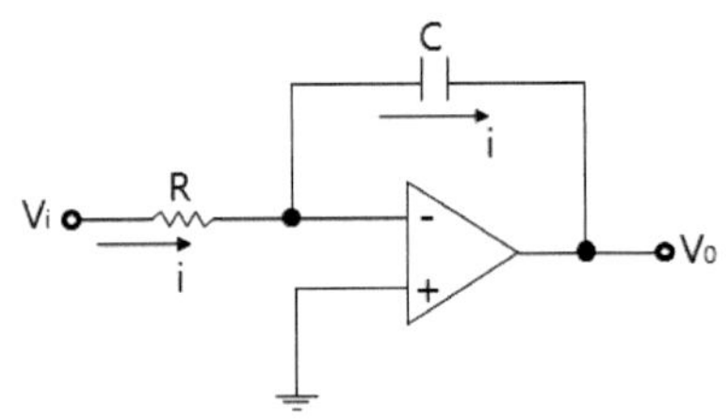


회로에서 저항(R)에 흐르는 전류는

$$i = \frac{V_i}{R}$$

출력전압($V_o$)은

$$V_o = -\frac{1}{C}\int i\,dt = -\frac{1}{RC}\int V_i\,dt$$

## 2.4 전력 증폭기(power amplifier)

• 증폭기의 일종으로, 부하에 전력을 공급하는 것을 목적으로 한 것을 말하며, 보통 증폭 회로의 최종단에 두므로 종단 증폭기라 하기도 한다. 취급 주파수에 따라서 저주파 전력 증폭기와 고주파 전력 증폭기로 나뉜다. 전력 증폭기는 일그러짐이 적고, 효율적으로 전력을 부하에 공급할 수 있는 것이 중요하다.

### 1) Single 증폭회로의 동작점, 부하선, 효율 및 출력계산

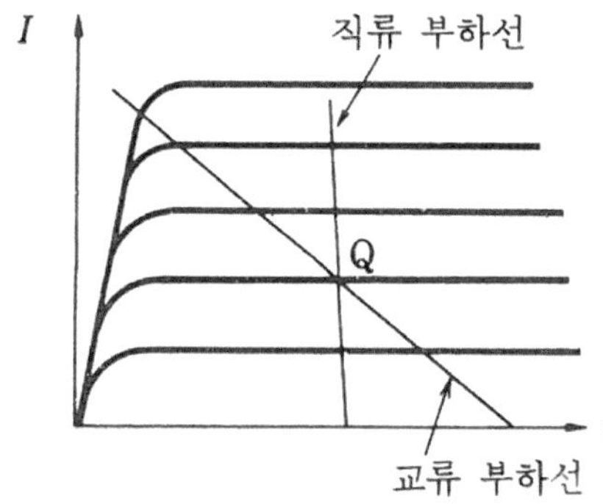


**① 동부하선 (dynamic load, 교류 부하선)**

• 전자관이나 트랜지스터 회로에 있어서, 신호의 변화 사이클에서의 출력전류와 전압의 모든 시점에서의 동작 점의 궤적을 이른다.

**② 직류 부하선 ( DC load line )**

• 전자관이나 트랜지스터에서 직류 부하 저항에 대한 출력 전류와 전압의 평균값과의 관계를 나타내는 점의 궤적. 직류 부하 선은 그림에서 수직에 가까운 직선으로 주어진다.

### ③ 각 전력 증폭 회로의 특징

| 전력 증폭기 종류 | A급 | AB급 | B급 | C급 |
|---|---|---|---|---|
| 동작점 위치 | 부하선의 중앙 | A급과 B급 사이 | 차단점 | 차단점 이하 |
| 유통각($\theta_c$) | $\theta_c = 2\pi$ | $\pi < \theta_c < 2\pi$ | $\theta_c = \pi$ | $0 < \theta_c < \pi$ |
| 최대 효율($\eta$) | 직렬 부하 : 25%<br>병렬 부하 : 50% | | 78.5% 이하 | 78.5% 이상 |

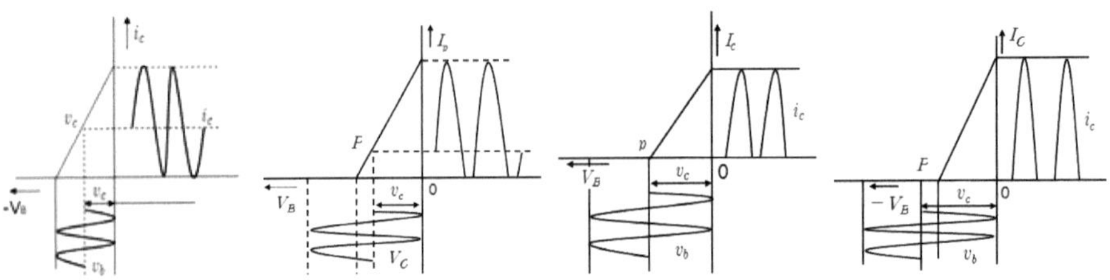

(a) A급 증폭기 (b) AB급 증폭기 (c) B급 증폭기 (d) C급 증폭기 특성곡선

## 2) B급 푸시풀( Push-pull )증폭회로의 특성

- 보통의 증폭용 트랜지스터는 아래 〈그림 2-1〉의 transfer curve의 선형 부분인 A 점에 동작 점을 설정한다. 교류 입력 신호가 걸리면 아래 그림에서와 같이 동작 점을 중심으로 $V_{BE}$가 흔들리게 되고, 그 결과 $I_c$도 동작 점을 중심으로 흔들리게 된다. 입력 교류 신호의 진폭이 커서 transfer curve의 선형 부분을 벗어나게 되면 증폭된 출력 신호가 찌그러지게 된다. 따라서 신호 찌그러짐이 없이 증폭할 수 있는 입력 신호의 진폭에 제한이 생기게 된다.

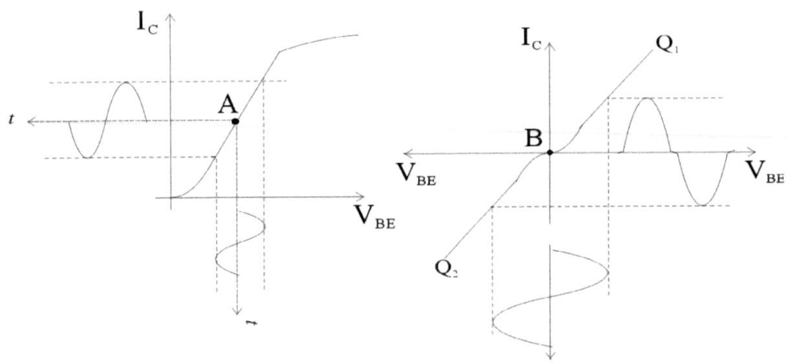


(a) (b)

〈그림 2-1〉 A급 및 B급 동작점

- 전력 증폭이 목적인 전력증폭기는 진폭이 큰 신호를 다루어야 하므로 진폭이 큰 신호를 증폭하려면 그림의 B점에 동작 점을 설정한 두 개의 증폭기를 사용하여 〈그림 2-1〉 (b)처럼 반주기씩 증폭을 하면 된다. 또한 B급 동작 점의 장점은 전력소모가 적다는 것이다.
- 신호를 반주기씩 증폭하는 B급 푸시풀 증폭기 회로는 〈그림 2-2〉와 같은 두 가지 형태가 있다. 〈그림 2-2〉 (a)의 트랜스포머를 사용한 B급 푸시풀 증폭기 회로는 두 개의 같은 트랜지스터 npn형 트랜지스터가 사용되고 있다. 입력 교류 전압이 양이면 트랜지스터 $Q_1$의 베이스 신호가 양이 되어 $Q_1$이 증폭을 하게 되고, 나머지 반주기는 트랜지스터 $Q_2$가 증폭하게 된다. 반주기씩 증폭된 신호는 출력 트랜스포머에서 결합되어 출력된다.

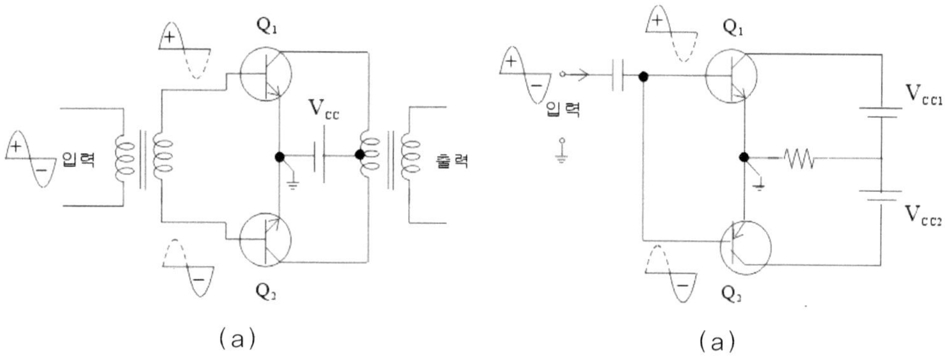


〈그림 2-2〉 (a) Transformer를 이용한 B급 푸시풀 전력증폭기와 (b) complementary symmetry형 B급 푸시풀 전력증폭기

- 한편, 〈그림 2-2〉 (b)의 상보적 대칭 (complementary symmetry) 전력증폭기에서는 같은 transfer curve를 가진 pnp와 npn형 트랜지스터의 쌍이 사용된다. 두 트랜지스터의 베이스에 걸린 교류 신호가 양의 전압일 때는 npn형 트랜지스터 $Q_1$이 증폭하고, 음의 전압인 반주기는 pnp형 트랜지스터 $Q_2$가 증폭한다.
- B급 푸시풀 증폭기는 〈그림 2-1〉 (b)에서 보듯이 transfer curve의 원점 부근의 비선형 영역 때문에 출력 컬렉터 전류 파형이 약간 찌그러지게 된다. 이 점을 보완하기 위해 AB급 동작 점을 사용하는 AB급 푸시풀 증폭기를 사용한다.
  ① 전파 정류 능력을 갖는다.
  ② B급 푸시풀 전력 증폭기에서 최대 효율은 78.5[%]가 된다.

③ 우수(짝수) 고조파는 제거되고 기수(홀수) 고조파만 발생한다.

④ 크로스오버 일그러짐( crossover distortion )이 생긴다.

- 출력파형의 일그러짐 원인은 트랜지스터의 입력 특성에 따라 입력 전압이 작을 때는 베이스 전류와 컬렉터 전류가 거의 흐르지 않기 때문이다.
- 클로스오버 일그러짐을 제거하려면 동작 점을 약간 AB급 쪽으로 이동한다.

## 3. 발진 회로

- 증폭회로에서 이득과 위상이 정확하게 정궤환(+)이 되면 외부의 입력신호 없이 출력신호가 나타나게 된다. 이와 같은 작용을 이용하여 전기적 진동을 발생시키는 회로를 발진회로라 하며, 외부 전력공급으로부터 직류에너지를 교류에너지로 변환하는 회로를 말한다.
- 발진조건

위상 : 입력과 출력의 신호가 동위상이며 위상지연이 없어야 한다.

바크하우젠의 발진조건 : $|A\beta| = 1$

궤환(Feedback)회로에서 $\beta$가 양수이면 정궤환(+), 음수이면 부궤환(−)이 된다.

$$A_f = \frac{V_o}{V_i} = \frac{A}{1 - A \cdot \beta}$$

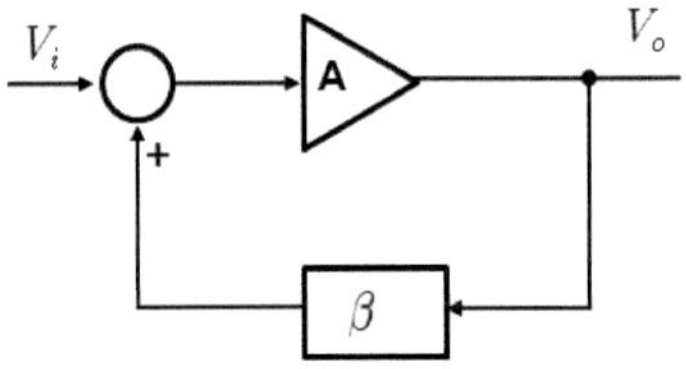


발진회로의 블록도

**Tip 파수 변동원인과 안정화 대책**

① 전원의 안정도를 높인다.
(전원전압 변동 ⇒ 정전압 회로)

② 주위 온도 변화에 따른 주파수 변동을 막기위해 항온조를 사용한다.
(온도변화 ⇒ 항온조)

③ 발진기와 출력 단 사이에 완충증폭기를 넣는다.
(부하변동, 진동, 충격 ⇒ 완충 증폭기)
④ 발진기의 동조회로에 Q가 높은 부품을 선택한다.
⑤ 발진기와 코일과 콘덴서의 온도계수를 상쇄하도록 부품을 선택한다.
(부품 불량 ⇒ 교체)
⑥ 동조점 불안정 ⇒ 동조 점을 약간 벗어나게 선택

## 3.1 발진회로의 종류와 특징

### 1) 정현파 발진기

① LC발진기
동조형 반결합, Hartley, colpitts, clapp 등
② CR발진기
이상형발진기(병렬 R형, 병렬 C형), Wien-Bridge발진기 등
③ 수정발진기
Pierce(BE형, BC형) 등

### 2) 비 정현파 발진기

① Multivibrator
② Schmitt trigger
③ Blocking Oscillator

### 3) 발진기의 특징

① 정궤환을 사용한다.
② 바크하우젠의 발진조건
$|A\beta| = 1$

## 3.2 LC 발진기

### 1) 3소자 발진기의 발진조건

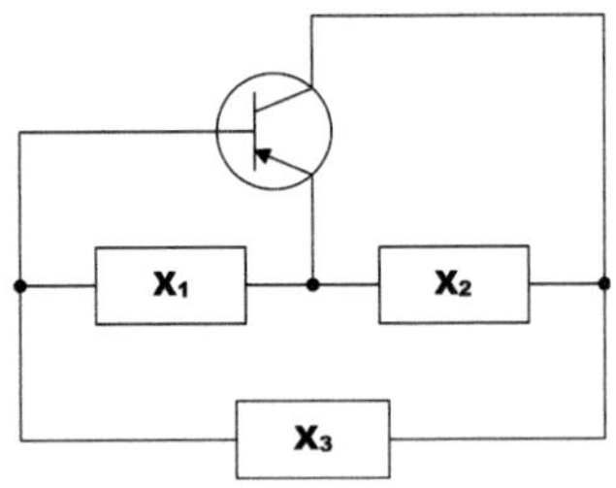


① $X_1 = X_2$ (같은소자), $X_3$(다른소자)

② $X_1$, $X_2$ 〉 0 (유도성), $X_3$ 〈 0 (용량성) ⇒ Hartley 발진기

③ $X_1$, $X_2$ 〈 0 (용량성), $X_3$ 〉 0 (유도성) ⇒ Colpitts 발진기

$X_1$ : $B-E$(베이스 − 이미터), $X_2$ : $C-E$(컬렉터 − 이미터)

$X_3$ : $C-B$(컬렉터 − 베이스)

각 LC 발진기 회로의 발진 주파수는 다음과 같다.

$$f = \frac{1}{2\pi\sqrt{LC}}$$

단, 콜피츠(Colpitts) 발진기 : $C = \dfrac{C_1 C_2}{C_1 + C_2}$

하틀리(Hartley) 발진기 : $L = (L_1 + L_2 + 2M)$

### 2) LC 발진기의 이상현상

① 인입현상 : LC 발진기와 동일 전원을 다른 발진부가 사용하고 있을 경우 LC 발진기의 발진주파수가 끌려가는 현상

② 블록킹(blocking) 발진

③ 기생진동 : 회로내의 L과 C등에 의해 정규 발진부 이외 부분에서 발진 조건이 충족되어 원하지 않는 발진이 일어나는 현상

**Tip** 중화회로(Neutralizing Circuit)

- 자기발진(Self Oscillation)방지회로 : TR의 Base와 Collector 극간 용량(Co)를 통해 출력의 일부가 입력으로 귀환되어 자기 발진을 방지하여 증폭 주파수에 가까운 주파수로 발진한다. 중화에 사용되는 콘덴서를 중화 콘덴서라 한다.

## 3.3 이상 발진기

### 1) 병렬 R형(병렬 저항형)

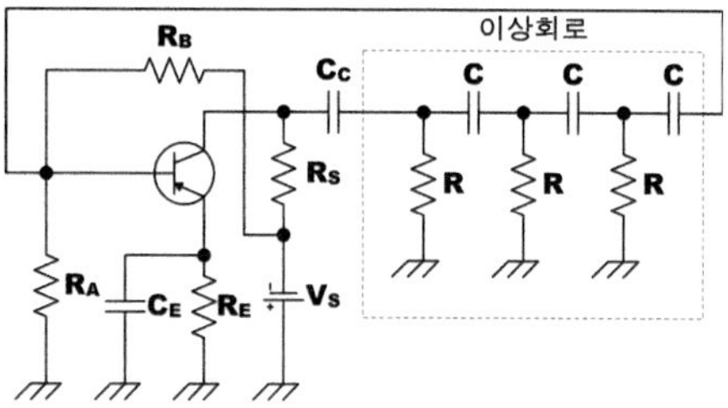


① 발진주파수

$$f = \frac{1}{2\pi RC\sqrt{6}}[\text{Hz}]$$

② 발진을 위한 최소 전류증폭률

$\beta \geq 29$, 즉 증폭도가 29 이상 되어야 발진한다.

### 2) 병렬 C형(병렬 콘덴서형) :

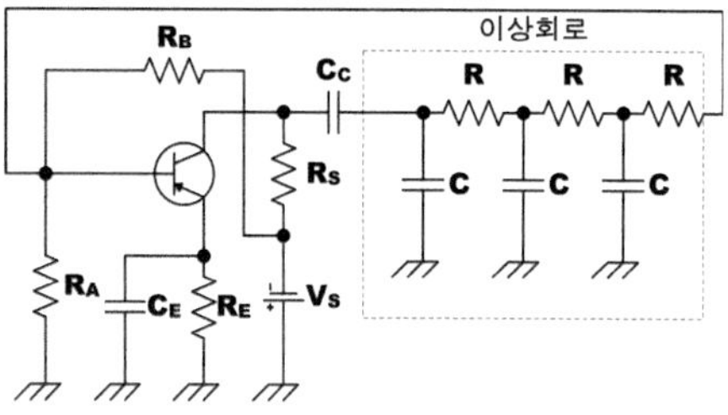


① 발진주파수

$$f = \frac{\sqrt{6}}{2\pi RC}[\text{Hz}]$$

### 3) 빈 브리지(Wien bridge)형 발진기

① 발진주파수

$$f = \frac{1}{2\pi\sqrt{C_1C_2R_1R_2}}[\text{Hz}]$$

만약 $C_1 = C_2 = C,\ R_1 = R_2 = R$이라면 발진주파수는

$$f = \frac{1}{2\pi RC}[\text{Hz}]$$

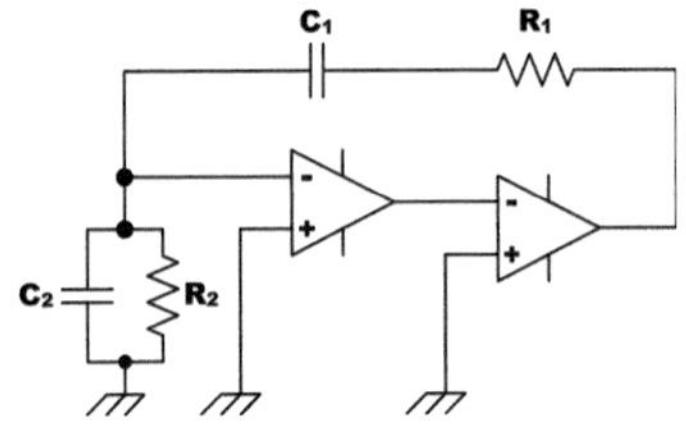


## 3.4 수정 발진기

수정(Crystal)을 적당히 잘라내어 2개의 전극에 연결하고 이 전극 양단에 충격을 가하면 수정은 기계적 진동을 하게 되며, 이 진동에 의하여 이 진동과 주기가 같은 정현파의 전기 진동파가 전극 양단에 나타나는데 이 진동에 의해 발생한 전기 진동파를 증폭하여 수정 편에 전기 충격을 계속 가하면 수정 편은 진동을 계속하게 되어 발진을 지속하게 된다.

이런 수정 발진기는 주파수 안정도가 매우 높아 가장 널리 이용되고 있으나 가변하기가 곤란하고 발진 주파수의 범위가 250㎒미만으로 한정되기 때문에 초고주파의 발진은 되지 않기 때문에 체배기를 이용하여 주파수를 높이며, 온도의 변화에 의한 주파수의 변동을 막기 위해 항온조를 사용하여 온도를 일정하게 유지해야 한다.

### 1) 수정발진자의 구조

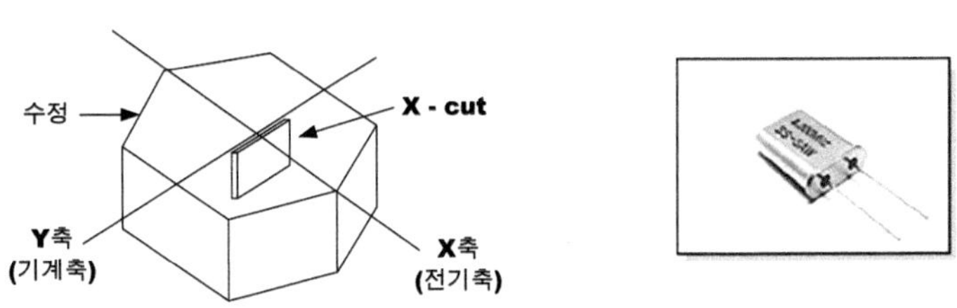


**(a)** 수정의 결정 **(b)** 수정 발진자

그림 1-51 수정발진기

### 2) 수정 발진자의 등가회로

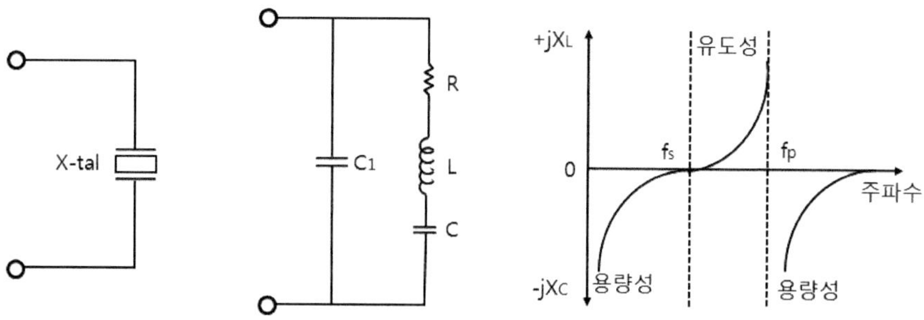


(a) 수정 발진자 기호　(b) 등가회로　(c) 주파수 특성

**그림 1-52** 수정 발진자의 등가 회로 및 주파수 특성

① 압전효과 : 압전기 효과란 압력을 가하면 압력을 가한 물체 양단에 전압차가 생기는 현상으로 수정의 결정을 X축(전기축)방향으로 절단하여 전기적 충격을 가하면 Y축(기계축)방향에 기계적 변형이 생기고, 반면에 Y축(기계축)방향으로 절단하여 물리적인 충격을 가하면 X축(전기축)방향에 전기가 발생하는 것을 의미한다.

② 직렬공진주파수

$$f_s = \frac{1}{2\pi\sqrt{L_0 C_0}}[\text{Hz}]$$

③ 병렬공진주파수

$$f_p = \frac{1}{2\pi\sqrt{L_0 \cdot \left(\frac{C_0 C_1}{C_0 + C_1}\right)}}[\text{Hz}]$$

### 3) 수정발진회로의 종류

① 피어스 BE회로(Pierce BE Circuit) : 수정 진동자를 베이스와 이미터 사이에 접속한 것으로 컬렉터에 있는 동조회로의 정전용량($C_t$)을 최소로 하여 동조회로 전체가 유도성이 되도록 조정하면 3소자 발진기의 하틀리 발진 회로와 같이 동작하게 된다.

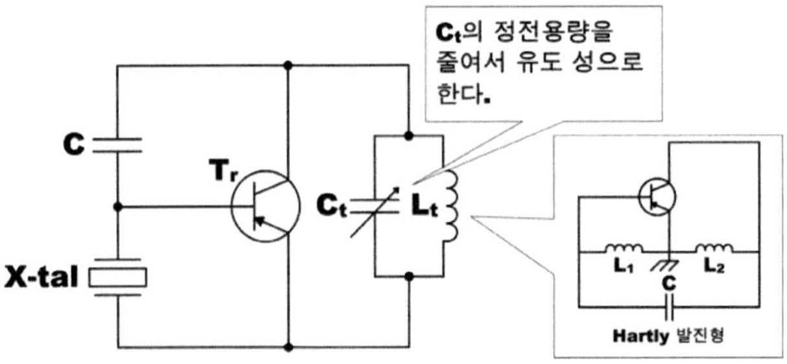


그림 1-53 피어스 BE형 발진회로

② 피어스 BC회로(Pierce BC Circuit) : 수정 진동자를 베이스와 컬렉터 사이에 접속한 것으로 동조회로의 정전용량($C_t$)을 최대로 하여 동조회로 전체가 용량성이 되도록 조정하면 3소자 발진기의 콜피츠 발진 회로와 같은 동작을 하게 된다.

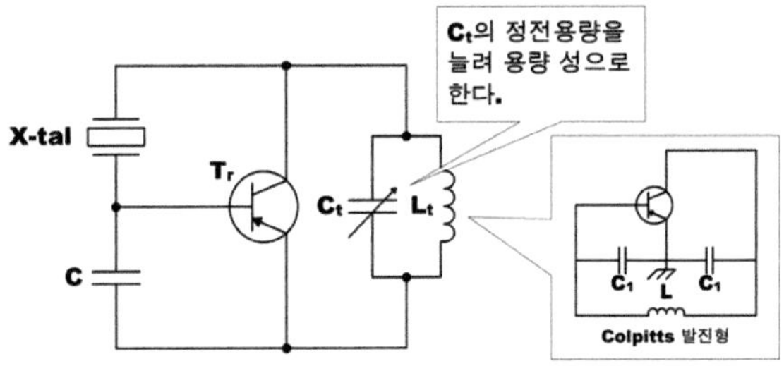


그림 1-54 피어스 BC형 발진회로

### 4) 수정발진기의 특징

① 주파수 안정도가 매우 높다.

② 수정진동자의 Q(Quality factor)가 높다.

③ 발진조건 : $f_s$(직렬공진주파수) $< f <$ $f_p$(병렬공진주파수) (유도성)구간에서 발진하며, 이 구간이 좁을수록 안정도가 높다.

④ 압전기효과(피에조 효과라고도 한다)를 이용하여 발진한다.

⑤ 초단파 이상의 발진은 곤란하다.

## 3.5 Spurious 발사

### 1) 고조파

- 고조파 왜율(K) $= \dfrac{\sqrt{제2고조파^2 + 제3고조파^2 + \cdots}}{기본파} \times 100\%$

### 2) Spurious 방사 대책

① 전력증폭기의 여진 전압을 가급적 적게 한다.

② 전력 증폭부를 B급 Push-Pull 증폭기를 사용

③ 공중선 회로의 결합에 $\pi$ 형 결합회로를 사용한다.

④ 종단증폭부 공진회로의 Q(선택도)를 높게 한다.

⑤ 급전선에 저역 여파기나 트랩(Trap)을 설치한다.

# 4. 변조회로

## 4.1 변조(Modulation)의 개념

- 변조(Modulation)란 보내고자하는 정보신호를 전송로에 보내기 알맞은 신호형태로 변환하는 과정을 말하며 신호파(signal)를 반송파(carrier)의 진폭, 주파수, 위상 등에 실어 보내는 것을 의미한다.

### 1) 변조의 목적

① 원거리 전송을 위하여

② 송수신 Antenna의 길이 문제를 해결하여 효과적인 방사 또는 수신을 위하여

③ 각종 잡음, 혼신, 간섭으로부터 정보를 보호하기 위하여

④ 주파수 분할 다중화(FDM)를 행하기 위하여

## 2) 변조의 종류

### 1. 연속변조(반송파가 sine, cosine파와 같은 연속함수인 경우)

#### ① Analog 변조(신호파가 Analog 신호인 경우)

- AM(진폭 변조): Analog 신호파를 연속함수 형태를 갖는 반송파의 진폭(Amplitude)에 실어 보내는 변조 방식
- FM(주파수 변조): Analog 신호파를 연속함수 형태를 갖는 반송파의 주파수(Frequency)에 실어 보내는 변조 방식
- PM(위상 변조): Analog 신호파를 연속함수 형태를 갖는 반송파의 위상(Phase)에 실어 보내는 변조 방식

#### ② Digital 변조(신호파가 Digital 신호인 경우)

- ASK(진폭편이 변조): Digital 신호파를 연속함수 형태를 갖는 반송파의 진폭(Amplitude)에 실어 보내는 변조 방식
- FSK(주파수편이 변조): Digital 신호파를 연속함수 형태를 갖는 반송파의 주파수(Frequency)에 실어 보내는 변조 방식
- PSK(위상편이 변조): Digital 신호파를 연속함수 형태를 갖는 반송파의 위상(Phase)에 실어 보내는 변조 방식
- QAM(직교진폭변조): Digital 신호파를 연속함수 형태를 갖는 반송파의 진폭(Amplitude)과 위상(Phase)에 실어 보내는 변조 방식

### 2. 펄스변조(반송파가 pulse열인 경우)

#### ① Analog 변조(신호파가 Analog 신호인 경우)

- PAM(Pulse Amplitude Modulation): Analog 신호를 pulse의 크기로 변화시키는 변조방식
- PWM(Pulse Width Modulation): Analog 신호를 pulse의 폭으로 변화시키는 변조방식
- PPM(Pulse Position Modulation): Analog 신호를 pulse의 위치로 변화시키는 변조방식

② Digital 변조(신호파가 Digital 신호인 경우)

- PCM(Pulse Code Modulation): Analog 신호를 표본화를 하여 PAM파로 만든 다음 양자화, 부호화를 거쳐 digital 신호로 만들어 전송하는 변조방식
- PNM(Pulse Number Modulation): Analog 신호를 pulse의 수로 변화시키는 변조방식
- DM(Delta Modulation): Analog 신호를 표본화, 양자화, 부호화를 거쳐 digital 신호로 만들어 전송하는 변조방식 중 1bit 양자화를 행하여 정보량을 줄이는 방식

## 4.2 진폭변조(Amplitude Modulation : AM)

- 신호파의 크기에 따라 반송파 진폭을 변화시키는 방식
  반송파의 전압 $e_c$는 $e_c = V_c \cos \omega_c t$ 가 되고 신호파 전압 $e_s$는 $e_s = V_s \cos \omega_s t$ 라 할 때 AM은 신호 파를 반송파에 실어 진폭을 변화시키는 것이므로 변조파의 크기 $e_{AM}$은 다음 식과 같다.

$$e_{AM} = (V_c + V_s \cos \omega_s t) \cos \omega_c t \quad = V_c (1 + \frac{V_s}{V_c} \cos \omega_s t) \cos \omega_c t$$

### 1) AM 파의 전력

- 반송파 전력 $Pc = \dfrac{(Vc/\sqrt{2})^2}{R} = \dfrac{Vc^2}{2R}$
- 상측파대 전력 $P_u = \left(\dfrac{mVc/2}{\sqrt{2}}\right)^2 \cdot \dfrac{1}{R} = \dfrac{m^2 Vc^2}{8R} = \dfrac{m^2}{4} \cdot \dfrac{Vc^2}{2R} = \dfrac{m^2}{4} Pc$
- 하측파대 전력 $P_l = \left(\dfrac{mVc/2}{\sqrt{2}}\right)^2 \cdot \dfrac{1}{R} = \dfrac{m^2 Vc^2}{8R} = \dfrac{m^2}{4} \cdot \dfrac{Vc^2}{2R} = \dfrac{m^2}{4} Pc$
- 피변조파 전력 $P_m = P_c + P_u + P_l = P_c \left(1 + \dfrac{m^2}{4} + \dfrac{m^2}{4}\right) = Pc\left(1 + \dfrac{m^2}{2}\right)$

### 2) 변조도(m)

- $\text{변조도}(m) = \dfrac{\text{신호파 전압}(V_s)}{\text{반송파 전압}(V_c)}$, $\text{변조율}(m) = \dfrac{V_s}{V_c} \times 100\%$
- $m > 1$(과변조): $V_c < V_s$인 경우 ⇒ 변조도를 깊게 했다고 표현하며 원신호 회

복이 어려우며 수신음이 찌그러지는 현상이 발생한다.

- $m < 1$(부족변조): $V_c > V_s$인 경우 ⇒ 전력낭비가 발생한다.
- $m = 1$(최적변조): $V_c = V_s$인 경우 ⇒ 전력낭비가 없고 가장 이상적이다.

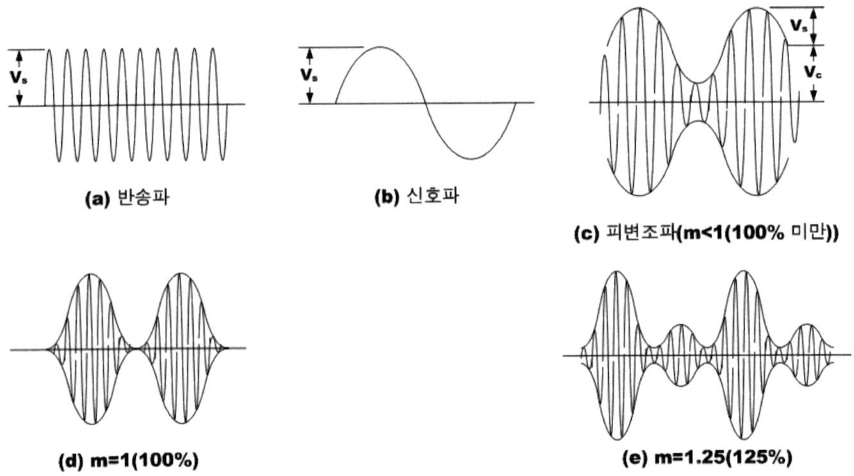


AM 변조도 파형

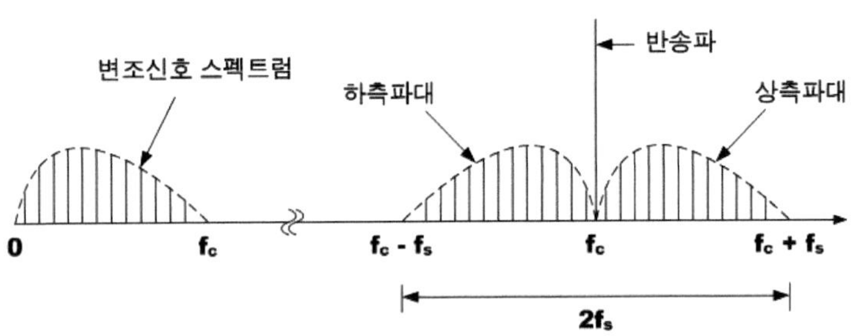


진폭변조의 스팩트럼

## 4.3 SSB 통신 특징(DSB 방식과 비교)

① 점유주파수 대폭이 1/2로 되어 주파수 이용률이 좋아진다.

② 저 전력으로 양질의 통신이 가능하다.

③ 선택성 fading의 영향이 적어 S/N가 개선된다.

④ 비화성이 있다.

⑤ 수신기에 동기용 국부발진기가 필요하다.(단점)

⑥ 반송파가 없어 AGC, AVC 회로 부가가 어렵다.(단점)

⑦ 송수신기 회로가 복잡하고 비싸다.(단점)

## 4.4 주파수변조(Frequency Modulation : FM)

**Tip** AM 통신방식과 비교한 FM 통신방식의 특징

① S/N가 좋다.
② 잡음 및 레벨 변동의 영향이 적다.
③ 수신 주파수대역이 넓다.(단점)

### 1) 변조지수

• $m_f = \dfrac{\Delta f}{f_s}$

- $f_s$ : 신호파
- $m_f$ : 변조지수
- $\Delta f$ : 최대주파수편이

### 2) 대역폭(Band Width)

• $BW = 2(f_s + \Delta f) = 2f_s(1 + m_f)$

### 3) 송신기 보조회로

#### ① Pre-distortor (전치보상기)

• 적분회로.
• PM파로서 등가적인 FM파를 얻기 위하여 위상변조기 전단에 사용하는 회로
• 입출력 신호 사이에는 90° 위상차를 갖는다.

#### ② Pre-emphasis

• 송신 신호 중 특정 주파수 이상의 주파수 신호가 이득이 현저하게 떨어지는 현상 때문에 송신측에서 변조하기 전 신호파의 특정 주파수 이상의 주파수에서 이득을 크게 해주는 회로이다. (미분회로)
• 높은 주파수에 대한 S/N비 개선

### ③ 순시편이제어회로(IDC: Instantaneous Deviation Control)

- FM 변조에서 최대 주파수 편이가 규정 값을 넘지 않도록 하는 회로

### ④ 주파수 안정회로

- PLL(Phase-Locked-Loop), AFC(Automatic Frequency control), APC(Automatic Phase control)

## 4) PLL(Phase-Locked-Loop)의 구성요소

① 위상비교기(phase comparator : PC)
② 전압제어발진기(VCO)
③ LPF(저역통과 필터) : loop filter

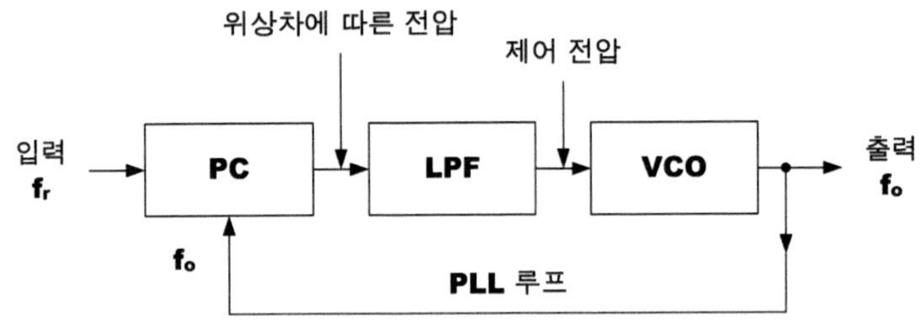


**PC :** 위상 비교기**(Phase Comparator)**
**LPF :** 저역 필터**(**루프 필터라고도 한다**.)**
**VCO :** 전압 제어 발진기
**$f_r$ :** 기준 주파수
**$f_o$ :** 발진 주파수

FM 입력 신호와 전압 제어 발진기(VCO)의 위상과 주파수가 위상비교기(Phase Comparator)에 의해 비교되어 그 오차에 비례한 직류전압이 발생하게 되는데 이 오차 전압은 저역통과필터(LPF)를 거쳐 증폭되고 전압 제어 발진기(VCO)의 발진 주파수 및 위상차를 저감시키는 방향으로 전압 제어 발진기의 주파수를 변화시켜 FM 신호를 검파하게 된다.

## 4.5 펄스 변조(Pulse Modulation)

| 아날로그 \ 입력신호 | | | | |
|---|---|---|---|---|
| 펄스 변조 방식의 종류 | | | 변조하는 파라미터 | 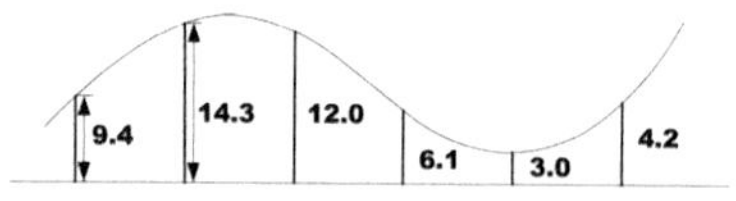  |
| | 기 호 | 명 칭 | | |
| 아날로그 변조 | PAM | 펄스 진폭 변조<br>Pulse Amplitude Modulation | 진폭 | 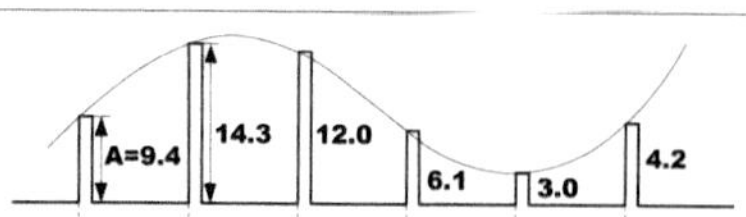  |
| | PWM<br>(PDM) | 펄스 폭 변조<br>Pulse Width Modulation<br>Pulse Duration Modulation | 펄스의 폭 | 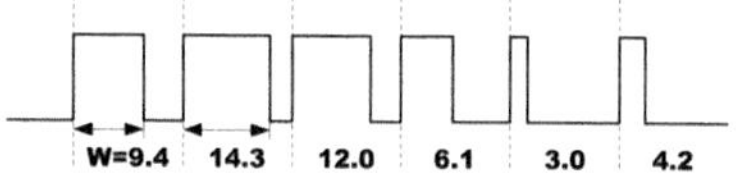  |
| | PPM<br>(PPM) | 펄스 위상 변조<br>Pulse Phase Modulation<br>펄스 위치 변조<br>Pulse Position Modulation | 위상 | 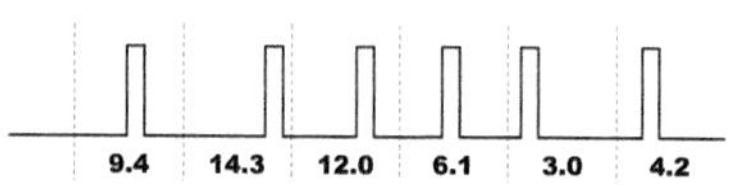  |
| | PFM | 펄스 주파수 변조<br>Pulse Frequency Modulation | 주파수 | 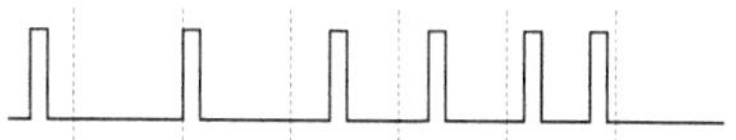 |
| | PTM | 펄스 시 변조<br>Pulse Time Modulation | 신호파의 진폭에 따라 펄스의 시간적 위치를 변동시키는 변조 방식 지금은 거의 사용되지 않는다. | |
| 디지털 변조 | PNM | 펄스 수 변조<br>Pulse Number Modulation | 펄스 수 | 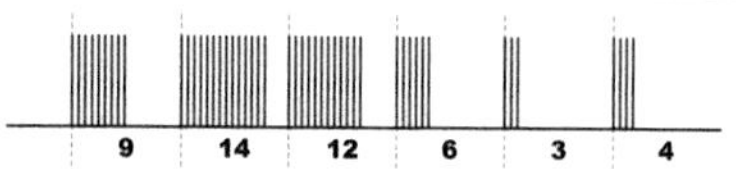  |
| | PCM | 펄스 부호 변조<br>Pulse Code Modulation | 부호화 | 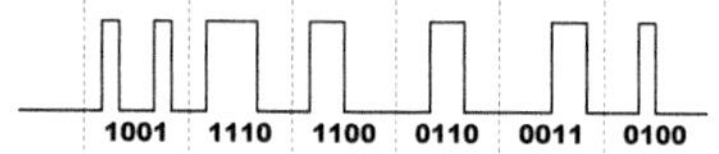  |

### 1) 펄스 부호 변조(PCM : Pulse Code Modulation)

- 음성정보와 같은 아날로그 신호를 디지털 신호인 펄스 코드로 변환하여 전송하고 수신 단에서는 전송된 디지털 신호를 다시 음성정보와 같은 아날로그 신호로 되돌리는 방식이다.
- 아날로그 신호가 디지털 신호로 변환되기 위해서는 표본화(Sampling), 양자화(Quantization), 부호화(Encoding)과정을 거치게 되는데 이것을 펄스 부호 변조방식(PCM)의 3단계라 부른다.

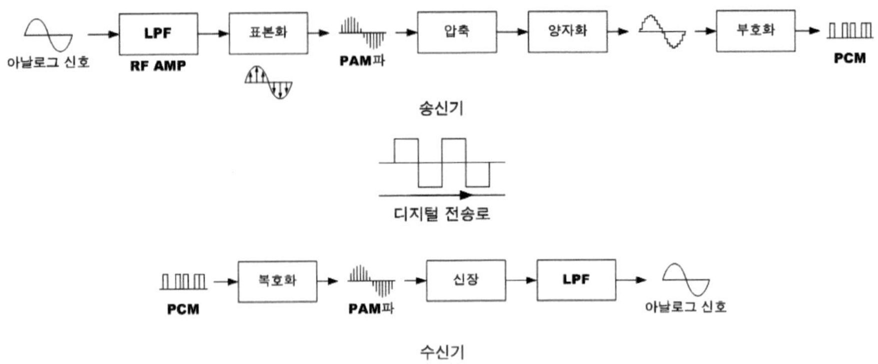


펄스부호변조(PCM) 과정

### ① 표본화 정리

- 표본화는 연속적으로 변화하는 아날로그 신호의 파형을 일정 주기의 펄스파의 진폭으로 대표시키는 과정으로 입력신호를 대표 할 수 있는 대표 값을 뽑아내는 과정을 말한다.
- 특정 신호가 가지고 있는 최고 주파수($f_m$)으로 대역 제한된 신호$f(t)$가 있을 때 이 $f(t)$신호를 $T_s$($T_s \leq \frac{1}{2f_m}$)초 간격으로 발췌하여 전송하여도 원래의 신호$f(t)$가 가지고 있는 정보 전달에는 이상이 없으며 주어진 원래의 신호를 정확히 복원할 수 있다는 이론이다.

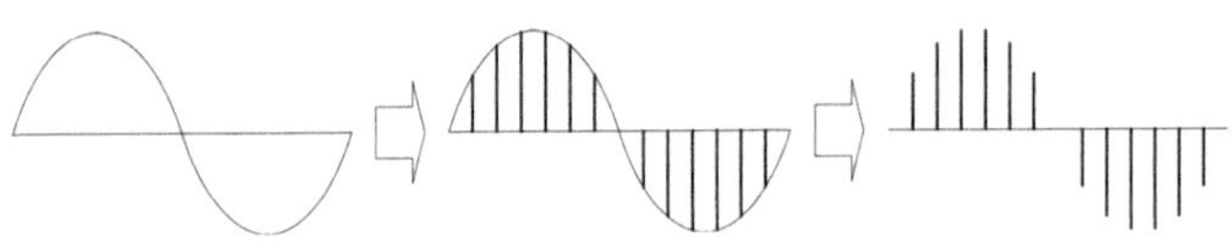

**Tip 표본화 파형**

- 예를 들어 음성 신호는 300Hz~3400Hz의 주파수 대역을 가지고 있다. 여기서 $f(t)$ 신호는 음성이 되고 최고 주파수($f_m$)는 3400Hz가 된다.

  $T_s$는 Sampling 주기 또는 Nyquist 주기라고 부르며 $\frac{1}{2f_m}$로서 구할 수 있다.

  즉 $T_s \leq \frac{1}{2f_m}$ 되고, 여기서 $2f_m$은 Sampling 주파수 또는 Nyquist 주파수라 하고 $f_s$라 표현한다면 $f_s \geq 2f_m$ 되어야 한다. 결국 음성의 경우 $f(t)$ = 음성, $f_m$ = 3400Hz가 되고 $f_s \geqq$ 2×3400Hz = 6800Hz, $T_s \leq \frac{1}{2f_m}$ = 1/6800Hz = 147[㎲] 이므로 대표 값은 최소 147㎲ 간격으로 발췌하고, 1초 당 sampling은 6800번 이상 되어야 주어진 원래의 음성신호를 정확

히 복원할 수 있다는 의미이다. 하지만 실제 음성신호의 sampling 주파수($f_s$)는 8000Hz를 사용하고 있으며 sampling 주기($T_s$)는 125μs($T_s$ = 1/8000Hz)간격으로 sampling한다.

### ② 양자화 정리

- PCM과정의 표본화 단계를 통해 발생된 PAM파의 진폭을 이산적 신호인 디지털 양으로 변환하기 위하여 계단 모양의 양자화 레벨($2^n$)에 근사화 시키는 과정으로서 PAM파의 진폭의 최저 레벨과 최고 레벨 사이를 양자화 레벨($2^n$)로 등분하여 계단 모양의 근사 파형으로 만드는 과정을 말한다.

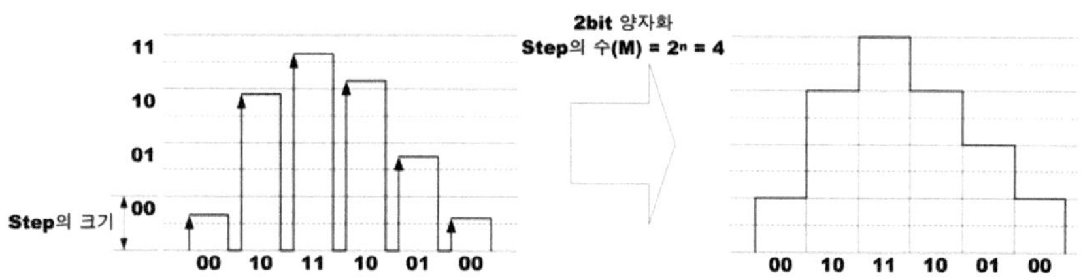


양자화 파형

- 여기서 양자화 레벨($2^n$)은 계단 모양의 근사파형에서 Step의 수를 의미하며, n은 양자화 시 사용되는 bit수를 말한다.
- 양자화 스텝(Step) 수(M) = $2^n$,  n : 양자화 시 사용된 bit 수

**Tip 양자화 시 생기는 오차를 줄이는 방법(잡음 개선책)**

㉠ 양자화 시 스텝(Step)의 수를 증가시킨다.
㉡ 비선형 양자화를 한다.
㉢ 양자화 전단에 압신 기를 사용한다.

### ③ 부호화(Encoding)

- 양자화를 거쳐 나온 0과 1의 부호 열 신호를 전송로 상에 보내기 알맞은 Digital Pulse부호로 바꾸는 과정으로 오차가 적은 그레이 코드(Gray Code)를 이용한다.

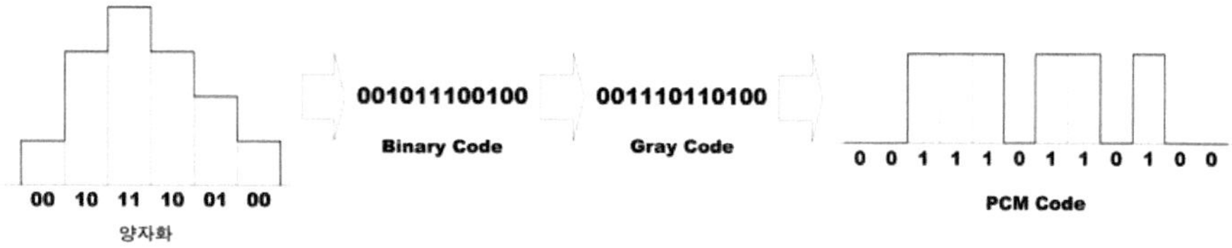


부호화 과정

**Tip** PCM의 특징

① PCM방식의 장점
㉠ PCM방식은 디지털 신호를 전송하는 방식으로서 각종 잡음에 강하며 S/N가 우수하다.
㉡ 누화나 혼선에 강하다.
㉢ 전송로 상에 존재하는 각종 잡음에 강하므로 저질의 전송로에서도 신호 전송이 가능하다.
㉣ 디지털 중계기의 재생기능으로 인하여 전송구간에 각종 잡음이 누적되지 않는다.
② PCM방식의 단점
㉠ 채널 당 점유 주파수 대역폭이 넓다.
㉡ PCM고유의 잡음인 표본화, 양자화 잡음 등이 발생한다.

# 5. 복조회로

## 5.1 AM 복조기 = AM 검파기(Detector)

- 피변조파로부터 원래의 신호를 검출해내는 것을 검파(Detection) 또는 복조라고 하며, 슈퍼헤테로다인 방식에서는 반도체 다이오드를 이용한 직선검파기가 사용된다.

### (1) 다이오드 검파기

#### ① 직선 검파

- 그림 (b)에서 (a)와 같이 AM파가 입력되면 정(+)의 반주기 동안에 다이오드가 도통하여 $C$에 충전되고, 부(−)의 반주기동안에는 다이오드가 차단 상태가 되어 $C$에 충전되었던 전하가 R을 통해 방전하게 되어 그림 (c)와 같은 DSB파의 포락선(Envelope)파형이 만들어 진다. 이것을 직선검파 또는 포락선 검파라 하고 다이오드를 사용하기 때문에 다이오드 검파기라고도 한다.

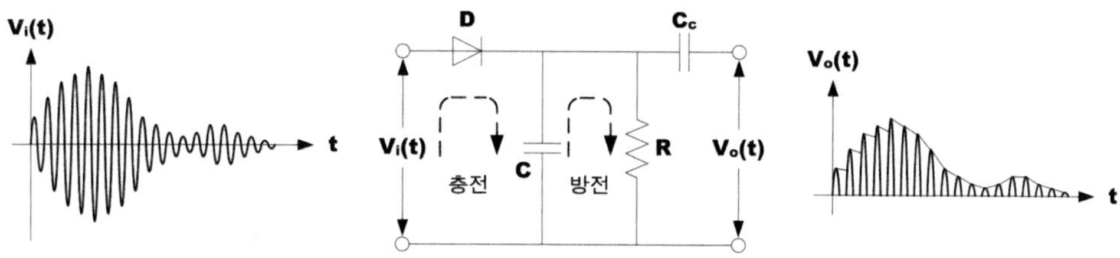


(a) 입력파형 (AM파) (b) 검파회로 (c) 출력파형

다이오드 검파회로

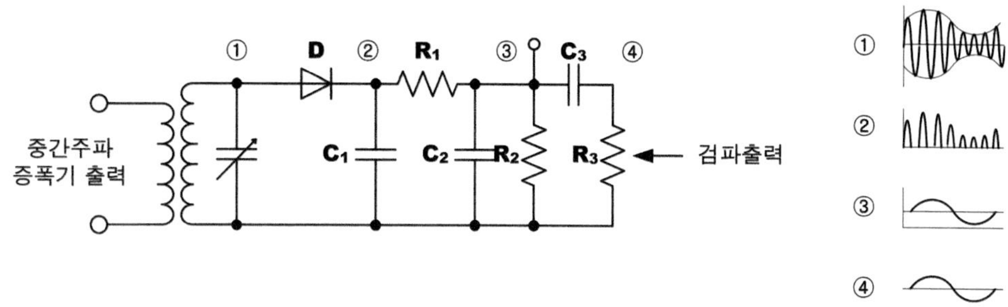


포락선 검파기(Envelope Detector)의 각부 파형

- 다이오드 검파기를 실제회로에서 보면 그림에서와 같이 ①점과 같은 피변조가 신호가 입력되고 그 다음에 다이오드에 의해 신호파의 정(+)주기 출력만 통과하게 된다. 그럼 ②점과 같은 파형이 나타나게 된다. 이후 $C_1$, $R_1$, $C_2$, $R_2$ 에 의하여 충·방전되어 ③점과 같은 파형이 나타나고, $C_3$에 의해서 직류성분이 제거되어 ④점과 같은 신호 성분만이 출력되어 저주파 증폭기로 보내지게 된다.

## (2) 자승 검파

- DSB파의 입력진폭이 작으면 그림 (b)와 같이 특성 곡선의 하부 만곡부에서 동작하기 때문에 입력전압의 자승에 비례하는 자승검파가 된다. 여기서 다이오드의 특성을 $i = a_1 v_i + a_2 {v_i}^2 (a_1, a_2:$ 정수), DSB파를 $v_i = V_c(1 + m\cos pt)\sin\omega t$ 라고 하면

$$i = a_1 V_c(1 + m\cos pt)\sin\omega t + a_2 {V_c}^2(1 + m\cos pt)^2 \sin^2\omega t$$

$$= \frac{1}{2} a_2 {V_c}^2 (1 + \frac{m^2}{2}) + a_2 {V_c}^2 m\cos pt + \frac{1}{4} a_2 {V_c}^2 m^2 \cos 2pt$$

$$+\frac{1}{2}a_1V_cm\sin(\omega-p)t+a_1V_c\sin\omega t+\frac{1}{2}a_1V_cm\sin(\omega+p)t$$

$$-\frac{1}{8}a_2V_c^2m^2\cos(2\omega-2p)t-\frac{1}{2}a_2V_c^2m\cos(2\omega-p)t$$

$$-\frac{1}{2}a_2V_c^2(1+\frac{m^2}{2})\cos 2\omega t-\frac{1}{2}a_2V_c^2m\cos(2\omega+p)t$$

$$-\frac{1}{8}a_2V_c^2m^2\cos(2\omega+2p)t$$

로 된다. 이 식에서 고조파 성분은 아래 그림에서의 바이패스 콘덴서 $C_1$, $C_2$로 제거되고, 직류 성분은 결합 콘덴서 $C_3$에 의해 제거된다. 검파 출력 $v_0$는 $i$에 비례하므로 $v_0$에는 신호파 성분 $p$와 신호의 제2 고조파 성분 $2p$가 나타나고, 일그러짐이 발생하게 된다. 이때의 오율은 다음 식과 같다.

$$D=\frac{\frac{a_2V_c^2m^2}{4}}{a_2V_c^2m}=\frac{m}{4}$$

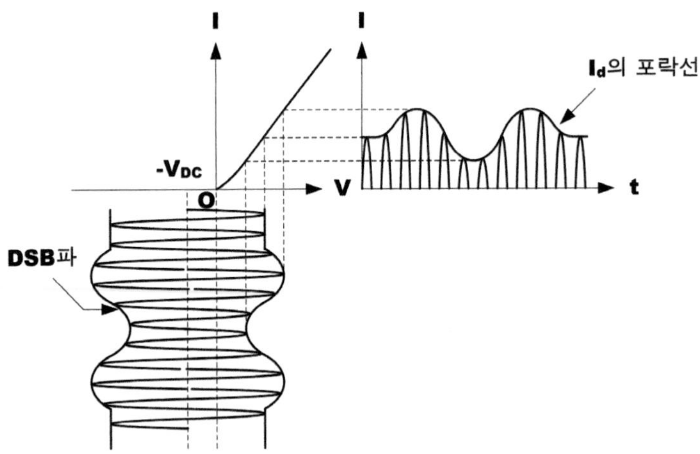


(a) 직선 검파(포락선 검파)방식

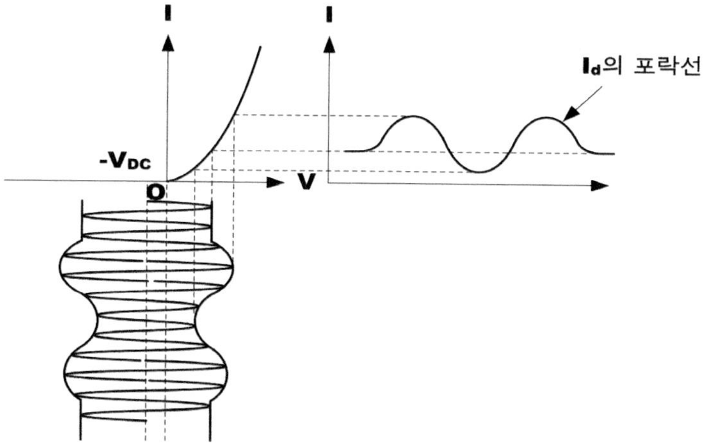


(b) 자승 검파방식

다이오드 검파기의 특성

- 제2 고조파 성분의 진폭은 변조도($m$)의 크기에 비례하는 왜곡 성분이다. 이와 같이 비선형 복조회로의 복조출력은 왜곡성분을 갖고 있어 양질의 신호파를 얻으려고 해도 깊은 변조는 걸지 못하는 단점이 있다. 그러나 피 변조파의 진폭이 작아도 복조를 할 수 있고, 복조 출력은 입력 전압의 제곱에 비례하므로 감도가 좋은 장점이 있다.

## (3) 검파 왜곡

### ① 다이애거널 클리핑 왜곡(Diagonal Clipping Distortion)

- [그림 3-10](a)와 같이 검파기의 시정수($\tau = RC$)가 커서 즉, $C \cdot R$값이 커서 검파출력이 포락선의 변화에 따라가지 못하여 발생하는 일그러짐을 말한다.
- 이를 방지하기 위해서는 시정수($\tau$)를 작게 해야 하지만, 시정수가 작으면 검파효율이 떨어지기 때문에 시정수는 가능한 크게 하는 것이 좋다.

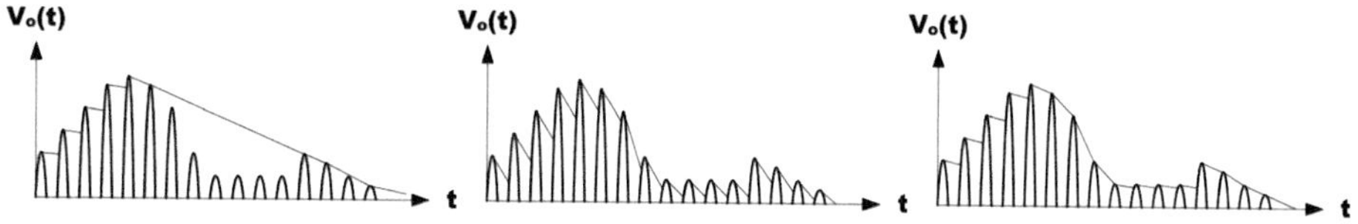


(a) RC값이 클 때 (b) RC값이 작을 때 (c) RC값이 적당할 때

검파기 시정수에 따른 검파 출력

• 위의 그림은 시정수에 따른 검파 출력 파형을 보여주고 있다. 여기서 일그러짐이 발생하지 않도록 하기 위한 시정수($\tau$)값의 한계는 변조 도를 $m$, 신호의 최고 주파수를 $f_m$이라 할 경우 다음의 수식으로 표현할 수 있다.

$$\tau \leq \frac{\sqrt{1-m^2}}{2\pi f_m m}$$

② **네거티브 피크 클리핑 왜곡(Negative Peak Clipping Distortion)**

• 검파기에서의 부하 값이 직류 시와 교류 시가 서로 상이하기 때문에 발생하는 왜곡을 말한다.

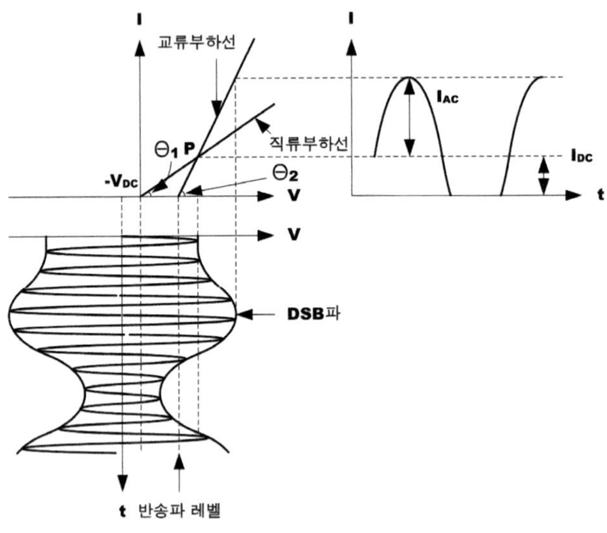


네거티브 피크 클리핑 왜곡(Negative Peak Clipping Distortion)

• 포락선 검파기(Envelope Detector)의 각부 파형 회로에서 직류분 저항은 $R_{DC}= R_1 + R_2$ 이고, 교류분 저항은 $R_{AC}= R_1 + R_2 // R_3$ 로 되어 교류분 저항은 직류분 저항보다 작다. 따라서 네거티브 피크 클리핑 왜곡(Negative Peak Clipping Distortion) 그림과 같이 교류 부하선의 경사보다 크게 되어 포락선 부(−)의 첨두 부분이 잘리게 된다.

## 5.2 SSB 복조 방법

### (1) 다이오드 검파기에 의한 방법

① 아래 그림 (a)와 같이 AM 수신기의 검파기와 같아 보이지만 입력부에 SSB파와 동기 반송파를 동시에 가하게 되어 있다는 점이 서로 다르다.

② 중간 주파 증폭부에서 얻은 SSB파에 이것보다 충분히 큰 동기 반송파 $e_l(t) = V_l \sin\omega_l t$를 가하면 합성파 $e(t)$는 근사적으로 다음과 같이 된다.

$$e(t) \fallingdotseq E_l(1 + m\cos pt)\sin\omega_l t$$

③ 여기서, $E_l$은 동기 반송파의 진폭을, $m$은 $\dfrac{E_r}{E_l}$로서 변조도를 나타내고 $E_r$은 SSB파의 진폭, $p$는 $p = 2\pi f_s$로서 변조 신호의 각주파수를 나타낸다. 이것은 근사적으로 진폭 변조된 파형의 모양으로 다이오드 검파기에 입력시켜서 포락선 검파를 할 수 있다.

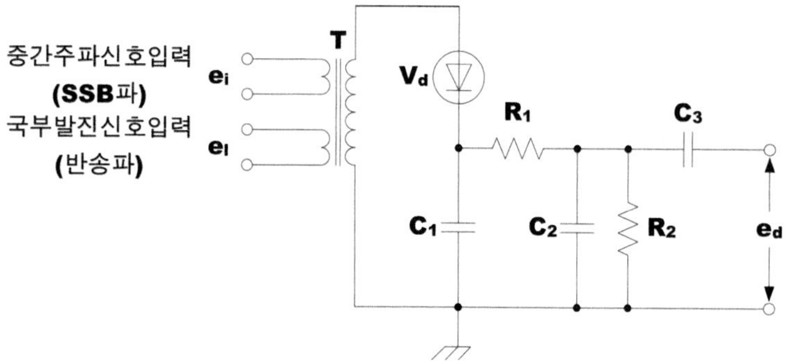


(a) 다이오드 검파기

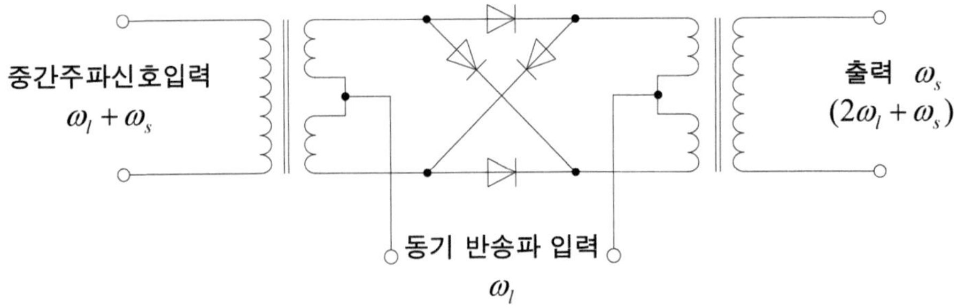


(b) 링 검파기

SSB 복조기

### (2) 링 복조기에 의한 방법

① 위 그림 (b)와 같이 입력과 출력 단자에서 보면 어느 방향으로 신호를 가하여도 동작 원리는 링 변조기와 같다.

② 입력 측에 중간 주파 증폭기로부터 받은 SSB파 $f_i + f_s$를 가하고, 동기 반송파 $f_i$를 중간 단자 사이에 가하면 출력 측에서는 두 주파수의 합성분인 $2f_i + f_s$와 차 성분인 변조파 성분 $f_s$가 나타나므로, 출력 단에 저역 통과 필터를 연결하여 높은 주파수 성분을 제거하고 낮은 주파수 성분만을 얻어낸다.

③ 전반송파 방식의 SSB(CSSB : Compatible Single Side Band 라고 한다.)통신의 경우, 수신기에서 발생하여 공급해야 할 반송파가 수신 전파에 포함되어 있으므로, 반송파 발생 장치가 없는 AM 수신기와 통신을 할 수 있다.

## 5.3 FM 복조기 = 주파수 변별기(Frequency Discriminator)

• 주파수 변별기는 FM파의 **주기 변화를 진폭변화로 바꾸는 회로**로 판별 감도와 직선성이 중요시 되며, 주파수 변화에 따른 출력의 비율[V/㎑]을 변별 감도라 한다.

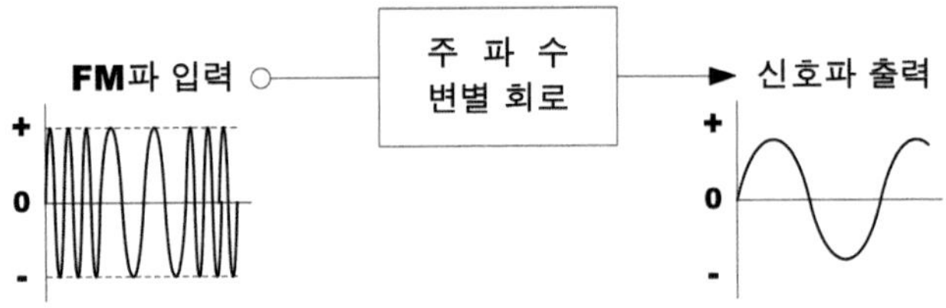


주파수 변별기의 원리

변별기의 종류는

① 경사 형 검파, 복 동조형, 포스터 실리, 비 검파기

② 게이트 빔, 쿼드러처 검파기

③ PLL 검파기

등으로 나눌 수 있다.

## (1) 포스트 실리형 검파기(Foster-Seeley Detector)

- 아래 그림 (a)와 같이 2개의 다이오드를 대칭으로 접속하고, 1차와 2차 동조 회로는 중심 주파수에 동조하도록 하며, 1차와 2차 결합은 소결 합으로 한다.
- 입력 주파수를 $f$, 중심 주파수를 $f_0$라 하면
  - ① $f = f_0$일 때는 저항성을 나타내며 이때 $V_{AB} = 0[V]$이다. 그림 (b)
  - ② $f > f_0$일 때는 유도성을 나타내며 이때 $V_{AB} > 0[V]$이다. 그림 (c)
  - ③ $f < f_0$일 때는 용량성을 나타내며 이때 $V_{AB} < 0[V]$이다. 그림 (d)
  - ④ 그러므로 입력 주파수 $f$의 변화에 따라 $V_{AB}$의 진폭이 변화하여 신호를 복조한다.

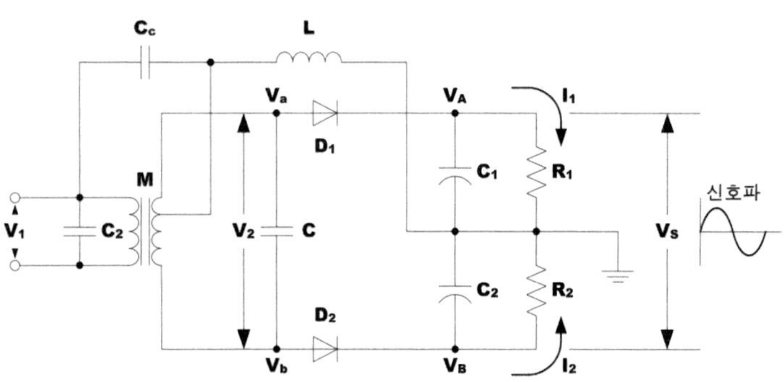


**(a)** 검파회로

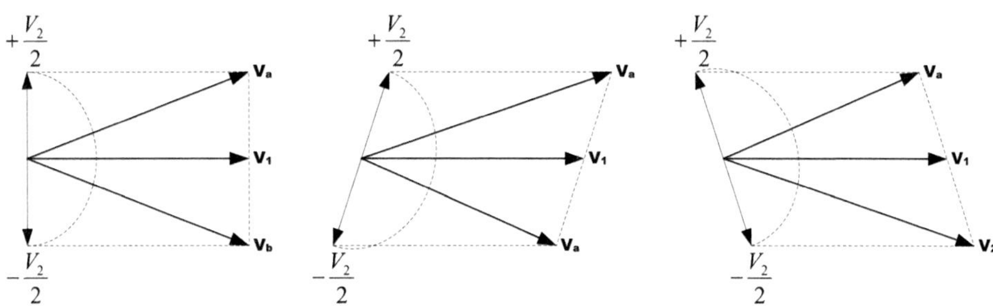


**(b) |Va| = |Vb|일 때** **(c) |Va| > |Vb|일 때** **(b) |Va| < |Vb|일 때**

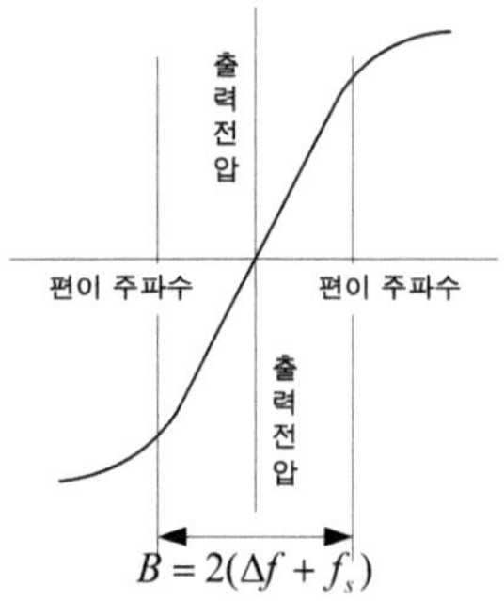


**(e) S자 검파 특성**

포스터 실리형 FM 검파기 회로의 특성

## (2) 비 검파기(Ratio Detector)

- 비 검파기는 포스터 실리 형과 다이오드의 극성이 다르고, 출력단의 중심점이 접지되어 대지에 대하여 회로가 평형하며, 또 출력 측에 대용량의 콘덴서가 접지되어 있다.
- 아래그림의 $C_5$는 용량이 커 충격성, 펄스성 잡음에 대한 리미터 작용을 하므로 FM 수신기에 리미터를 생략할 수 있다.
- **비 검파기와 포스터 실리형 검파기의 검파 비는 1 : 2 이다.**

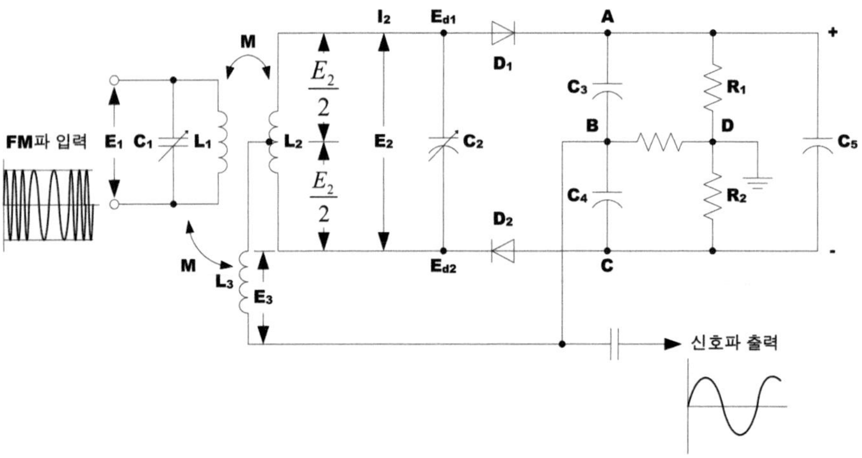


비 검파기 회로

### 1) 포스터 실리 검파기에 대한 비 검파기의 특징

① 비 검파기는 부하 저항과 병렬로 대용량 콘덴서가 접속된다.

② 비 검파기는 감도가 약하여 Limiter 단수를 적게 할 수 있다.

③ 출력 감도는 포스트 실리형이 비 검파기에 비해 2배로 크다.

④ 비 검파기는 진폭 제한 기능이 있다.

⑤ 다이오드 접속 방향이 다르다.

⑥ 출력 단자가 다르다.

## 2) S-특성 곡선이 분류

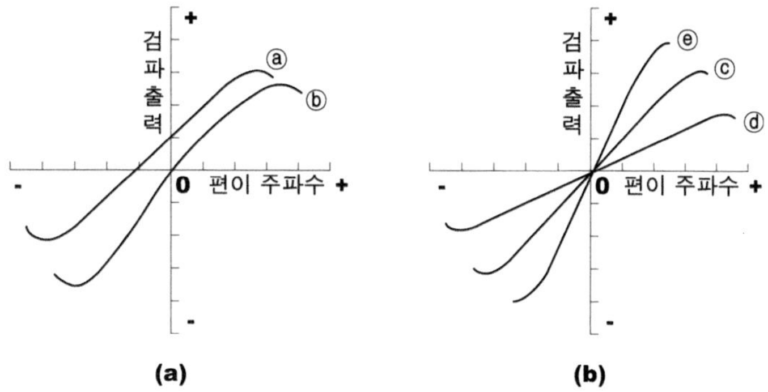


S-특성 곡선

**① 곡선**

ⓐ 원인 : **동조 회로의 동조가 벗어났을 때**

ⓑ 대책 : $C_1$과 $C_2$를 조정하여 중심 주파수에서 출력이 0이 되도록 정확히 동조를 잡는다.

**② 곡선**

ⓐ 원인 : $L_2$의 중성점이 벗어났을 때

ⓑ 대책 : 탭(Tab)의 위치를 정확히 중성점에 위치하도록 조정한다.

**③ 곡선 : 가장 이상적인 경우의 곡선으로 직선 부분이 대칭적이며 길수록 이상적이다.**

**④ 곡선**

ⓐ 원인 : $L_1$과 $L_2$가 소결합(Loose Coupling)일 경우

ⓑ 특징 : 경사가 완만하며 직선성도 길고 주파수 편이를 넓게 잡을 수 있어 좋지만 상대적으로 출력이 적어진다.

ⓔ 곡선

ⓐ 원인 : $L_1$과 $L_2$가 밀결합(Close Coupling)일 경우

ⓑ 특징 : 감도는 좋지만 주파수 편이가 좁고, 직선 범위가 짧아 왜곡이 발생하기 쉽다.

### (3) PLL(Phase Locked Loop) 검파기

- FM 입력 신호와 전압 제어 발진기(VCO)의 위상과 주파수가 위상비교기(Phase Comparator)에 의해 비교되어 그 오차에 비례한 직류전압이 발생하게 되는데 이 오차 전압은 저역통과필터(LPF)를 거쳐 증폭되고 전압 제어 발진기(VCO)의 발진 주파수 및 위상차를 저감시키는 방향으로 전압 제어 발진기의 주파수를 변화시켜 FM 신호를 검파하게 된다.

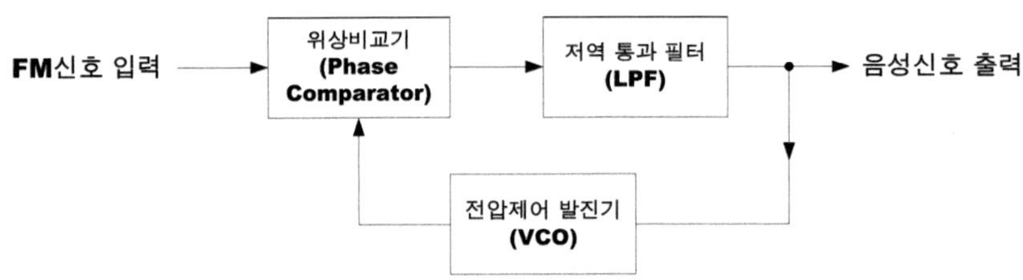


(a) 구성도

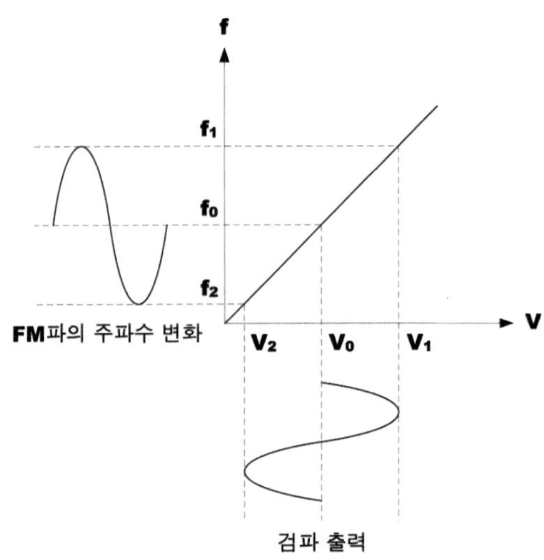


(b) V/F 변환 특성

PLL 검파기

# 6. 펄스회로

## 6.1 펄스회로

### 1) 이상적 Pulse의 파형

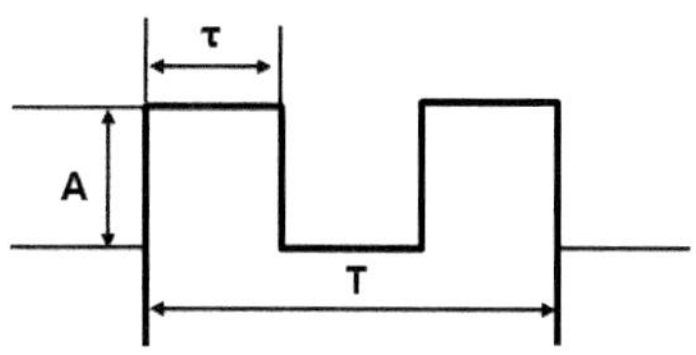


### 2) 실제의 펄스

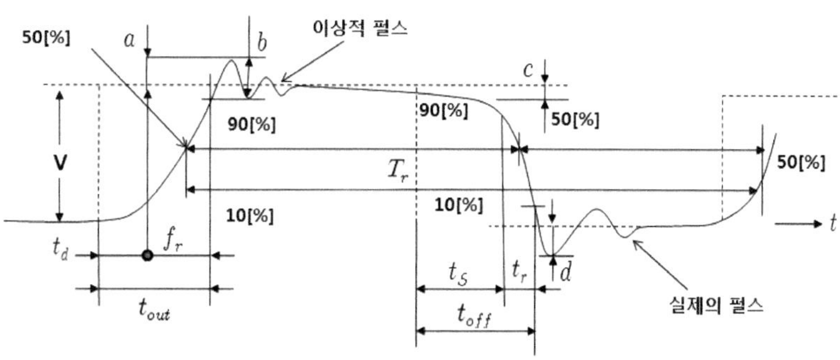


## 6.2 펄스의 형태 및 분석

### 1) R-C 직렬 회로의 충방전

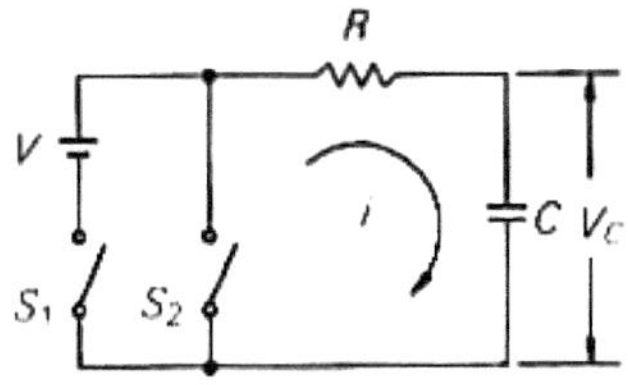


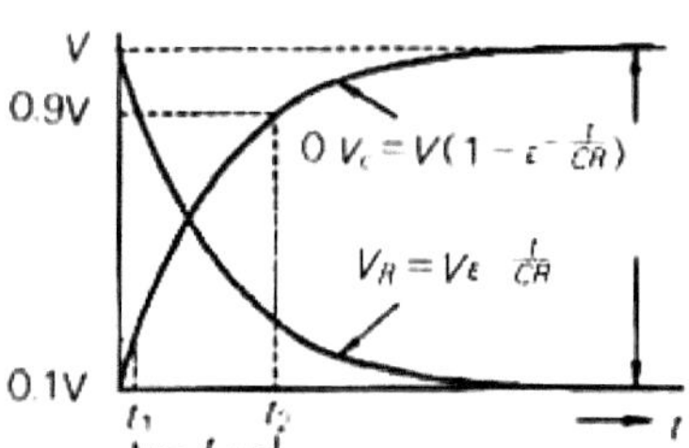

① **충전의 경우** : $S_1 \rightarrow ON$, $S_2 \rightarrow OFF$

- 전류 : $i = \frac{dq}{dt} = \frac{V}{R} e^{-\frac{t}{RC}}$
- 시정수(time constant) : $\tau = RC[\sec]$

② **방전의 경우** : $S_1 \rightarrow OFF$, $S_2 \rightarrow ON$

- 전류 : $i = -\frac{V}{R} e^{-\frac{t}{RC}}$

## 2) R-L 직렬 회로의 충방전

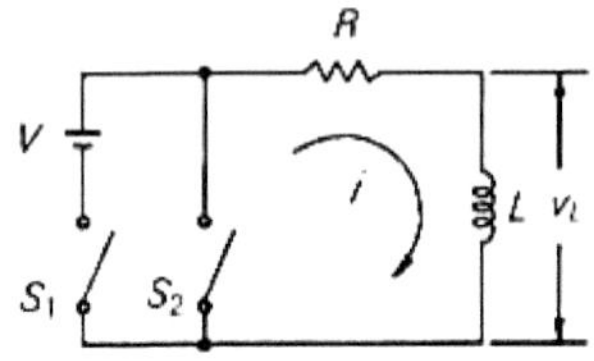


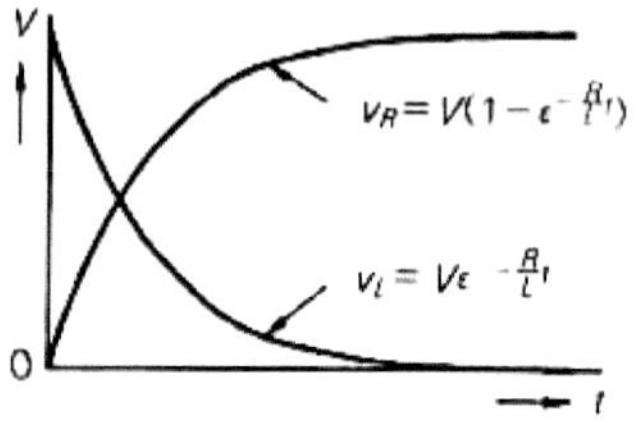


① **충전의 경우** : $S_1 \rightarrow ON$, $S_2 \rightarrow OFF$

- 충전시 전류 : $i = \frac{V}{R}(1 - e^{-\frac{R}{L}t})$
- 시정수(time constant) : $\tau = \frac{L}{R}[\sec]$

② 방전의 경우 : $S_1 \rightarrow OFF$, $S_2 \rightarrow ON$

- 방전시 전류 : $i = \frac{V}{R} e^{-\frac{R}{L}t}$

## 6.3 미분회로 및 적분회로

### 1) $RC$ 미분 회로 : 고역 통과 회로

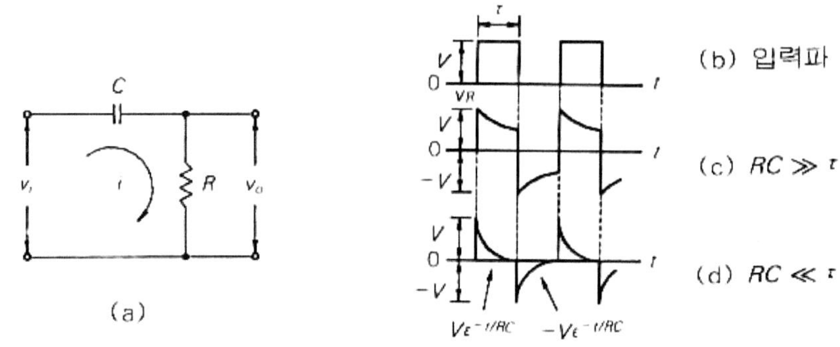


- $V_o = RC\dfrac{dV_i}{dt}$ 즉, 출력 전압 $v_o$가 입력 전압 $v_i$의 미분에 비례한 값을 갖는 것을 미분 회로라고 한다.

### 2) $RC$ 적분 회로 : 저역 통과 회로

- 적분 회로는 시간에 비례하는 전압 또는 전류 파형, 즉 톱날파의 신호를 발생하거나 신호를 지연시키는 회로에 사용된다.

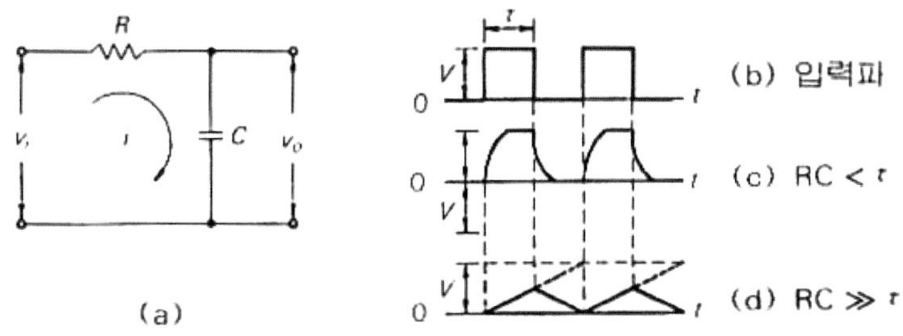


$RC \gg \tau$ 인 경우 $\qquad V_o = \dfrac{1}{RC}\displaystyle\int V_i\,dt$

## 6.4 파형 정형회로

### 1) 클리퍼(Clipper)

- 임의의 파형에 대하여 어떤 기준 전압 레벨의 이상 또는 이하의 파형만을 잘라내는 작업을 클리핑(clipping)이라 하며 이러한 회로를 클리핑 회로 또는 클리퍼(clipper)라고 한다. 또한 회로는 peak clipper, base clipper, slicer (또는 limitter)등으로 구분된다.

① 피크 클리퍼(peak clipper) : 파형의 윗부분을 잘라내어 버리는 회로이다.

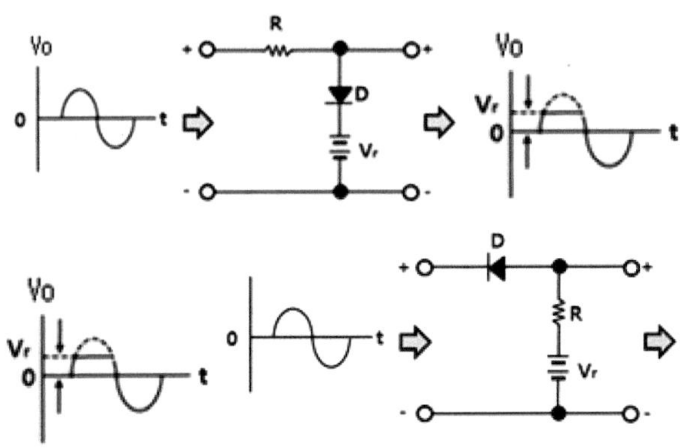


② 베이스 클리퍼(base clipper) : 파형의 아래 부분을 잘라내어 버리는 회로이다.

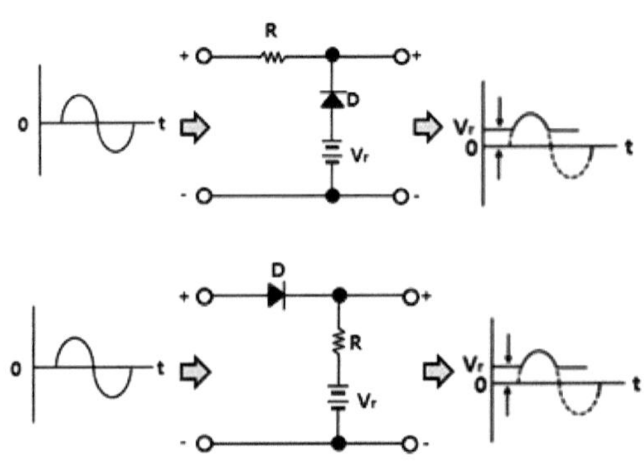

| 입력 | 회로 | 출력 | 입력 | 회로 | 출력 |
|---|---|---|---|---|---|
| 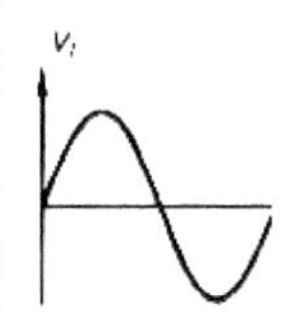 | 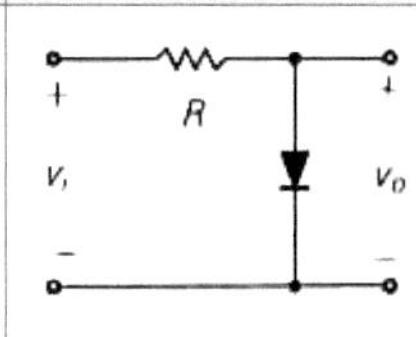 | (a) | 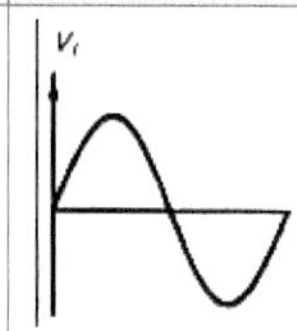 | 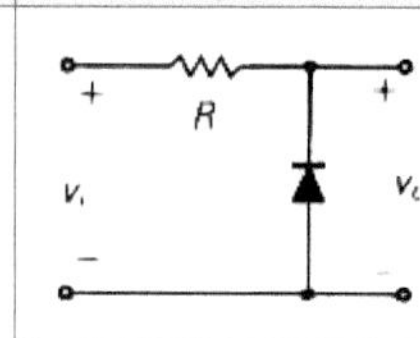 | (b) |
| 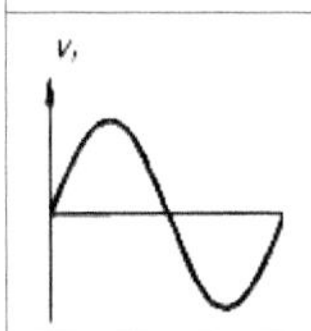 | 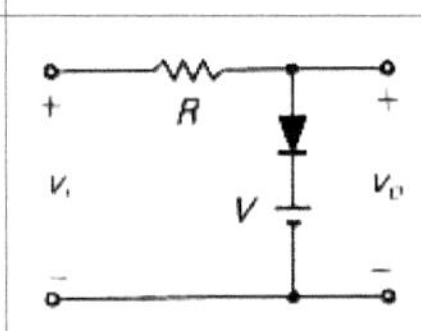 | (c) | 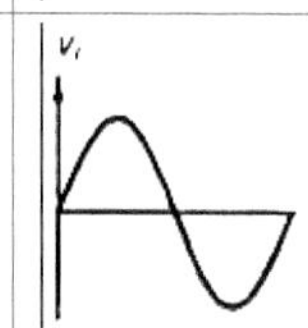 | 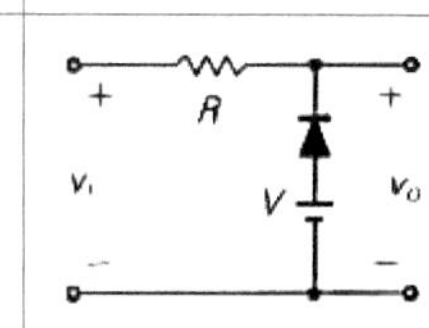 | (d) |
| 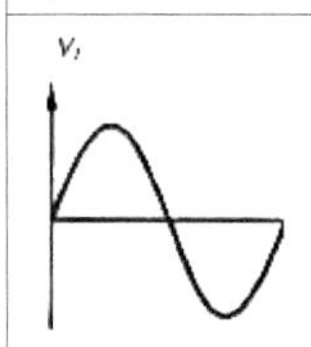 | 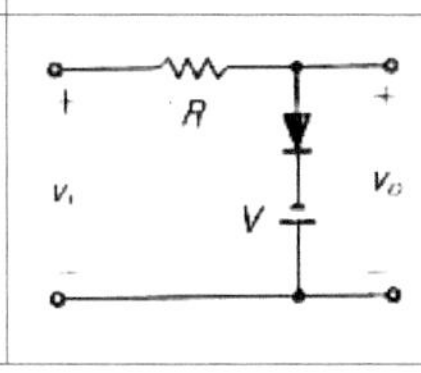 | (e) | 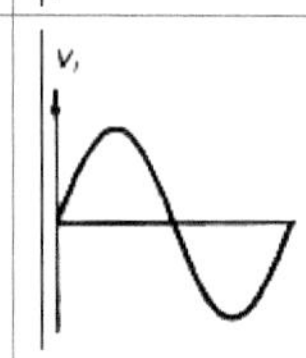 | 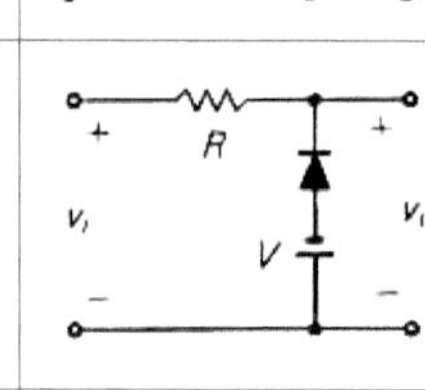 | (f) |

### 2) 리미터(limitter)

- 클리퍼를 결합한 것으로 출력 파형은 기준 레벨 $V_1$과 $V_2$의 위 아래 양쪽을 잘라낸 파형이 된다. 이를 리미터 혹은 진폭제한회로라고 한다.

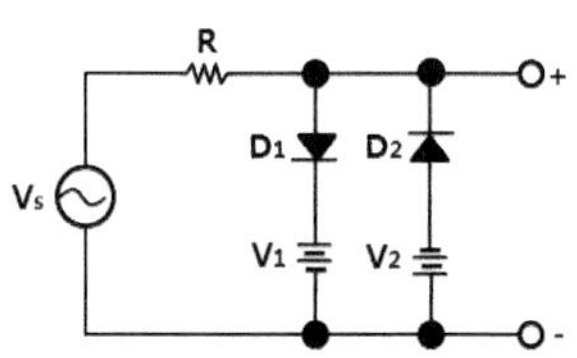

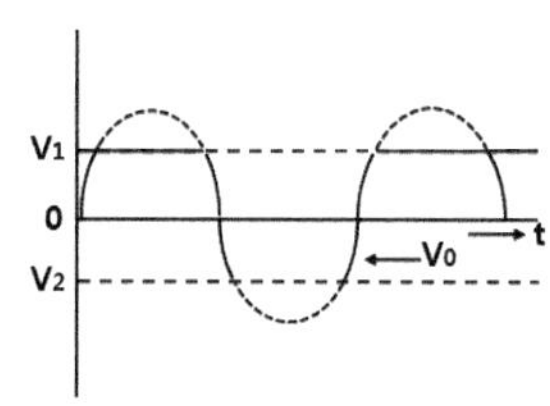


### 3) 슬라이서(slicer)

- 리미터의 특별한 경우로서 클리핑 레벨의 위와 아래 레벨 사이의 간격을 좁게 하여 잘라낸 회로를 슬라이서라고 한다.

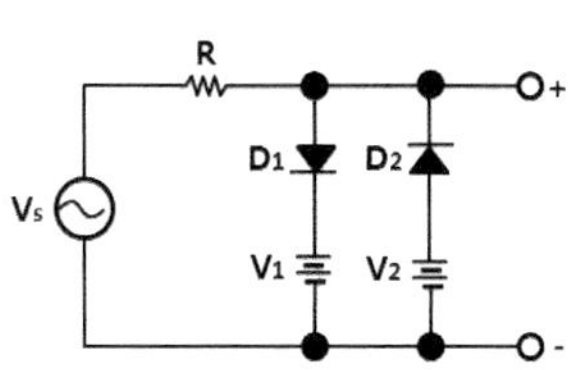

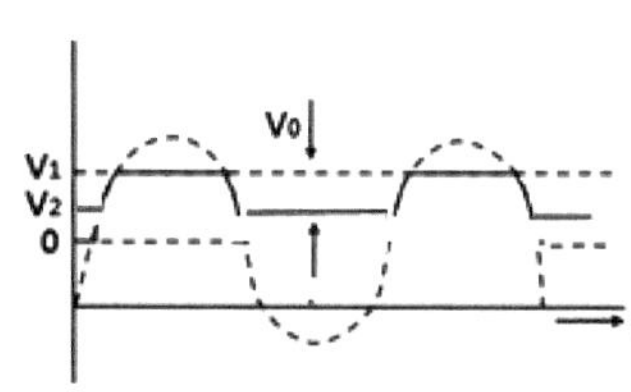

### 4) 클램퍼(Clamper)

- 입력 신호의 (+) 또는 (−)의 피크(peak)를 어느 기준 레벨로 바꾸어 고정시키는 회로를 클램핑회로(clamping circuit) 또는 클램퍼라한다. 또, 직류 분 재생을 목적으로 할 때는 직류 재생 회로(DC restorer)라고도 한다.

① plus clamper

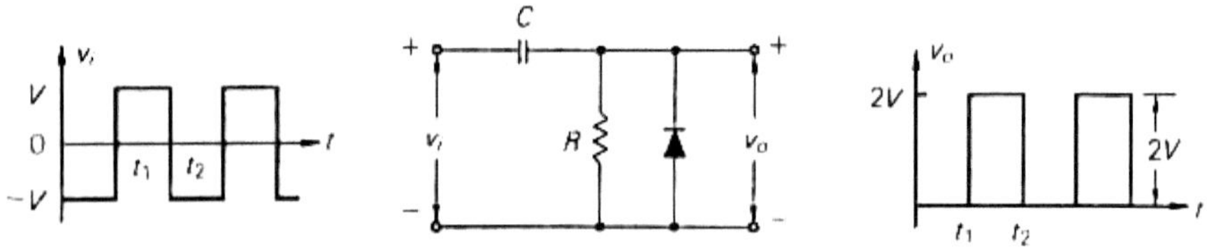


② minus clamper

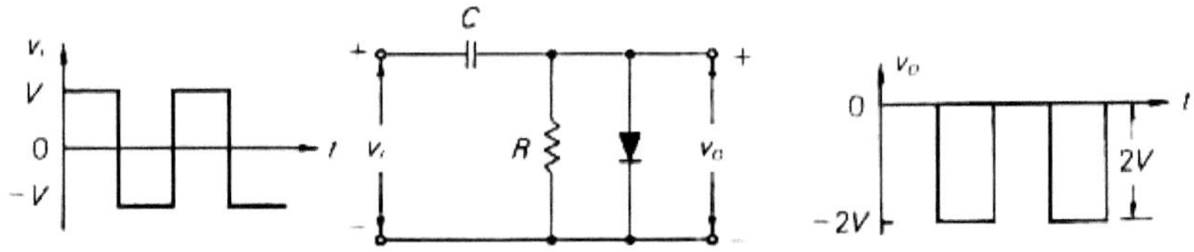


③ **직류 부가 clamper** : 다이오드에 직류 전압을 접속한 것으로 임의의 레벨로 추이시키는 회로이다.

| 명 칭 | 입 력 | 회 로 | 출 력 |
|---|---|---|---|
| 직류부가<br>클램퍼<br>(순 bias) | 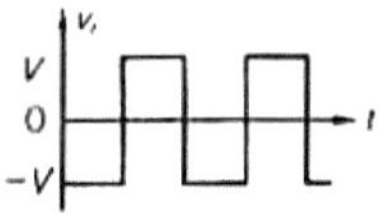 | 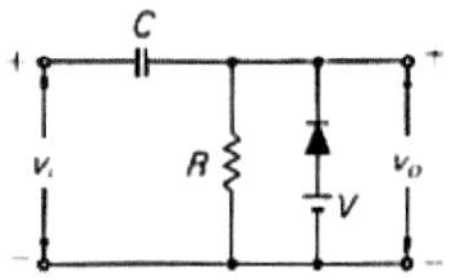 | 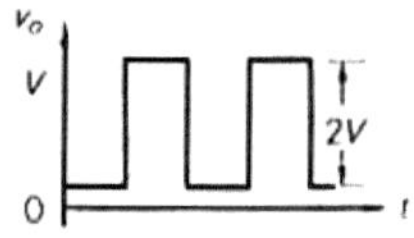 |
| 직류 부가<br>클램퍼<br>(역 bias) | 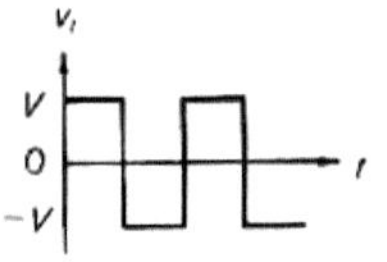 | 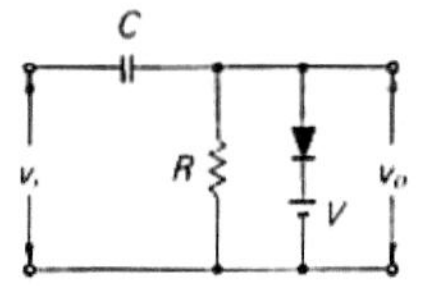 | 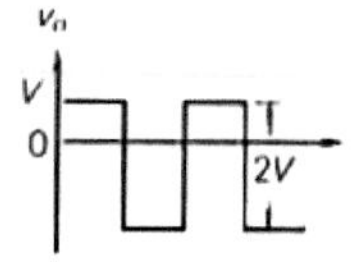 |

## 6.5 펄스발생회로

### 1) 멀티바이브레이터(Multivibrator)

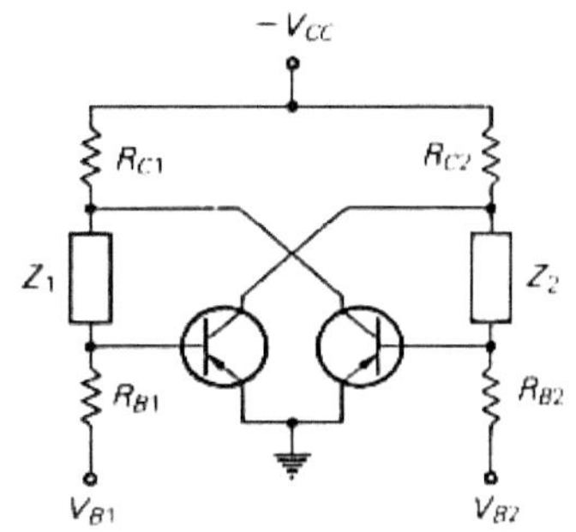


MV의 기본구성

#### ① 비안정 멀티바이브레이터(Astable MV.)

- 결합 소자 $Z_1$ 및 $Z_2$가 모두 캐패시터 $C$ 이고 각각 $R_{B1}$ 및 $R_{B2}$와 $AC$ 결합 회로를 형성한다.

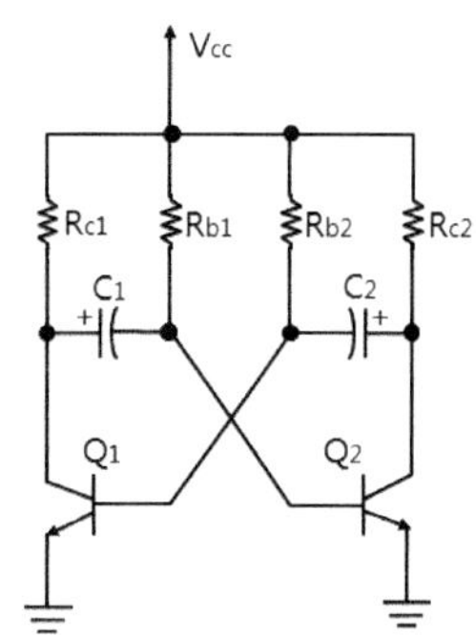


#### ② 단안정 멀티바이브레이터(Monostable MV.)

- 결합 소자 $Z_1$이 저항, $Z_2$가 캐패시터이고, 각각 $R_{B1}$ 및 $R_{B2}$와 $AC-DC$ 결합 회로를 형성한다.

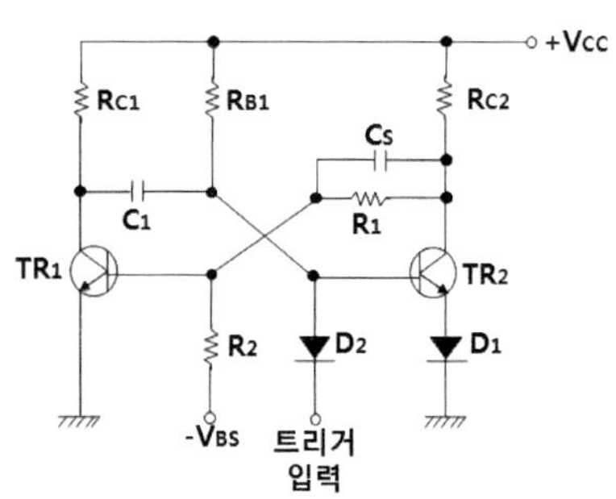

③ 쌍안정 멀티바이브레이터(Bistable MV.)

- 결합 소자 $Z_1$와 $Z_2$가 모두 저항이고 $DC$ 결합 회로를 형성하고 $V_{B1}$ 및 $V_{B2}$가 모두 정으로 bias 될 경우는 쌍안정으로 동작한다.

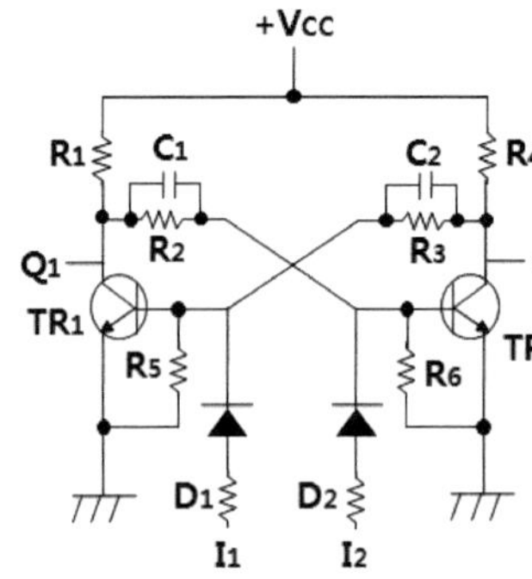


2) Schmitt 트리거

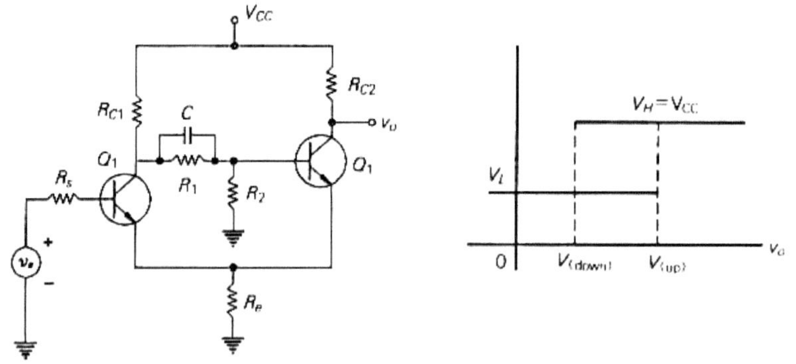

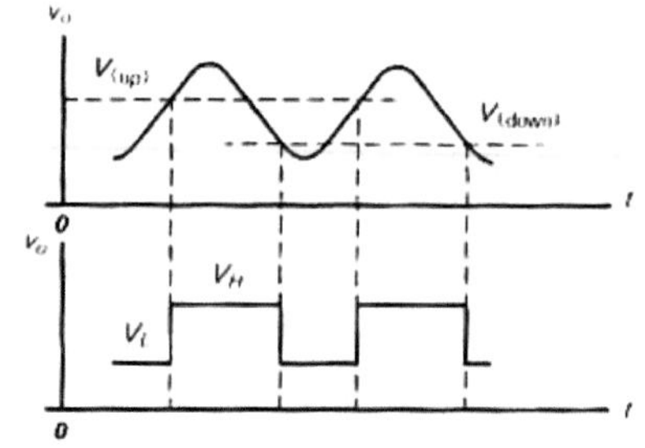

- Schmitt 트리거는 에미터 결합 쌍안정 회로의 일종이다. 콘덴서 C는 반전 콘덴서이며 스위칭 속도를 높이는 효과가 있다.

**① 쌍안정 회로와 비교시 회로상의 차이점**

- $Q_2$의 콜렉터(출력)와 $Q_1$의 베이스(입력)가 서로 연결되어 있지 않다.
- $Q_1$과 $Q_2$의 결합은 $R_e$로 이루어져 있으며 이것이 재생 스위칭 동작을 일으키는 원인이 된다.

**② Schmitt 트리거 회로의 응용**

- 전압 비교 회로(voltage comparator)
- 구형파 발생회로(squaring circuit)
- 쌍안정 회로(bistable circuit)
- A/D 변환기

# 전자회로 핵심문제

**01.** RC결합 증폭기에서 결합용량은 (① 저주파, ② 고주파) 특성을 제한하는 요소가 된다.

답 ①

**02.** 시미트 트리거(Schmitt trigger) 회로에 대한 특징은?

답 ① 구형파 발생회로 이다.
② 쌍안정 멀티바이브레이터의 일종이다.
③ 정현파가 입력되어 구형파가 발행되어 A/D변환기라고도 한다.
④ 전압비교기로도 사용된다.

**03.** 중심 주파수가 15KHz이고, 대역폭이 1KHz인 대역통과 필터의 $Q$값은?

답 $Q = \frac{f_o}{B} = \frac{15\text{kHz}}{1\text{kHz}} = 15$

**04.** 듀티 사이클(duty cycle)이 0.1이고 펄스폭이 0.4μs인 펄스의 주기는?

답 $D = \frac{\tau}{T}$ 에서 $0.1 = \frac{0.4}{T}$, $\therefore T = 4\mu s$

**05.** 다음 회로에서 $R_1 = 1[\text{k}\Omega]$, $R_2 = 100[\text{k}\Omega]$, $R_3 = 1[\text{k}\Omega]$, $R_4 = 100[\text{k}\Omega]$, $V_1 = 10\,V$, $V_2 = 8\,V$, $V_o$는 몇 V인가?

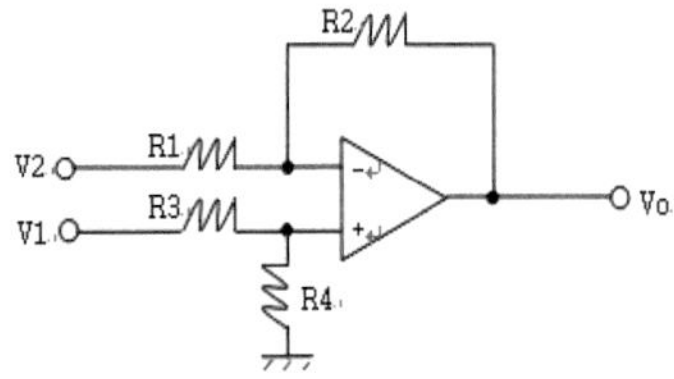


답 $V_o = \frac{R_2}{R_1}(V_1 - V_2) = \frac{100}{1}(10-8)$
$= 200\,V$

**06.** 이상적인 차동 증폭기의 동상 제거율(commonmode rejection ratio)은?

답 $\infty$

**07.** 다음 중 정류회로의 효율을 나타내시오.

답 $\frac{\text{직류출력전압(평균치)}}{\text{교류입력전압(실효치)}} \times 100$

**08.** 궤환 발진기에서 바크하우젠(Barkhausen)의 발진조건은?

답 $-\beta A = 1$

**09.** 전압 이득이 80dB인 증폭기에 궤환율이 0.01 인 부궤환을 걸었을 때 증폭기의 이득은 약 얼마인가?

답

$80[dB] = 20\log A_v$, $\therefore A_v = 10000$ 이므로

$A_f = \frac{A}{1+\beta A} = \frac{10000}{1+0.01\times 10000} \fallingdotseq 100$,

$\therefore 20\log 100 = 40[dB]$

**10.** 차동증폭회로에서 차동이득 $A_d = 10$이고, 동상이득 $A_c = 0.01$이면 동상신호제거비(CMRR)는 몇 $dB$인가?

답 $CMRR = \frac{A_d}{A_c} = \frac{10}{0.01} = 1000$

$$\therefore [dB] = 20\log CMRR = 20\log 1000 = 60[dB]$$

**11.** 그림과 같은 트랜지스터 소신호 증폭기에서 입력임피던스 $R_{in}$은 ? (단, $R_c = 5\text{k}\Omega$, $R_e = 2\text{k}\Omega$, $R_s = 3\text{k}\Omega$, $h_{ie} = 1\text{k}\Omega$, $h_{fe} = 50$, $h_{re} = 0$, $h_{oe} = 0$)

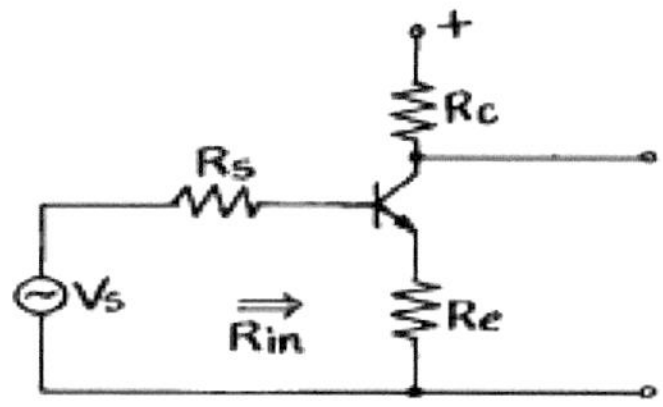


답 $R_i = h_{ie} + (1 + h_{fe})R_e = 1\text{k}\Omega + (1 + 50) \times 2\text{k}\Omega = 103\text{k}\Omega$

**12.** h 정수 중에서 $h_{ie}$는 무엇을 정의한 것인가?

답 입력 임피던스

**13.** 그림의 OP Amp 증폭회로에서 전압이득 $A_v(V_o/V_i)$는?

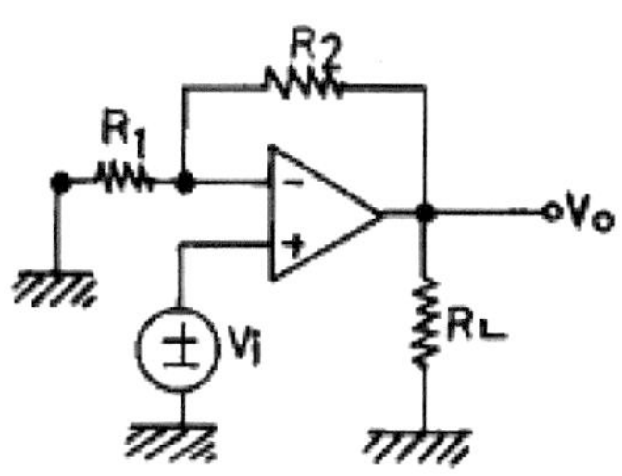


답 $1 + \dfrac{R_2}{R_1}$

**14.** 공간 전하 용량을 변화시켜 콘덴서 역할을 하도록 설계된 다이오드는?

답 바렉터 다이오드

**15.** 그레이 코드(Gray code) 1111을 2진수로 변환하면?

답 1010

**16.** 그림은 반가산기(half-adder)회로이다. 여기서 ⊠gate는?

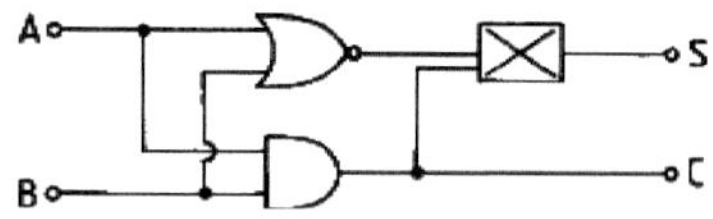


답 NOR 게이트

**17.** 이미터 접지 증폭기 회로에서 이미터 바이패스 콘덴서가 제거되면 이득은 어떻게 되는가?

답 감소한다.

**18.** FET 증폭기에서 이득-대역폭($G \cdot B$)적을 크게 하려면 $g_m$값을 어떻게 하는 게 좋은가?

답 $g_m$을 크게 한다.

**19.** 그림과 같은 회로에서 발진 조건은? (단, C = 용량성, L = 유도성 임)

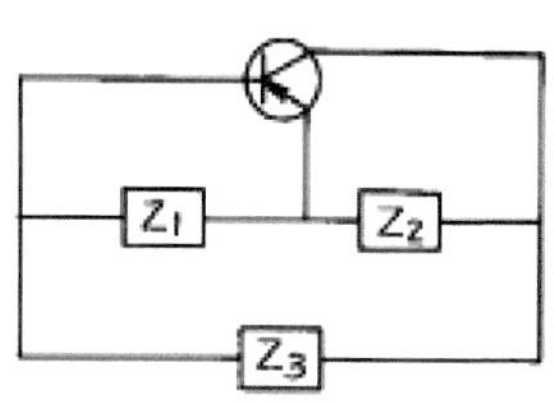


답 $Z_1 \to C$, $Z_2 \to C$, $Z_3 \to L$, 또는 $Z_1 \to L$, $Z_2 \to L$, $Z_3 \to C$ 가 된다.

**20.** 그림과 같은 다이오드 회로에서 정현파 교류 입력 $V_i$가 주어지면 출력파형은? (단, 교류 입력의 진폭은 $V_m > V_R$ 임)

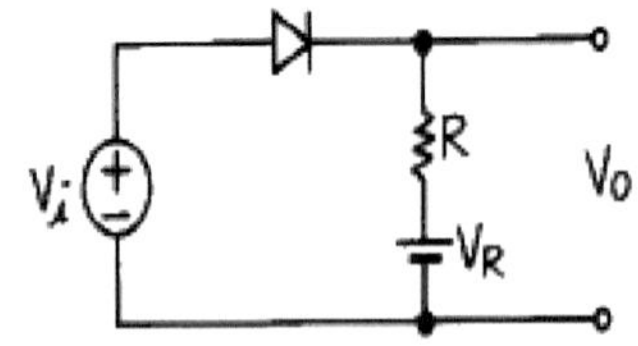


답 $V_o \geq V_R$

**21.** 그림의 연산증폭기를 사용한 회로에서 출력 전압 $V_o$는? (단, $\frac{R_a}{R_b} = \frac{R_1}{R_2}$ 임)

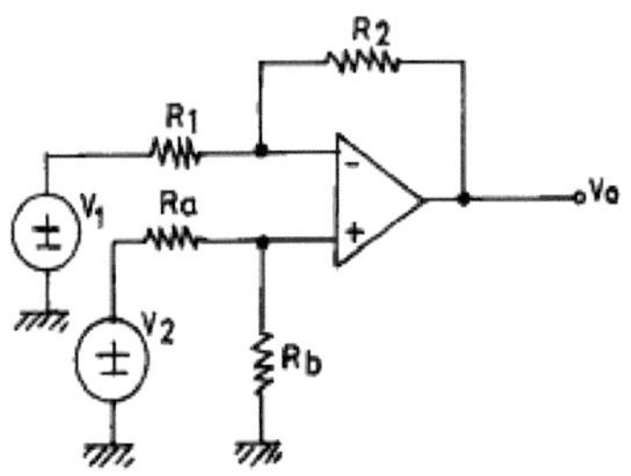


답 $Vo = \frac{R_2}{R_1}(V_2 - V_1)$

**22.** 입력 주파수 192[Hz]를 T형 플립플롭 3개에 종속 접속하면 출력 주파수는?

답 24[Hz]

**23.** 다이오드를 사용한 정류회로에서 여러 다이오드를 병렬로 연결하여 사용하는 이유는?

답 다이오드를 과전류로부터 보호 할 수 있다.

**24.** 다음과 같은 단상 전파 정류 회로의 맥동률은 약 얼마 인가?

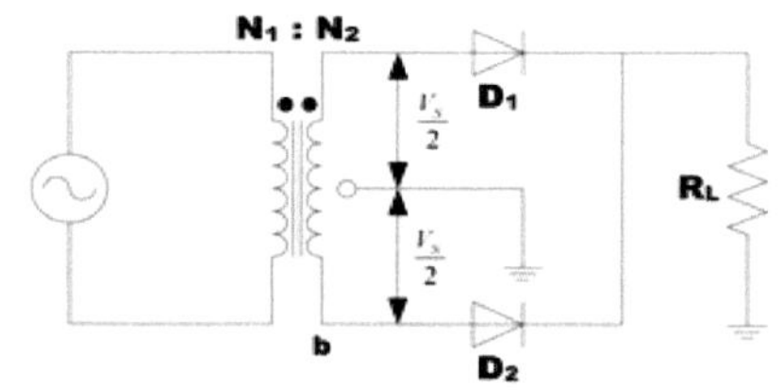


답 0.48

**25.** 온도변화에 따른 증폭회로 동작점($Q$점)의 변동원인은?

답 $\beta$, $I_{co}$, $V_{BE}$ 의 온도변화

**26.** 이미터폴로워 증폭기에 대한 특징은?

답 ① 전압이득은 1 이하로써 1에 가까워서 Butter로 많이 사용된다.
② 입력 임피던스가 높고, 출력 임피던스가 낮다.
③ 전류이득이 크다.
④ Butter로 많이 사용된다.
⑤ 입·출력 전압 위상은 동위상이다.

**27.** 다음 그림은 반전연산증폭회로이다. $V_1 = 3[V]$, $V_2 = 4[V]$ 일 때 $V_o$는 몇 [V] 인가?

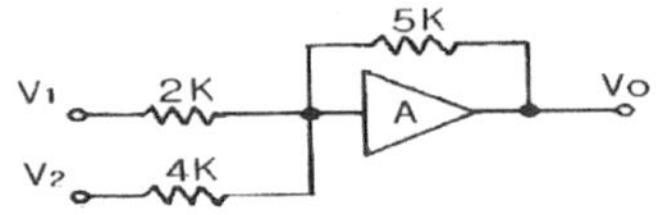


답 $V_o = -(\frac{R_f}{R_1}V_1 + \frac{R_f}{R_2}V_2)$
$= -(\frac{5k\Omega}{2k\Omega} \times 3 + \frac{5k\Omega}{4k\Omega} \times 4)$
$= -12.5[V]$

**28.** 부궤환 증폭기의 특징은?

답 ① 이득의 감소
② 잡음의 감소
③ 주파수 특성 개선
④ 비직선 일그러짐의 감소

**29.** 직류 증폭기에서 주로 트랜지스터 특성 온도 변화의 영향으로 인하여 출력이 변동되는 현상을 무엇이라 하는가?

답 드리프트

**30.** 그림과 같은 (b)회로의 명칭은? (단, 다이오드의 전압 강하는 0.7V 이다.)

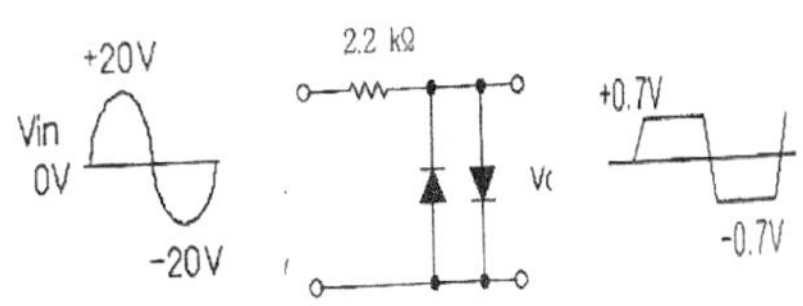


(a)입력신호 (b)회로 (c)출력신호

답 리미터회로

**31.** 그림과 같은 발진회로의 이름과 발진주파수는?

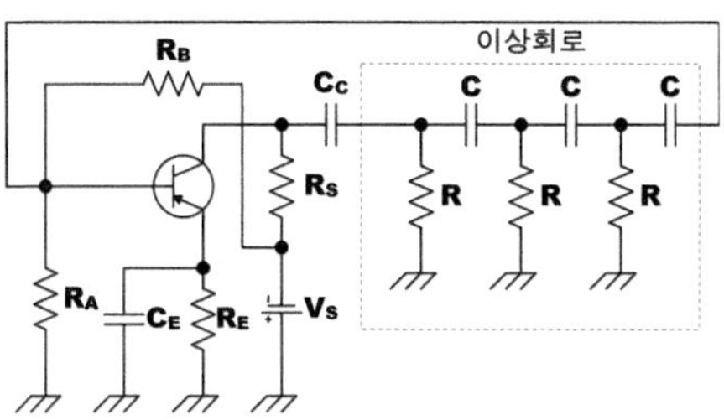


답 병렬 R형 CR발진기, $f_0 = \dfrac{1}{2\pi RC\sqrt{6}}$

**32.** 이상적인 연산 증폭기(Op-Amp)의 특징은?

답 ① 입력 임피던스가 무한대,
출력 임피던스가 0
② 전압 이득이 무한대
③ 대역폭이 무한대
④ CMRR(동상제거비)가 무한대
⑤ offset 전압, 전류가 0

**33.** 슬로율(slew rate)의 단위는?

답 [V/us]

**34.** 진폭 변조(AM) 방식에서 변조를 80% 로 하면 피변조파의 전력은 반송파 전력의 몇 배가 되는가?

답 $\dfrac{P_m}{P_c} = 1 + \dfrac{m^2}{2} = 1 + \dfrac{0.8^2}{2} = 1.32$

**35.** 무부하 출력전압이 24[V]인 전원장치에 부하 연결 시 출력전압이 22[V]이면 접압 변동률은 약 몇 [%] 인가?

답 $\triangle V = \dfrac{V_o - V_L}{V_L} \times 100\%$

$= \dfrac{24 - 22}{22} \times 100\% \fallingdotseq 9\%$

**36.** 어떤 증폭기의 전압 증폭도가 100 이고 전류 증폭도가 10일 때 전력이득은 몇 [dB]인가?

답 $[dB] = 10\log(V \times I)$
$= 10\log(100 \times 10) = 30[dB]$

**37.** 이미터 접지 트랜지스터 증폭회로에서 입력 신호와 출력신호간의 위상차는 얼마인가?

답 $180^\circ$

**38.** 차동증폭기에서 공통성분 제거비(CMRR)에 대한 설명하시오.

답 $CMRR = \dfrac{A_d}{A_c}$ 으로 그 값이 클수록 차동증폭기의 성능이 좋다.

**39.** 다음 증폭기 회로에서 이미터 저항 $R_e$를 사용하는 이유는?

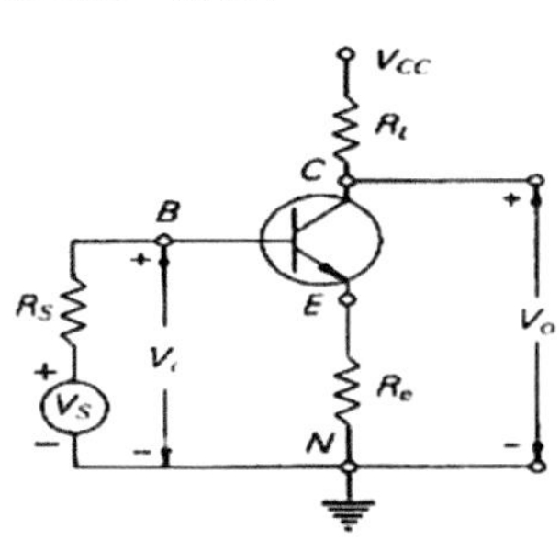

답 입력 임피던스의 증대와 회로의 안정화

**40.** 진폭변조(DSB) 방식에서 변조 도를 80[%]로 하면 피변조파의 전력은 반송파 전력의 몇 배가 되는가?

답 가. 1.1배 나. 1.32배
다. 1.64배 라. 2.16배

**41.** 이상적인 연산증폭기의 두 입력 전압이 $V_1 = V_2$ 일 때 출력 전압으로 가장 적합한 것은?

답 0

**42.** 트랜지스터를 증폭기로 사용할 때의 동작 영역은?

답: 활성영역

**43.** 발진회로의 특성 중 바크하우젠의 발진 조건은?

답 $|\beta A| = 1$

**44.** 다음 전계효과 트랜지스터(FET)에 대한 특징은?

답 ① 전압 제어형 소자이다.
② BJT 보다 높은 입력저항을 갖는다.
③ BJT 보다 이득대역폭적(G · B)이 작다.
④ BJT 보다 온도변화에 따른 안정성이 높다.

**45.** $AM$에서 1000[kHz]의 반송파가 35[kHz] 사인파에 의해 변조될 때 상측파대 주파수는?

답 1035[kHz]

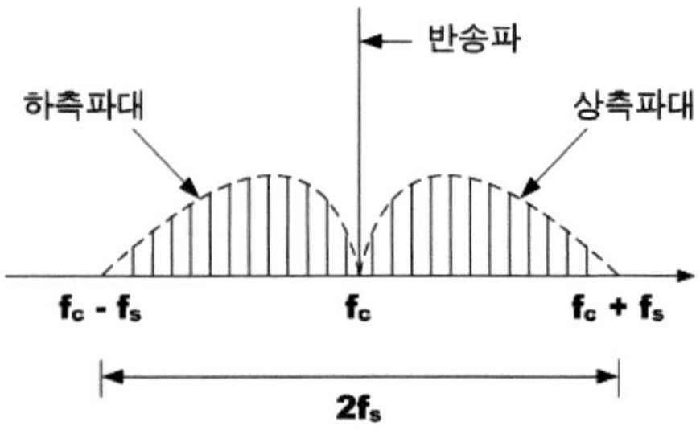


**46.** 변조를 하는 이유는?

답 ① 원거리 전송을 위하여
② 무선 안테나 제작문제를 해결한다.
③ 다중화(FDM)가 가능하도록 하기 위하여
④ 잡음과 간섭을 줄이기 줄임으로서 시스템을 소형화할 수 있다.

**47.** 어떤 정류기의 부하 양단 평균전압이 200[V]이고 맥동률은 2[%]라고 한다. 교류분의 실효치는 몇 [V] 인가?

답 $$맥동률 = \frac{V_{ac}}{V_{dc}} \times 100\%$$
$$= \frac{V_{ac}}{200} \times 100\% = 2\%$$
$$\therefore V_{ac} = 4[V]$$

**48.** 변조방식 중에서 입력신호의 크기에 따라 펄스의 위치만을 변화시키는 변조방식은?

답 PPM(Pulse Position Modulation)

**49.** 그림의 회로에서 스위치가 t=0일 때, 1에서 2의 위치로 갑자기 옮겨졌다. 이 때 흐르는 전류는?

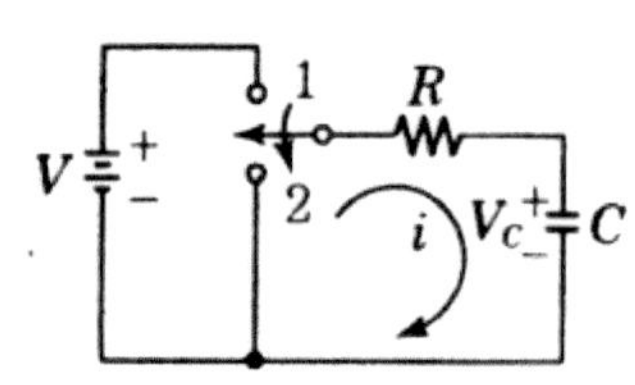

답 $i = \frac{-V_c}{R} e^{-\frac{t}{RC}}$

**50.** 고주파 증폭회로에서 중화회로를 사용하는 주 목적은?

답 자기발진의 방지

**51.** RC 필터 회로에서 리플 함유율을 작게 하려면?

답 R과 C를 크게 한다.

**52.** 다음 그림의 회로는 무슨 회로인가?

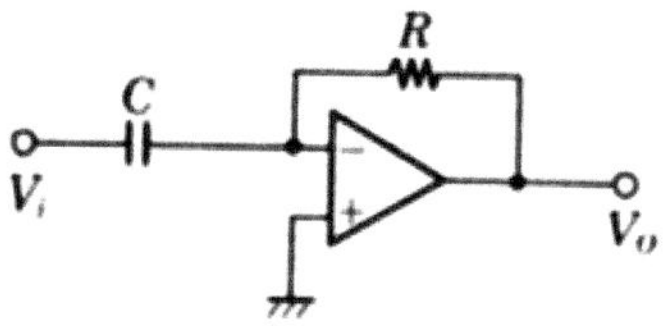


답 미분기

**53.** 다음 중 그림(B)와 같은 회로에 그림(A)와 같은 파형의 전압을 인가할 경우 출력에 나타나는 전압파형은?

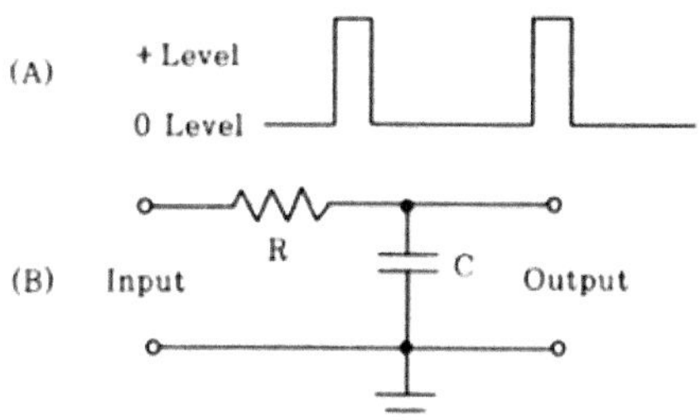


답 

**54.** 이미터 전류를 1[mA]변화시켰더니 컬렉터 전류의 변화는 0.96[mA] 이었다. 이 트랜지스터의 $\beta$는 얼마인가?

답 $\alpha = \frac{I_C}{I_E} = \frac{0.96\text{mA}}{1\text{mA}} = 0.96$,

$\beta = \frac{\alpha}{1-\alpha} = \frac{0.96}{1-0.96} = 24$

**55.** 튜티사이클(duty cyde) 0.1이고, 주기가 40[μs]인 경우 펄스폭은 몇[μs]인가?

답 $D = \frac{\tau}{T}$, $0.1 = \frac{\tau}{40}$, $\therefore T = 4\mu s$

**56.** 그림과 같은 회로에 대한 특징은?

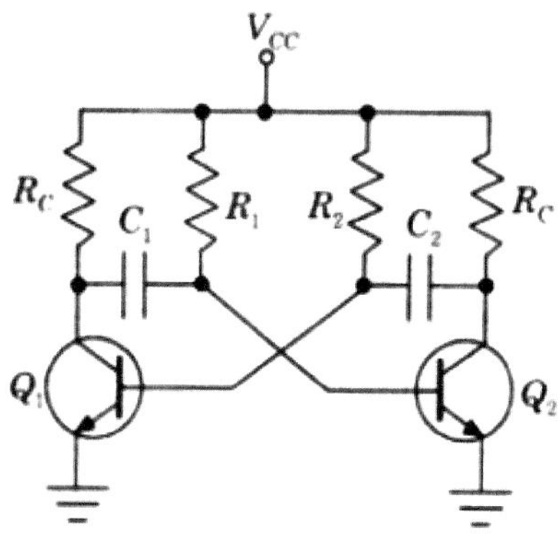


① 비안정 멀티바이브레이터 회로이다.

② 발진의 주기(T)는 약 $0.7 \times (R_1 \cdot C_1 + R_2 \cdot C_2)$초 이다.

③ $Q_2$의 컬렉터 출력으로 구형파가 발생한다.

④ $Q_1$이 도통 상태이면 $Q_2$는 차단 상태이다.

**57.** 그림의 연산증폭기 회로에서 $R_f$ 대신 콘덴서 C로 바꿀 경우 그 역할은?

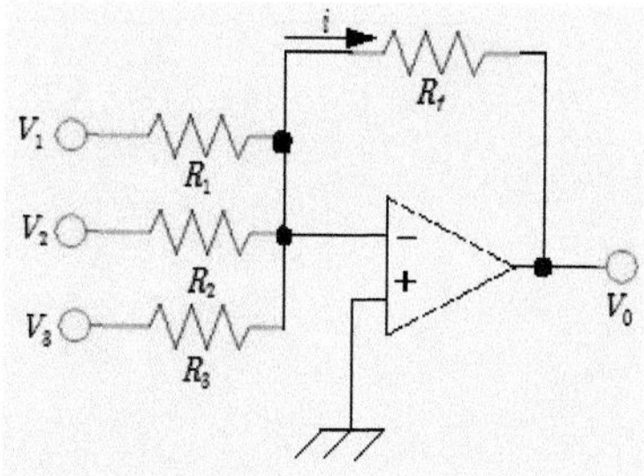


답 적분 연산기

**58.** 반송파의 진폭과 위상을 동시에 변조하는 방식은?

답 QAM

**59.** 수정발진기는 수정의 임피던스가 어떤 조건일 때 안정된 발진을 계속하는가?

답 유도성

**60.** 전류이득이 $h_{fe1}, h_{fe2}$인 $Q_1, Q_2$가 그림과 같이 달링턴(darlington) 연결되어 있다. 이 회로의 전체 전류이득 $h_{fe}$는 얼마인가?

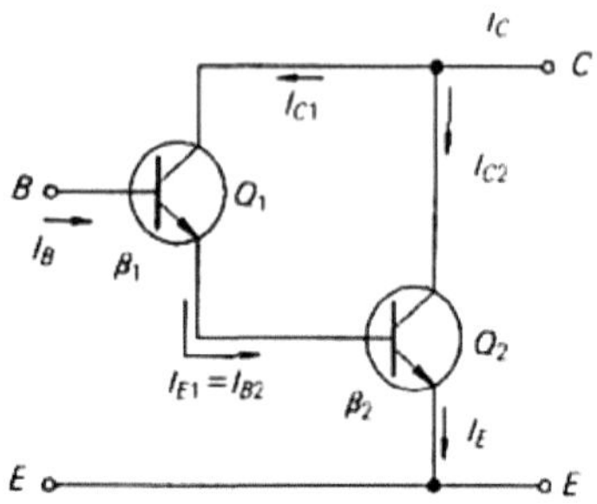


답 $h_{fe1} \cdot h_{fe2} + h_{fe1} + h_{fe2}$

**61.** 다음 RL회로에서 기전력이 E일 때, SW를 닫는 순간 t초 후에 흐르는 전류(i)는?

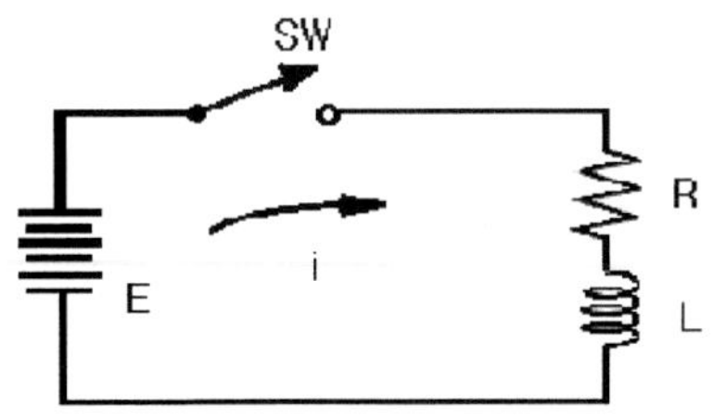


답 $\frac{E}{R}(1 - e^{\frac{R}{L}t})$

**62.** 다음 그림 회로의 용도는?

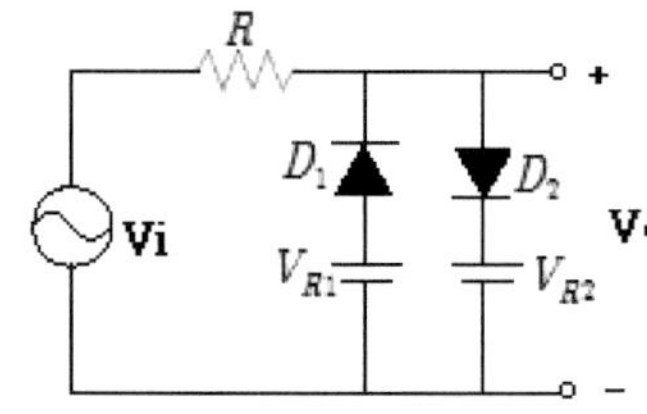


답 클리핑

**63.** 다음 중 B급 푸시풀 전력증폭기(push-pull power amp)에서 제거되는 고조파성분은?

답: 우수(짝수) 고조파

**64.** 정논리(positive logic)에서 입력이 A, B일 때 회로의 출력(Y)을 나타내는 논리 식은?

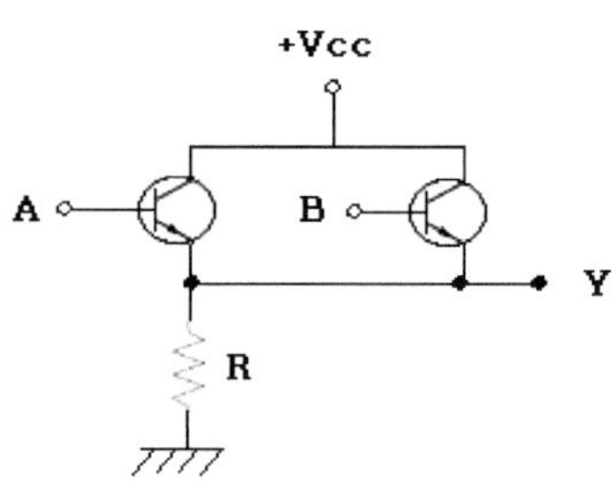


답 $A + B$

**65.** 수정발진자의 특징은?

답 ① 주파수안정도가 매우 안정하다.
② Q(Quality factor)가 매우 높다.
③ 수정 발진기가 안정된 발진을 하기 위한 동작 주파수의 조건은 $f_s$(직렬공진주파수)보다 높게, $f_p$(병렬공진주파수)보다 낮게 한다.
④ 유도성 영역이 매우 좁다.
⑤ 압전기효과를 이용한다.

반도체설계산업기사

# 제3과목 논리회로

## 1. 수의 표현과 연산

### 1.1 수치적 연산

① 10진법(decimal number system) : 10진법은 0~9까지 10개의 숫자를 사용하여 모든 수를 표현하며, 밑수는 10으로 표현하되 생략 가능하다.

② 2진법(binary number system) : 2진법은 0과 1의 2개의 숫자를 사용하여 모든 수를 표현하며, 밑수는 2로 표현(생략 불가)한다.

③ 8진법(octal number system) : 8진법은 0~7까지 8개의 숫자를 사용하여 모든 수를 표현하며, 밑수는 8로 표현(생략 불가)한다.

④ 16진법(hexadecimal number system) : 0~15까지 16개의 숫자를 사용하여 모든 수를 표현하며, 밑수는 16로 표현(생략 불가)한다. 단, 16개의 숫자 중에서 0~9까지는 그대로 사용하되 나머지 6개인 10~15까지는 다른 진법의 수와 혼동을 피하기 위하여 A(=10), B(=11), C(=12), D(=13), E(=14), F(=15)로 각각 표현한다.

| 10진법 | 2진법 | 8진법 | 16진법 | 10진법 | 2진법 | 8진법 | 16진법 |
|---|---|---|---|---|---|---|---|
| 0 | 0000 | 0 | 0 | 8 | 1000 | 10 | 8 |
| 1 | 0001 | 1 | 1 | 9 | 1001 | 11 | 9 |
| 2 | 0010 | 2 | 2 | 10 | 1010 | 12 | A |
| 3 | 0011 | 3 | 3 | 11 | 1011 | 13 | B |
| 4 | 0100 | 4 | 4 | 12 | 1100 | 14 | C |
| 5 | 0101 | 5 | 5 | 13 | 1101 | 15 | D |
| 6 | 0110 | 6 | 6 | 14 | 1110 | 16 | E |
| 7 | 0111 | 7 | 7 | 15 | 1111 | 17 | F |

〈표 3-1〉 진수 표현법

㉠ 진수 변환

ⓐ 10진수를 2진수로 변환

**예제) 10진수 27을 2진수로 변환하면 다음과 같다.**

```
2) 27
2) 13 → 1   ↑
2)  6 → 1   |     ⇨  (27)10 = (11011)2
2)  3 → 0   |
    1 → 1   |
   몫  나머지
```

$(27)_{10} = (11011)_2$

**예제) 10진수 0.625을 2진수로 변환하면 다음과 같다.**

```
0.625×2 = ①.25 → 1   |
 0.25×2 = ⓪.5  → 0   |  ⇨ (0.625)10 = (0.101)2
  0.5×2 = ①.0  → 1   ↓
```

$(0.625)_{10} = (0.101)_2$

ⓑ $(0.1875)_{10}$를 2진수로 변환하면

| 0.1875 | 0.3750 | 0.7500 | 0.5000 |
|---|---|---|---|
| × 2 | × 2 | × 2 | × 2 |
| 0.3750 | 0.7500 | 1.5000 | 1.0000 |
| ↓ | ↓ | ↓ | ↓ |
| 0 | 0 | 1 | 0 |

$(0.1875)_{10} = (0.0011)_2$이 된다.

**〈참고〉 소수 부분의 변환법**

① 10진수의 소수 부분만을 변환하려는 진수의 밑수로 소수점 이하자리가 0이 될 때까지 계속 곱한다. (단, 진수의 밑수로 계속 곱하여도 나머지가 0이 안될 경우에는 근사값을 구한다.)

② 발생되는 정수만을 순서대로 정리하여 해당하는 진수표현법에 맞게 표현한다.

ⓓ 10진수를 8진수로 변환

**예)** $(49)_{10}$를 8진수로 변환하면

```
8 | 49
8 |  6 → 1   ↑
     0 → 6
```

$(49)_{10} = (61)_8$

ⓔ 10진수를 16진수로 변환

> **예제) 10진수 123을 16진수로 변환하면 다음과 같다.**
>
> 16) 123
>
> 7 → 11(B) ⇨ $(123)_{10} = (7B)_{16}$
>
> 몫 나머지

**예)** $(248)_{10}$을 16진수로 변환하면

$$\begin{array}{r|l} 16 & 248 \\ \hline 16 & 15 \rightarrow 8 \\ \hline & 0 \rightarrow F \uparrow \end{array}$$

15는 16진수에서 F이므로 $(248)_{10} = (F8)_{16}$이 된다.

ⓒ 2진수, 8진수, 16진수에서 각각 10진수로의 변환

- 변환하는 수의 밑수와 각 자리에 해당하는 가중치를 곱하여 이를 더하면 된다.

> 예제) $(10101)_2 = 1\times2^4+0\times2^3+1\times2^2+0\times2^1+1\times2^0$
> $= 16+0+4+0+1$
> $= (21)_{10}$
>
> $(163)_8 = 1\times8^2+6\times8^1+3\times8^0$
> $= 64+48+3$
> $= (115)_{10}$
>
> $(1F)_{16} = 1\times16^1+15\times16^0$
> $= 16+15$
> $= (31)_{10}$

ⓕ 2진수에서 8진수, 16진수로 변환

- 2진수에서 8진수로 변환 : 소숫점을 중심으로 정수부는 왼쪽으로 세 자리씩 묶어서 8진수 한 자리로 표시하고, 소수부는 오른쪽으로 세 자리씩 묶어서 8진수 한 자리로 표시한다.
  (단, 세 자리가 부족할 때는 0으로 채워서 묶는다.)
- 2진수에서 16진수로 변환 : 소숫점을 중심으로 정수부는 왼쪽으로 네 자리씩 묶어서 16진수 한 자리로 표시하고, 소수부는 오른쪽으로 네 자리씩 묶어서 16진수 한 자리로 표시한다.

(단, 네 자리가 부족할 때는 0으로 채워서 묶는다.)

예제) $(1101100.0011)_2$을 8진수로 변환하면 다음과 같다.

$(1101100.0011)_2$ ⇒ 001 101 100 . 001 100 ⇒ $(154.14)_8$
1 5 4 . 1 4

예제) $(1101100.0011)_2$을 16진수로 변환하면 다음과 같다.

$(1101100.0011)_2$ ⇒ 0110 1100 . 0011 ⇒ $(6C.3)_{16}$
6 C . 3

**[실전문제] 2진법 10100101을 16진법으로 고치면?**

가. A4 나. B4 다. A5 라. B5

답 다

ⓕ 8진수, 16진수에서 2진수로 변환

- 8진수에서 2진수로 변환 : 소숫점을 중심으로 정수부는 왼쪽으로 8진수 한 자리를 2진수 세 자리로 표시하고, 소수부는 오른쪽으로 8진수 한 자리를 2진수 세 자리로 표시한다.
- 16진수에서 2진수로 변환 : 소숫점을 중심으로 정수부는 왼쪽으로 16진수 한 자리를 2진수 네 자리로 표시하고, 소수부는 오른쪽으로 16진수 한 자리를 2진수 네 자리로 표시한다.

예제) $(154.14)_8$을 2진수로 변환하면 다음과 같다.

$(154.14)_8$ ⇒ 1 5 4 . 1 4 ⇒ $(1101100.0011)_2$
001 101 100 . 001 100

예제) (6C.3)16을 2진수로 변환하면 다음과 같다.

$(6C.3)_{16}$ ⇒ 6 C . 3 ⇒ $(1101100.0011)_2$
0110 1100 . 0011

## 1.2 진 연산

| | |
|---|---|
| 0+0=0 | 1+0=1 |
| 0+1=1 | 1+1=10(자리올림) |
| 0−0=0 | 1−0=1 |
| 1−1=0 | 10−1=1(자리빌림) |
| 0×0=0 | 1×0=1 |
| 0×1=0 | 1×1=1 |
| 0÷0=불능 | 1÷0=불능 |
| 0÷1=0 | 1÷1=1 |

# 2. 논리적 연산(비수치적 연산)

## 2.1 논리적 연산

### 1) 보수(complement)

- 대부분의 컴퓨터에서는 보수를 이용한 덧셈만으로 뺄셈을 처리하는 방법을 사용하는데 2진수의 보수에는 1의 보수와 2의 보수가 있다.

**㉠ 1의 보수**

- 어떤 수의 1의 보수는 주어진 2진수를 모두 부정을 취하면 된다. 즉 1은 0으로, 0은 1로 바꾸면 된다.

예) 1001을 1의 보수로 바꾸면

```
1   0   0   1
↓   ↓   ↓   ↓
─────────────
0   1   1   0
```

1001의 1의 보수는 0110이 된다.

### ㉡ 2의 보수

- 2의 보수는 주어진 2진수를 모두 부정을 위하여 1의 보수로 바꾼다. 1의 보수에 1을 더하면 2의 보수가 된다. 즉 2의 보수는 1의 보수보다 1이 크다.

예) 001을 2의 보수로 바꾸면

| 1 | 0 | 0 | 1 | | |
|---|---|---|---|---|---|
| ↓ | ↓ | ↓ | ↓ | | |
| 0 | 1 | 1 | 0 | + | 1 |
| 0 | 1 | 1 | 1 | | |

1001의 2의 보수는 0111이 된다.

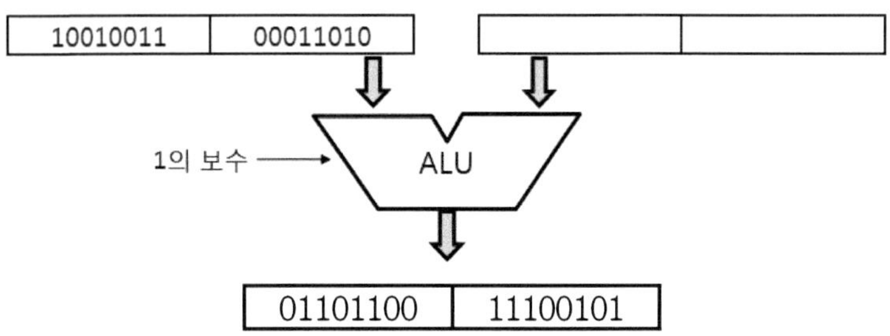


〈그림 3-1〉 1의 보수 연산

## 2) AND(논리곱) : 비트, 문자 삭제

- 데이터 중 일부의 불필요 비트 및 문자를 삭제하고, 나머지 비트를 데이터로 사용하기 위해 사용되는 연산이다.

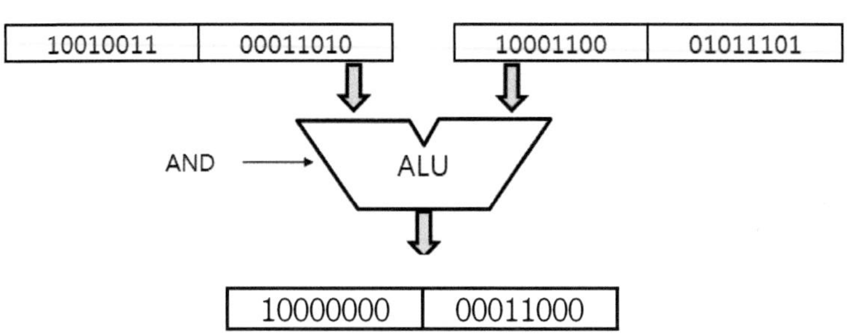


〈그림 3-2〉 AND 연산

### 3) OR(논리합) : 비트, 문자 삽입

• 2개의 데이터를 논리합하여 비트나 문자의 삽입에 사용하는 연산이다.

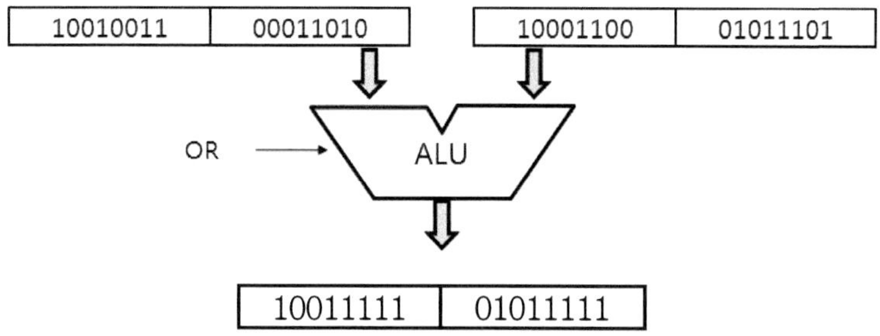


〈그림 3-3〉 OR 연산

### 4) 시프트(Shift) : 데이터의 모든 비트를 좌측 또는 우측으로 자리를 이동

㉠ 우 시프트(Right Shift) : 오른쪽 끝의 비트(LSB : Least Significant Bit)의 데이터는 밀려서 나가고, 왼쪽 끝의 비트(MSB : Most Significant Bit)에 새로운 데이터가 들어온다.

㉡ 좌 시프트(Left Shift) : 왼쪽 끝의 비트(MSB : Most Significant Bit)의 데이터는 밀려서 나가고, 오른쪽 끝의 비트(LSB : Least Significant Bit)에 새로운 데이터 들어온다.

### 5) 로테이트(Rotate) : 데이터의 위치 변환에 사용되는 것으로, 한쪽 끝에서 밀려서 나가는 데이터가 반대편의 데이터로 들어오는 것을 말한다.

# 3. 자료의 표현

## 3.1 자료의 종류

### 1) 자료

- 컴퓨터에서 취급하는 정보 및 데이터를 의미하며 모든 자료는 2진 코드로 표현한다.

### 2) 자료의 구성

① 비트(Bit) : 0과 1로 표현되는 데이터(정보)의 최소단위이다.

② 바이트(Byte) : 8bit로 구성되며 1개의 문자나 수를 기억하는 단위

**[실전문제] 1Byte는 몇 bit로 이루어지는가?**

가. 2개　　나. 4개　　다. 8개　　라. 16개

답 다

③ 워드(Word) : 몇 개의 데이터가 모인 단위

㉠ 반 워드(Half Word) : 2Byte로 구성

㉡ 전 워드(Full Word) : 4Byte로 구성

㉢ 배 워드(Double Word) : 8Byte로 구성

**[실전문제] 주기억 장치에서 번지(address)를 부여하는 최소단위는?**

가. nibble　　나. word　　다. byte　　라. bit

답 다

④ 필드(Field) : 특정문자의 의미를 나타내는 논리적 데이터의 최소단위

⑤ 레코드(Record) : 관련성 있는 필드들의 집합

⑥ 파일(File) : 레코드들의 집합

⑦ 데이터베이스(Database) : 상호 관련성이 있는 파일들의 집합

Tip 정보의 단위 비교

- 비트 〈 바이트 〈 워드 〈 필드 〈 레코드 〈 파일 〈 데이터베이스

**[실전문제] 다음 bit에 관한 설명 중 틀린 것은?**

가. 10진수의 한 자릿수를 말한다.
나. 2진수를 나타내는 둘 중의 하나이다.
다. 정보량을 표현하는 것 중 최소단위이다.
라. binary digit의 약자이다.

답 가

**[실전문제] 일반적인 정보 단위의 구성에 nibble은 몇 bit인가?**

가. 2　　나. 4　　다. 8　　라. 16

답 나

### 3) 자료의 구조

| 자료 | 선형 리스트 (데이터가 연속하여 순서적인 선형으로 구성) | 스택(Stack) |
|---|---|---|
| | | 큐(Queue) |
| | | 데큐(Deque) |
| | 비선형 리스트 | 트리(Tree) |
| | | 그래프(Graph) |

**① 스택(Stack) :**

- 기억장치에 데이터를 일시적으로 겹쳐 쌓아 두었다가 필요시에 꺼내서 사용할 수 있게 주기억장치 또는 레지스터의 일부를 할당하여 사용하는 일시기억 장치로, 데이터는 위(top)라고 불리는 한쪽 끝에서만 새로운 항목이 삽입(push)될 수 있고 삭제(pop)되는 후입선출(LIFO : last in first out)의 자료구조이다.

**② 큐(queue) :**

- 뒷부분(rear)에 해당되는 한쪽 끝에서는 항목이 삽입되고 다른 한쪽 끝(front)에서는 삭제가 가능토록 제한된 구조로, 먼저 입력된 데이터가 먼저 삭제되는 선입선출(FIF

O : first-in first-out)의 자료 구조이다.

③ **데큐(deque) :**

- 선형 리스트의 가장 일반적인 형태로 스택과 큐의 동작을 복합한 방식으로 수행되는 자료구조이다.

④ **트리(tree) :**

- 계층적으로 구성된 데이터의 논리적 구조를 표시하고, 항목들이 가지(branch)로 연관되어서 데이터를 구성하는 자료 구조이다.

⑤ **그래프(graph) :**

- 원으로 표시되는 정점과 정점을 잇는 선분으로 표시되는 간선으로 구성되며, 정점과 정점을 연결해 놓은 것을 말한다.

## 3.2 자료의 표현 종류

### 1) 숫자의 코드화(Numeric Code)

#### ① 2진화 10진수(BCD : Binary Coded Decimal)

- 10진수 1자리의 수를 2진수 4비트로 표시하는 것으로, 각 비트는 고유한 값 8, 4, 2, 1의 고정 값을 갖는다. 그래서 8421코드라고도 한다.

| 10진수 | 2진화 10진 코드 | 10진수 | 2진화 10진 코드 |
|---|---|---|---|
| 0 | 0000 | 5 | 0101 |
| 1 | 0001 | 6 | 0110 |
| 2 | 0010 | 7 | 0111 |
| 3 | 0011 | 8 | 1000 |
| 4 | 0100 | 9 | 1001 |

〈표 3-2〉 2진화 10진 코드

#### ② 3초과 코드(Excess-3Code)

- BCD 코드에 $3(11_{(2)})$을 더하여 만든 코드로, 자기보수 코드(self complement code)라고도 한다. 3초과 코드는 비트마다 일정한 값을 갖지 않으며, 연산동작이 쉽게 이루어

지는 특징이 있는 코드이다.

> **[실전문제] 10진수 9를 3-초과 코드(Excess-3 code)로 표현한 것 중 옳은 것은?**
> 가. 0011 나. 1111 다. 1100 라. 1010
>
> 답 다

### ③ 그레이 코드(Gray Code)

- 1비트 변화를 주어 아날로그 데이터를 디지털 데이터로 변환하는 데 사용하는 코드이다.

**예) $1001_{(2)}$를 그레이 코드로 변환하면**

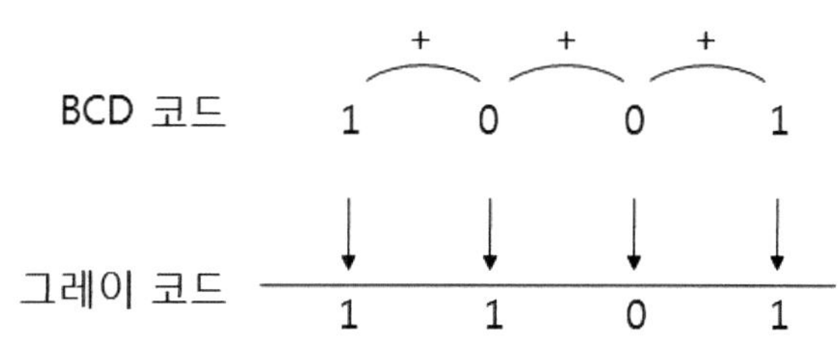


**예) 그레이 코드 1101을 2진수로 변환하면**

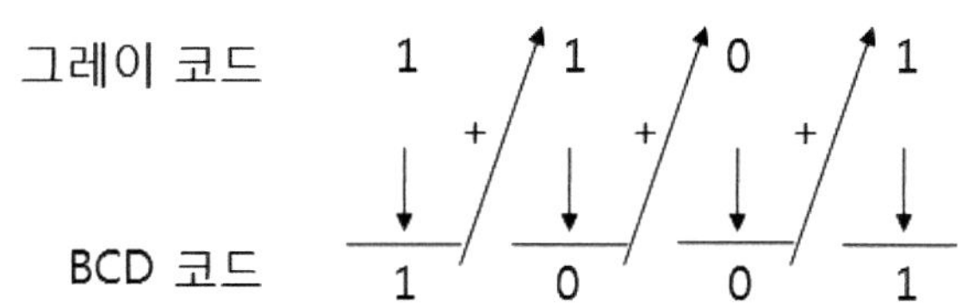


> **[실전문제] 다음 중 가중치를 갖지 않는 코드는?**
> 가. BCD 코드 나. 8421 코드 다. 5421 코드 라. Gray 코드
>
> 답 라

## 2) 문자의 표현

### ① 표준 BCD 코드(Binary Coded Decimal Code)

- 표준 BCD 코드에서는 문자를 표현하기 위해 존(zone) 2비트와 디지트(digit)비트 4비

트로 구성되어 총 6비트로 표현되는 코드이다. 단, 데이터 전송 시에는 오류를 검사할 수 있도록 오류 검사용 패리티 비트(parity bit) 1비트를 추가하게 되면 총 7비트 코드화가 된다.

### ② ASCII 코드(American Standard Code for Information Interchange Code)

- 미국 문자 표준 코드로서 존(zone) 3비트와 디지트(digit)비트 4비트로 구성되어 총 7비트로 표현되는 코드이다. 단, 데이터 전송 시에는 오류를 검사할 수 있도록 오류 검사용 패리티 비트(parity bit) 1비트를 추가하게 되면 총 8비트 코드화가 된다. 현재, PC(personal computer)나 마이크로(Micro) 컴퓨터에 가장 많이 쓰이는 코드이다.

### ③ EBCDIC 코드(Extended Binary Code Decimal Interchange Code : 확장형 2진화 10진 코드)

- 2개의 존 비트(총 4비트)와 디지트(digit)비트 4비트로 구성되어 총 8비트로 표현되는 코드이다. 단, 데이터 전송시에는 오류를 검사할 수 있도록 오류 검사용 패리티 비트(parity bit) 1비트를 추가하게 되면 총 9비트 코드화가 된다. 현재, 대형 컴퓨터에 이용된다.

**[실전문제] 하나의 문자를 표시함에 체크 비트 1개와 데이터 비트 8개를 사용하는 코드는?**

가. BCD CODE　　나. EBCDIC CODE
다. ASCII CODE　　라. Hamming CODE

답 나

**[실전문제] 컴퓨터 및 데이터 통신에 널리 쓰이는 ASCII 코드는 몇 Bit로 구성되는가? (단, 패리티 비트 제외)**

- 가. 4　　나. 7　　다. 8　　라. 9

답 나

## 3) 10진 데이터 표현 방법

- 고정 소수점 데이터를 표현하는 방법 중의 하나로 10진수를 2진수로 변환하지 않고 10진수 상태로 표현하는 것이다. 10진 데이터 형식에는 팩 10진 데이터 형식과 언팩 10진 데이터 형식 그리고 2진화 10진 코드(BCD: binary coded decimal) 형식이 있다.

① 팩 10진 데이터 형식 : 10진수 한 자리수를 4개의 비트로 표현하는 방법으로 맨 오른쪽 4개의 비트는 부호 비트로 사용한다.(단, 양수이면 C(1100)로, 음수이면 D(1101)로 나타낸다.)

| 0001 | 0010 | 0011 | 1100 |
|---|---|---|---|
| | 1 | 2 | 3 C(부호) |

(a) +123의 표현

| 0001 | 0010 | 0011 | 1101 |
|---|---|---|---|
| | 1 | 2 | 3 D(부호) |

(b) −123의 표현

**〈그림 3-4〉 +123과 −123의 팩 10진 데이터 형식**

② 언팩 10진 데이터 형식 : 10진수 한 자리수를 8개의 비트로 표현하는 방법으로 8비트 중에서 왼쪽 4개의 비트는 존(zone), 나머지 4비트는 숫자(digit)로 사용한다. 이 때, 맨 마지막 존(zone) 비트는 부호 비트로 사용하며, 양수이면 C(1100)로, 음수이면 D(1101)로 나타낸다.

| 1111 | 0001 | 1111 | 0010 | 1100 | 0011 |
|---|---|---|---|---|---|
| 존 | 1 | 존 | 2 | C(부호) | 3 |

(a) +123의 표현

| 1111 | 0001 | 1111 | 0010 | 1101 | 0011 |
|---|---|---|---|---|---|
| 존 | 1 | 존 | 2 | D(부호) | 3 |

(b) −123의 표현

**〈그림 3-5〉 +123과 −123의 언팩 10진 데이터 형식**

### 4) 에러 검출 및 정정 코드

**① 패리티 체크(Parity Check)**

- 패리티 비트는 패리티 검사 방식에서 에러를 검출하기 위해 추가되는 비트로 전송되는 각 문자에 한 비트를 더하여 전송하고 수신측에서는 송신측에서 추가하여 보내진 패리티 비트를 이용하여 에러를 검출하게 된다. 이러한 패리티 비트는 정보 전달과정에서 일어나는 전송 에러를 검사하기 위해 사용되며 1의 개수를 짝수개로 만드는 짝수 패리티 비트와 "1"의 개수를 홀수 개로 만드는 홀수 패리티 비트가 있다.

㉠ 우수 패리티 체크(even parity check : 짝수 패리티)

- 전송되는 각 문자를 나타내는 데이터 비트들 중에서 "1"인 비트의 총수가 항상 짝수

개가 되도록 잉여분의 한 비트를 부가하는 것으로 정보의 내용에서 "1"인 비트의 총수를 점검하여 에러를 검출 하게 된다.

ⓛ 기수 패리티 체크(odd parity check : 홀수 패리티)

- 전송되는 각 문자를 나타내는 데이터 비트들 중에서 "1"인 비트의 총수가 항상 홀수 개가 되도록 잉여분의 한 비트를 부가하는 것으로 정보의 내용에서 "1"인 비트의 총수를 점검하여 에러를 검출 하게 된다.

| 데이터 비트(7비트) | 패리티 비트 | | 패리티 비트 포함 데이터(8비트) | |
|---|---|---|---|---|
| | 짝수 | 홀수 | 짝수 패리티 포함 | 홀수 패리티 포함 |
| 0000000 | 0 | 1 | 00000000 | 00000001 |
| 1010001 | 1 | 0 | 10100011 | 10100010 |
| 1101001 | 0 | 1 | 11010010 | 11010011 |
| 1111111 | 1 | 0 | 11111111 | 11111110 |

## ② 해밍 코드(Hamming Code)

- 해밍코드는 R.W Hamming에 의해서 개발된 코드로서 에러 검출 방식 중 비트수가 적고 가장 단순한 형태의 parity bit를 여러 개 이용하여 수신측에서 에러의 체크는 물론 에러가 발생한 비트를 수정까지 할 수 있는 에러 정정코드이다.

- **해밍 코드의 패리티 비트(해밍 비트)생성 절차**

  해밍 코드는 전송 데이터의 에러를 검출 및 정정하기 위해 해밍비트가 사용되며 해밍 비트는 여러 개의 패리티 비트들로 구성되고 데이터 비트열에 따라 다음의 수식을 통해서 구해진다.

$$2^p \geqq m + P + 1$$

- 여기서 $m$은 데이터 비트수 을 의미하며 $P$는 해밍 비트의 수를 나타낸다. 따라서 위의 수식을 이용하여 데이터 비트수와 해밍 비트수, 해밍 코드를 포함한 전체 데이터 비트수를 구할 수 있다.
- 예를 들어 송신측에서 전송할 데이터 비트가 8비트 일 경우 해밍 비트수와 전체 비트수를 구하면 다음과 같다.

$$2^p \geqq m + P + 1 = 8 + P + 1$$

- 위의 수식을 통해서 해밍 비트 수($P$)를 구하기 위해 $P$에 1부터 차례대로 대입시켜 위의 수식을 풀어보면 $P = 4$ 가 된다.
- 즉 $P = 3$ 일 경우에는 $2^3 \geq 8 + 3 + 1$ 되고 $8 \geq 12$ 되므로 위의 수식을 만족시키지 못하지만 $P = 4$ 가 될 경우에는 $2^4 \geq 8 + 4 + 1 \quad \therefore 16 \geq 13$ 되므로 위의 수식을 만족시키게 되는 것이다.

$$2^p \geq m + P + 1 = 2^4 \geq 8 + 4 + 1$$

- 결국 데이터 비트수가 8일 경우에는 해밍 코드 비트는 4비트를 가지게 되고 해밍 코드를 포함한 전송 데이터 비트는 12비트가 된다.
- **해밍 코드의 부호화 절차**

  위에서 구한 해밍 비트는 데이터 비트들 사이에 적절히 삽입되어 수신측으로 전송하게 되는데 이 때 해밍 비트가 삽입되는 위치는 데이터 비트들의 위치 값(10진수)에 따라 $2^0, 2^1, 2^2,$ • • • 자리에 삽입되게 된다.
- 예를 들어 전송할 데이터 비트가 "10010100"일 경우 각각의 비트들의 위치를 10진수 값으로 표현하면 다음과 같이 된다.

| 비트 위치 값(10진수) | 8 | 7 | 6 | 5 | 4 | 3 | 2 | 1 |
|---|---|---|---|---|---|---|---|---|
| 데이터 비트 | 1 | 0 | 0 | 1 | 0 | 1 | 0 | 0 |

- 여기서 해밍 비트 4개의 비트를 각각 $2^0, 2^1, 2^2, 2^3$ 자리에 삽입하게 되는데 해밍 비트가 삽입되는 정확한 위치는 $2^0 = 1$ 이므로 비트 위치 값 중에 1의 자리에 들어가고 $2^1 = 2$ 의 자리에 $2^2 = 4$ 의 자리에 각각 들어가게 되는 것이다. 그리고 원래 그 자리에 있던 데이터 비트들은 해밍 비트들이 삽입되면서 모두 뒤로 한 비트씩 밀리게 된다.
- 결국 해밍 비트가 들어가는 위치는 1, 2, 4, 8의 자리에 들어가게 되므로

| 비트 위치 값(10진수) | 12 | 11 | 10 | 9 | 8 | 7 | 6 | 5 | 4 | 3 | 2 | 1 |
|---|---|---|---|---|---|---|---|---|---|---|---|---|
| 데이터 비트 | 1 | 0 | 0 | 1 | P | 0 | 1 | 0 | P | 0 | P | P |

- 이제 각각의 데이터 비트열 속에 삽입된 해밍 비트는 에러를 검출 및 수정하기 위해 정해진 위치의 행들을 검색한 후 "1"인 비트의 수를 짝수 개로 만들기 위해 짝수

패리티 비트로 적용시키게 되며 해밍 비트가 검색하는 위치는 다음과 같다.

- 1의 자리에 있는 해밍 비트(C1)는 1행, 3행, 5행, 7행, 9행, 11행을 검색
- 2의 자리에 있는 해밍 비트(C2)는 2행, 3행, 6행, 7행, 10행 11행을 검색
- 4의 자리에 있는 해밍 비트(C4)는 4행, 5행, 6행, 7행, 12행을 검색
- 8의 자리에 있는 해밍 비트(C8)는 8행, 9행, 10행, 11행, 12행을 검색

• 이렇게 C1, C2, C4, C8의 해밍 비트가 검색하는 각 행에 들어있는 수를 비교하여 "1"인 비트의 개수를 짝수개로 만들어 준다.

• 우선 C1해밍 비트를 이용해서 패리티 비트를 구하면 C1은 1행, 3행, 5행, 7행, 9행, 11행을 검색한다고 했으므로 각 자리에 있는 비트들의 값을 검색해 보면 C1은 아직 값이 없고, 3행, 5행, 7행, 9행, 11행 자리의 값이 0,0,0,1,0이 되므로 "1"인 비트의 수를 짝수개로 만들기 위해 짝수 패리티를 적용시키면 C1은 "1"이 들어가게 된다.

| 12 | 11 | 10 | 9 | C8 | 7 | 6 | 5 | C4 | 3 | C2 | C1 |
|---|---|---|---|---|---|---|---|---|---|---|---|
| 1 | 0 | 0 | 1 | P | 0 | 1 | 0 | P | 0 | P | 1 |

• 다음으로 C2해밍 비트는 2행, 3행, 6행, 7행, 10행, 11행을 검색하므로 각 자리에 있는 비트들의 값을 검색해 보면 C2는 빈값, 3행, 6행, 7행, 10행, 11행 자리의 값은 0,1,0,0,0이 되고, "1"인 비트의 수를 짝수개로 만들기 위해 짝수 패리티를 적용시키면 C2는 "0"이 들어가게 된다.

| 12 | 11 | 10 | 9 | C8 | 7 | 6 | 5 | C4 | 3 | C2 | C1 |
|---|---|---|---|---|---|---|---|---|---|---|---|
| 1 | 0 | 0 | 1 | P | 0 | 1 | 0 | P | 0 | 1 | 1 |

• 나머지 C4와 C8을 위와 같은 방식으로 패리티 비트를 구하게 되면 해밍 코드는 다음과 같이 생성된다.

| 12 | 11 | 10 | 9 | C8 | 7 | 6 | 5 | C4 | 3 | C2 | C1 |
|---|---|---|---|---|---|---|---|---|---|---|---|
| 1 | 0 | 0 | 1 | 0 | 0 | 1 | 0 | 0 | 0 | 1 | 1 |

• 송신측은 위와 같이 만들어진 해밍 코드를 수신측으로 전송하게 하게 되고 수신측에서는 송신측과 마찬가지로 C1, C2, C4, C8의 해밍 비트가 검색하는 각 자리의 비트 값을 비교하여 에러를 검출 및 수정하게 된다.

- **해밍 코드를 이용한 에러 정정 절차**

  위에서는 송신측에서 데이터를 전송할 때 수신측이 에러를 검출 및 정정할 수 있도록 해밍 비트를 적용시키는 방법에 대해서 알아보았다. 이번에는 수신측에서 수신된 데이터에 에러가 발생했을 경우 어떻게 정정하는지에 대해서 알아보도록 하자.

- 일단 아래와 같은 데이터가 송신측에서 전송되었고 수신측에서는 7번 비트에서 에러가 난 잘못된 데이터를 수신하였다고 가정하자.

- 송신측이 전송한 데이터 비트

| 12 | 11 | 10 | 9 | C8 | 7 | 6 | 5 | C4 | 3 | C2 | C1 |
|---|---|---|---|---|---|---|---|---|---|---|---|
| 1 | 0 | 0 | 1 | 0 | 0 | 1 | 0 | 0 | 0 | 1 | 1 |

- 수신측이 수신한 데이터 비트

| 12 | 11 | 10 | 9 | C8 | 7 | 6 | 5 | C4 | 3 | C2 | C1 |
|---|---|---|---|---|---|---|---|---|---|---|---|
| 1 | 0 | 1 | 1 | 0 | 0 | 1 | 0 | 0 | 0 | 1 | 1 |

- 이제 수신측에서는 수신된 데이터 내에 삽입된 해밍 비트를 이용하여 각각의 정해진 자리의 비트들을 체크하여 에러를 검출하게 된다.

  - C1의 해밍 비트는 1행, 3행, 5행, 7행, 9행, 11행을 체크
  - C2의 해밍 비트는 2행, 3행, 6행, 7행, 10행 11행을 체크
  - C4의 해밍 비트는 4행, 5행, 6행, 7행, 12행을 체크
  - C8의 해밍 비트는 8행, 9행, 10행, 11행, 12행을 체크

- 우선 C1해밍 비트를 이용하여 1행, 3행, 5행, 7행, 9행, 11행을 체크하게 되면 C1 비트는 1, 나머지 3행, 5행, 7행, 9행, 11행 비트는 각각 0,0,0,1,0이 되고 결국 1인 비트의 수가 짝수 개가 되어서 이상 없으므로 C1 = 0이 된다.

- 그리고 C2해밍 비트는 2행, 3행, 6행, 7행, 10행 11행을 체크하게 되고 따라서 C2는 1 나머지 3행, 6행, 7행, 10행 11행 비트는 각각 0,1,0,1,0이 된다. 그런데 여기서 1인 비트의 수가 짝수개가 아닌 홀수 개나 나오게 되므로 결국 에러가 발생했다는 의미가 되어 C2 = 1로 표시하게 된다.

- 이런 식으로 나머지 C4해밍 비트와 C8해밍 비트들을 모두 체크하게 되면

- C4해밍 비트는 4,5,6,7,12행을 체크 1인 비트의 개수가 2개 입니다. 짝수가 되므로 정상 C4 = 0

- C8해밍 비트는 8,9,10,11,12행을 체크 1인 비트의 개수가 3개 입니다. 홀수가 되므로 에러 발생 C8 = 1
- 이 된다.
- 이제 해밍 비트 C1, C2, C4, C8의 비트 값을 모두 표시해 보면
  - $C1 = 0\,(OK)$
  - $C2 = 1\,(Error)$
  - $C4 = 0\,(OK)$
  - $C8 = 1\,(Error)$
- 이 값을 C8부터 C1까지의 비트 값을 역순으로 읽어보면 1010이 된다.
- 1010은 결국 10진수로 10이 되므로 데이터 비트 중에서 10번째 비트에서 에러가 발생했음을 알 수 있고 따라서 10번째 비트를 1에서 0으로 고쳐서 표현하게 되면 정상적인 데이터가 됨을 알 수 있다.
- 이렇게 해밍 코드는 송신측이 데이터 내에 일정한 개수의 패리티 비트(해밍 비트)를 모아 삽입하여 전송하고 수신측에서는 수신한 데이터를 해밍 비트를 이용하여 에러 검출 및 정정까지 할 수 있는 것이다.

- **해밍 거리(Hamming Distance)**

  해밍 거리란 같은 비트 수를 가지는 2진 부호 사이에 대응되는 비트 값이 일치하지 않는 개수를 의미하는 것이다. 즉 한 데이터 비트 열을 다른 데이터 비트 열로 바꾸기 위해 몇 비트를 바꿔주어야 하는가를 나타내는 것이다.
- 예를 들어 1011101비트 열과 1001001비트 열이 있을 경우 서로 다른 비트가 두 개 이므로 해밍 거리는 2가 된다.
- 이러한 해밍 거리는 전송로를 통해 전송되는 데이터의 비트가 변경되어 에러가 발생한 경우 원래의 데이터 비트와 변경된 데이터 비트의 사이에서 일치하지 않는 비트의 개수를 3차원 공간에서의 두 점 사이의 거리 개념을 도입하여 해밍 코드를 이용한 에러 검출 및 정정 능력을 결정하는 요소로서 일반적으로 해밍 거리는 거리(Distance)의 약자 d로 표시하며 해밍 거리와 오류 검출 및 정정 능력간의 관계는 다음과 같은 수식으로 표현할 수 있다.

> **해밍거리(d)와 에러 검출 능력 관계**
> • $d \geqq t + 1$

> **해밍거리(d)와 에러 정정 능력 관계**
> • $d \geqq 2a + 1$

- 위의 수식에서 에러 검출 능력 관계에서의 $t$는 해밍 코드로 에러를 검출할 수 있는 개수를 나타내며 에러 정정 능력에서의 a는 에러 정정 개수를 의미하며 모두 정수 값을 가진다.
- 예를 들어 송수신측간 전달된 데이터 비트열의 3개의 비트에서 에러가 발생한 경우에는 해밍 거리 $d = 3$ 이 되고 수신측에서 검출할 수 있는 에러 비트의 수는 한 개 또는 두 개가 되지만 실제로 에러를 정정할 수 있는 비트는 한 개의 비트(단일 비트)만이 가능하다.
- 다시 말해서 $d = 3$ 인 경우 에러 검출 능력 $t$와 에러 정정 능력 $a$와의 관계는 다음과 같이 되므로
  - 에러 검출 능력 : $3 \geqq t + 1 \quad \therefore t = 2$
  - 에러 정정 능력 : $3 \geqq 2a + 1 \quad \therefore a = 1$
- 수신측에서는 최대 2개까지 오류를 검출할 수 있고 단일 비트에 한해서만 오류 정정이 가능하다.
- 또한 해밍 거리 $d = 5$ 인 경우에는 에러 검출과 에러 정정 능력은 다음과 같이 되므로
  - 에러 검출 능력 : $5 \geqq t + 1 \quad \therefore t = 4$
  - 에러 정정 능력 : $5 \geqq 2a + 1 \quad \therefore a = 2$
- 에러 검출은 4개의 비트까지 검출 가능하나 에러 정정은 2개의 비트에 한해서만 가능하다.

### ③ 순환 잉여 검사 코드(CRC : Cyclic Redundancy check Code)

- CRC방식은 데이터 통신과정에서 전송되는 데이터의 신뢰성을 높이기 위한 에러 검출 방식의 일종으로 CRC검사 방식은 높은 신뢰성을 가지며 에러 검출에 의한 오버헤드가 적고 랜덤 에러나 집단적 에러를 모두 검출할 수 있어 매우 좋은 성능을

가지는 에러 검출 방식이다. 이 방식은 이진수를 기본으로 해서 모든 연산 동작이 이루어지며 전송할 데이터 비트와 CRC다항식을 나눗셈 하여 나온 나머지를 보낼 데이터의 에러 검출의 잉여 비트로 덧붙여 보내고 수신 측에서는 수신된 데이터와 함께 온 잉여분의 비트를 나누어서 나머지가 "0"이 되는지를 검사해서 에러를 검출하는 방식이다.

## 3.3 수치 데이터의 표현 방법

### 1) 고정 소수점 데이터 형식

① 컴퓨터 내부에서 소수점이 없는 정수를 표현할 때 사용하는 형식으로 2바이트(16비트)와 4바이트(32비트) 형식이 있다.

② 가장 왼쪽 비트는 부호(sign) 비트로서 양수(+)이면 0으로, 음수(–)이면 1로 표시한다.

③ 부호 비트 이외의 나머지는 정수부로서 2진수로 표현하며, 소수점은 가장 오른쪽에 고정된 것으로 가정한다.

④ 음수의 표현 방법은 컴퓨터 기종에 따라 다르며, 부호화 절대값 표현법과 1의 보수 표현법, 2의 보수 표현법이 있다. 일반적으로 2의 보수 표현법이 연산을 쉽게 할 수 있어 가장 많이 이용되고 있다.

| 0 000 0000 0000 0111 | 1 000 0000 0000 0111 |
|---|---|
| (a) 양수의 표현법(+7) | (b) 부호화 절대값 표현법(–7) |
| 1 111 1111 1111 1000 | 1 111 1111 1111 1001 |
| (c) 1의 보수 표현법(–7) | (d) 2의 보수 표현법(–7) |

〈그림 3–6〉 고정 소수점 데이터 형식의 양수와 음수 표현

### 2) 부동 소수점 데이터 형식

① 컴퓨터 내부에서 소수점이 있는 실수를 표현할 때 사용하는 형식으로 4바이트(32비트)와 8바이트(64비트) 형식이 있다.

② 가장 왼쪽 비트는 부호(sign) 비트로서 양수(+)이면 0으로, 음수(–)이면 1로 표시

한다.

③ 다음 일곱 비트는 지수부로서 지수를 2진수로 표현한다.(단, 기준값(64)+지수값을 표현한다.)

④ 나머지 비트는 가수부로서 소숫점 아래 10진 유효숫자를 2진수로 변환하여 표기한다.

## 4. 디지털 논리회로

### 4.1 집적회로(Integrated Circuit) 설계

#### 1) 불 대수(Boolean algebra)

- 컴퓨터에 사용되는 전자 회로는 입력된 정보를 논리적으로 처리하는 회로로 구성되어 있는데 이러한 기본 논리 소자를 논리 게이트(logic gate)라고 한다. 이러한 논리 게이트의 동작을 수학적 표시법으로표현한 것이 불 대수(Boolean algebra)이다.

**① 논리식과 불 대수값의 표현**

| 논리식 | 불 대수 표현 |
|---|---|
| 참(true)<br>거짓(false) | 1<br>0 |

**② 불 대수의 덧셈**

| 불 대수의 덧셈 |
|---|
| 0 +0 = 0,　0 +1 = 1<br>1 +0 = 1,　1 +1 = 1 |

**③ 불 대수의 곱셈**

| 불 대수의 곱셈 |
|---|
| 0 · 0 = 0,　0 · 1 = 0<br>1 · 0 = 0,　1 · 1 = 1 |

### ④ 불 대수의 기본 정리

- 논리 회로를 수학적으로 표현한 것이 불 대수이며, 논리 회로를 수식으로 나타내고 간소화하기 위해서 필요한 것이 불 대수의 기본 정리이다.

| 논리합의 기본 정리 | 논리곱의 기본 정리 |
|---|---|
| $X + 0 = X$ | $X \cdot 0 = 0$ |
| $X + 1 = 1$ | $X \cdot 1 = X$ |
| $X + X = X$ | $X \cdot X = X$ |
| $X + \overline{X} = 1$ | $X \cdot \overline{X} = 0$ |
| $\overline{\overline{X}} = X$ | |
| $X+Y=Y+X$(교환법칙) | $X \bullet Y=Y \bullet X$(교환법칙) |
| $X+(Y+Z)=(X+Y)+Z$(결합법칙) | $X \bullet (Y \bullet Z)=(X \bullet Y) \bullet Z$(결합법칙) |
| $X \bullet (Y+Z)=X \bullet Y+X \bullet Z$(배분법칙) | $X+Y \bullet Z=(X+Y)(X+Z)$(배분법칙) |
| $(\overline{X+Y})=\overline{X} \bullet \overline{Y}$(드모르강의 법칙) | $(\overline{X \bullet Y})=\overline{X}+\overline{Y}$(드모르강의 법칙) |
| $X + X \cdot Y = X$ | $X \cdot (X + Y) = X$ |

〈표 3-3〉 불 대수의 기본 정리

**[실전문제] 드모르강(De Morgans)의 정리에 해당되는 식은?**

가. $A \bullet B=\overline{\overline{A} \bullet \overline{B}}$　　나. $\overline{A+B}=\overline{A} \bullet \overline{B}$

다. $A+B=\overline{(\overline{A}+B)}+\overline{(A+B)}$　　라. A+AB=A

답 나

**[실전문제] 불 대수의 기본 법칙으로 틀린 것은?**

가. A+(B+C)=(A+B)+C　　나. A+(B · C)=(A+B) · (A+C)

다. A+(A · B)=A　　라. A · (A+B)=B

답 라

### ⑤ 불 대수의 응용

**예제) 다음 불 대수를 간략화 하여 보자.**

- $X(\overline{X}+Y) = X\overline{X}+XY$

$= 0+XY$

$= XY$

- $\overline{X}Y\overline{Z}+\overline{X}YZ+X\overline{Y}Z+XYZ = \overline{X}Y(\overline{Z}+Z)+XZ(\overline{Y}+Y)$

  $= \overline{X}Y+XZ$

- • $XY+\overline{X}Z+YZ = XY+\overline{X}Z+YZ(X+\overline{X})$

  $= XY+\overline{X}Z+XYZ+\overline{X}YZ$

  $= XY(1+Z)+\overline{X}Z(1+Y)$

  $= XY+\overline{X}Z$

- $A+A \cdot B = A \cdot 1 + A \cdot B$

  $= A(1+B)$

  $= A$

- $A \cdot (A+B) = AA+AB$

  $= A+AB$

  $= A \cdot 1 + A \cdot B$

  $= A(1+B)$

  $= A$

## 2) 카르노 맵(Karnaugh map)에 의한 논리식의 간략화

- 주어진 논리식을 간략화하기 위해서는 카르노 맵을 이용하는 것이 효율적이다.
- 간략화 하는 방법과 절차는 다음과 같다.
  - 변수를 센다.
  - 카르노 맵(map)을 그린다.
  - 특성 방정식이나 진리표를 보고 해당되는 곳에 1을 표시한다.
  - 인접한 1의 수를 $2^n$(1, 2, 4, 8)개로 완전 중복되지 않는 범위에서 중복을 허용하며, 가장 큰 단위로 가장 작은 횟수로 묶는다.
  - 묶여진 곳을 논리식의 합으로 표현한다.

### ① 2변수의 간략화

예) $AB+\overline{A}B$를 간략화하면

$AB+\overline{A}B = B(A+\overline{A})$

$= B \cdot 1$

$= B$

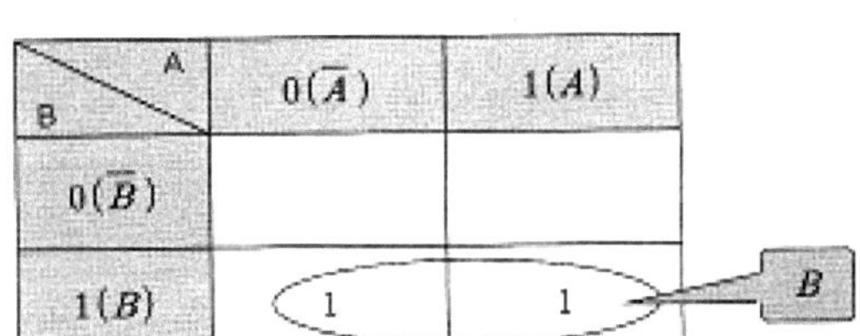


〈그림 3-7〉 2변수의 간략화

### ② 3변수의 간략화

예) $\overline{A}B\overline{C}+AB\overline{C}+\overline{A}BC+ABC+A\overline{B}C$를 간략화하면

$$\begin{aligned}&\overline{A}B\overline{C}+AB\overline{C}+\overline{A}BC+ABC+A\overline{B}C\\&=B\overline{C}(\overline{A}+A)+BC(\overline{A}+A)+AC(B+\overline{B})\\&=B\overline{C}+BC+AC\\&=B(\overline{C}+C)+AC\\&=B+AC\end{aligned}$$

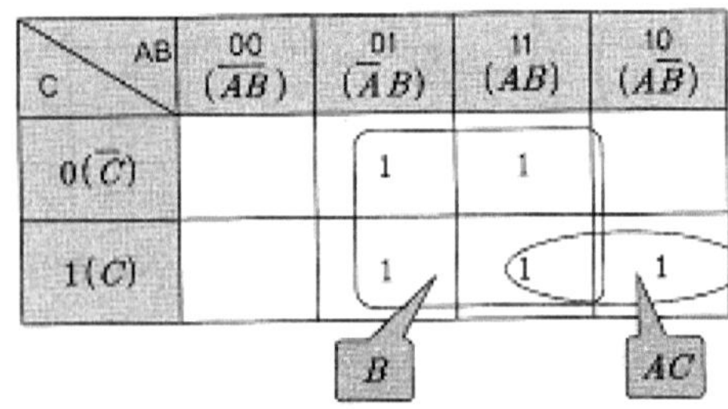


〈그림 3-8〉 3변수의 간략화

### ③ 4변수의 간략화

예) $\overline{A}B\overline{C}\overline{D}+AB\overline{C}\overline{D}+\overline{A}B\overline{C}D+AB\overline{C}D+\overline{A}BCD+ABCD$
$+\overline{A}\overline{B}C\overline{D}+\overline{A}BC\overline{D}+ABC\overline{D}+A\overline{B}C\overline{D}$ 를 간략화하면

$$\begin{aligned}&=B(\overline{A}\,\overline{C}\overline{D}+A\overline{C}\overline{D}+\overline{A}\,\overline{C}D+A\overline{C}D+\overline{A}CD+ACD+\overline{A}C\overline{D}+AC\overline{D})+C\overline{D}\\&\quad(\overline{A}\,\overline{B}+\overline{A}B+AB+A\overline{B})\\&=B\overline{A}\,\overline{C}(D+\overline{D})+A\overline{C}(D+\overline{D})+\overline{A}C(D+\overline{D})+C\overline{D}(\overline{A}(A+\overline{B})+A(B+\overline{B})\\&=B(\overline{A}\,\overline{C}+A\overline{C}+\overline{A}C+AC)+C\overline{D}(\overline{A}+A)\\&=B(\overline{C}(\overline{A}+A)+C(\overline{A}+A)+C\overline{D}\\&=B(\overline{C}+C)+C\overline{D}\\&=B+C\overline{D}\end{aligned}$$

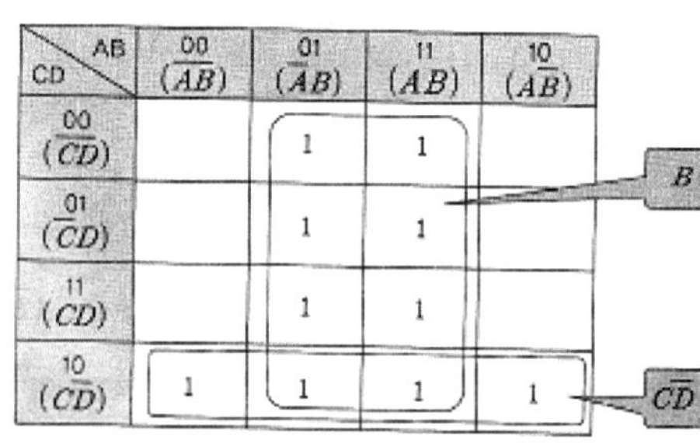


〈그림 3-9〉 4변수의 간략화

### 3) 논리게이트의 종류

#### ① OR(논리합) : $F=A+B$

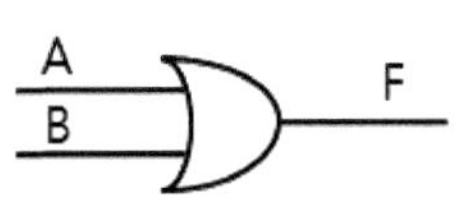


OR 게이트

| 입력 | | 출력 |
|---|---|---|
| A | B | F |
| 0 | 0 | 0 |
| 0 | 1 | 1 |
| 1 | 0 | 1 |
| 1 | 1 | 1 |

OR 게이트의 진리치표

② AND(논리곱) : $F = A \cdot B$

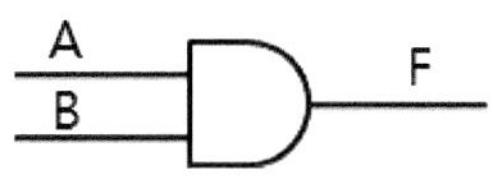


AND 게이트

| 입력 | | 출력 |
|---|---|---|
| A | B | F |
| 0 | 0 | 0 |
| 0 | 1 | 0 |
| 1 | 0 | 0 |
| 1 | 1 | 1 |

AND 게이트의 진리치표

③ NOT : $F = \overline{F}$

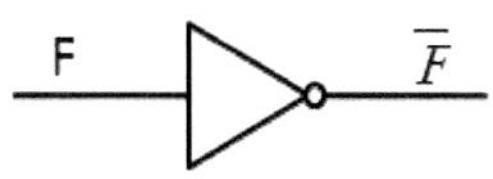


NOT 게이트

| 입력 | 출력 |
|---|---|
| F | $\overline{F}$ |
| 0 | 1 |
| 1 | 0 |

NOT 게이트의 진리치표

④ NOR : $F = \overline{A + B}$

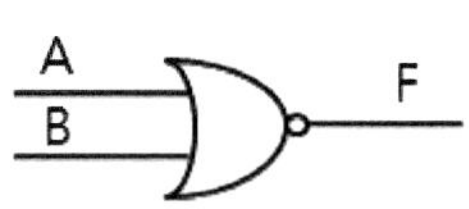


NOR 게이트

| 입력 | | 출력 |
|---|---|---|
| A | B | F |
| 0 | 0 | 1 |
| 0 | 1 | 0 |
| 1 | 0 | 0 |
| 1 | 1 | 0 |

NOR 게이트의 진리치표

⑤ NAND : $F = \overline{A \cdot B}$

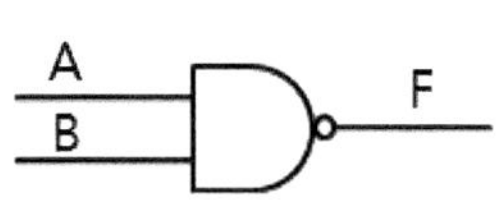


NAND 게이트

| 입력 | | 출력 |
|---|---|---|
| A | B | F |
| 0 | 0 | 1 |
| 0 | 1 | 1 |
| 1 | 0 | 1 |
| 1 | 1 | 0 |

NAND 게이트의 진리치표

⑥ **EXCLUSIVE–OR(배타적 논리합) :** $F = A \oplus B = A\overline{B} + \overline{A}B$

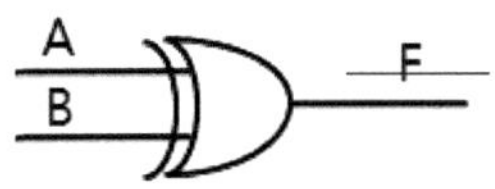


EX–OR 게이트

| 입력 | | 출력 |
|---|---|---|
| A | B | F |
| 0 | 0 | 0 |
| 0 | 1 | 1 |
| 1 | 0 | 1 |
| 1 | 1 | 0 |

EX–OR 게이트의 진리치표

⑦ **EXCLUSIVE–NOR(배타적 논리곱) :** $F = \overline{A \oplus B} = \overline{A}\,\overline{B} + AB$

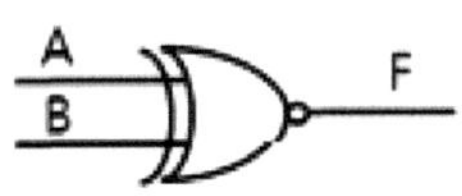


EX–OR 게이트

| 입력 | | 출력 |
|---|---|---|
| A | B | F |
| 0 | 0 | 1 |
| 0 | 1 | 0 |
| 1 | 0 | 0 |
| 1 | 1 | 1 |

EX–OR 게이트의 진리치표

> **[실전문제] 입력 A,B가 서로 다른 경우에만 1의 출력을 갖는 Gate는?**
> 가. EX–NOR　　나. NOR　　다. EX–OR　　라. NAND
>
> 답 다

### 4) 조합논리회로 설계

- 과거의 입력 조합에 관계없이 현재의 입력 상태에 의해서만 출력이 결정되며, 논리 게이트(AND, OR, NOT, XOR, XNOR 게이트)로 구성된다. 컴퓨터 내부에서 사용되는 조합 논리 회로는 가산기, 감산기, 인코더, 디코더, 멀티플렉서, 디멀티플렉서 등 많은 조합 논리 회로가 사용되고 있다.

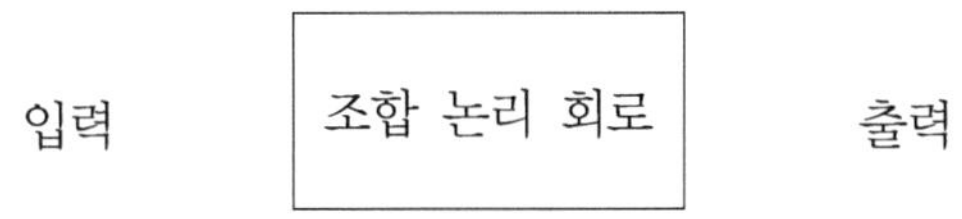


**〈그림 3–10〉 조합 논리 회로의 블록도**

## ① 가산기(Adder)와 감산기(Subtracter)

### ㉠ 반 가산기(Half Adder)

- 반 가산기는 하위자리의 자리 올림수를 고려하지 않는 가산기로서, 2개의 2진수 입력과 2개의 2진수 출력을 가지는 논리 회로이다. 두 입력은 피가수(A)와 가수(B)이고, 두 출력은 합(S:sum)과 자리올림수(C:carry)이다.

$S = A \oplus B = A\overline{B} + \overline{A}B,\ C = A \cdot B$

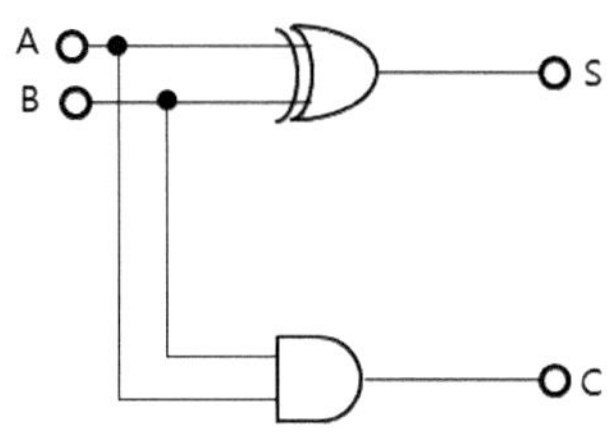


〈그림 3-11〉 반가산기 회로도

| 입력 | 출력 |
|---|---|
| A B | S C |
| 0 0 | 0 0 |
| 0 1 | 1 0 |
| 1 0 | 1 0 |
| 1 1 | 0 1 |

진리치표

**[실전문제] 반가산기(half adder)는 어떤 회로의 조합인가?**

가. AND와 OR회로　　나. AND와 NOT회로
다. EX-OR와 AND회로　　라. EX-OR와 OR회로

답 다

**[실전문제] 반가산기 회로에서 입력 A=1이고, B=1이면 출력의 합(S)과 자리올림수(C)는?**

가. S=0, C=0　　나. S=1, C=0
다. S=0, C=1　　라. S-1, C=1

답 다

### ㉡ 전가산기(FA : Full Adder)

- 전 가산기는 하위자리의 자리 올림수를 고려한 가산기로서, 3개의 2진수 입력과 2개의 2진수 출력을 가지는 논리 회로이다. 세 입력은 피가수(A)와 가수(B), 전단의 두 비트의 합에 의한 입력 자리 올림수($C_i$)이고, 두 출력은 합(S)과 자리올림수($C_o$)이다.

$$
\begin{aligned}
C_o &= \overline{A}BC_i + A\overline{B}C_i + AB\overline{C_i} + ABC_i \\
&= \overline{A}BC_i + A\overline{B}C_i + AB \\
&= (\overline{A}B + A\overline{B})C_i + AB \\
&= (A \oplus B)C_i + AB
\end{aligned}
$$

$$
\begin{aligned}
S &= \overline{A}\,\overline{B}C_i + \overline{A}B\overline{C_i} + A\overline{B}\,\overline{C_i} + ABC_i \\
&= \overline{A}(\overline{B}C_i + B\overline{C_i}) + A(\overline{B}\,\overline{C_i} + BC_i) \\
&= \overline{A}(B \oplus C_i) + A\overline{(B \oplus C_i)} \\
&= (A \oplus B) \oplus C_i
\end{aligned}
$$

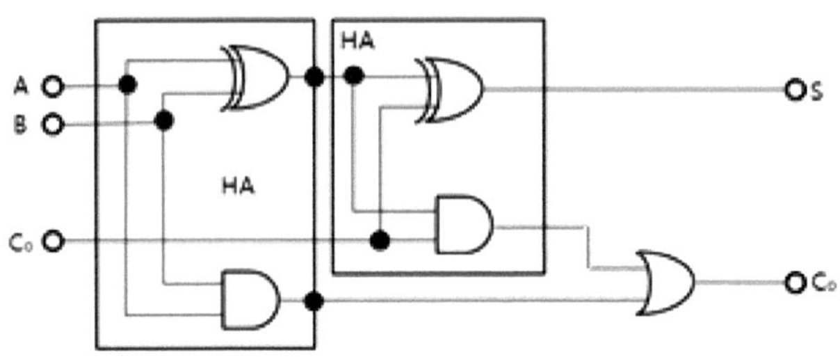


〈그림 3-12〉 전가산기의 회로도

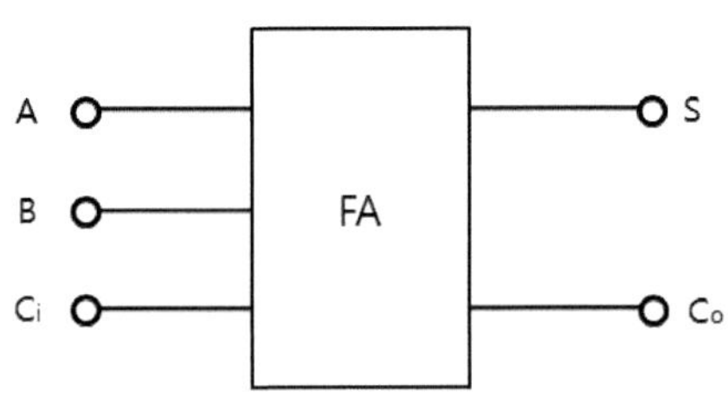


〈그림 3-13〉 전가산기의 블록도

| 입력 | | | 출력 | |
|---|---|---|---|---|
| A | B | $C_i$ | $C_o$ | S |
| 0 | 0 | 0 | 0 | 0 |
| 0 | 0 | 1 | 0 | 1 |
| 0 | 1 | 0 | 0 | 1 |
| 0 | 1 | 1 | 1 | 0 |
| 1 | 0 | 0 | 0 | 1 |
| 1 | 0 | 1 | 1 | 0 |
| 1 | 1 | 0 | 1 | 0 |
| 1 | 1 | 1 | 1 | 1 |

전가산기의 진리치표

**[실전문제] 전가산기(Full Adder)는 어떤 회로로 구성 되는가?**

가. 반가산기 2개와 AND 게이트로 구성된다.
나. 반가산기 2개와 OR 게이트로 구성된다.
다. 반가산기 1개와 AND 게이트로 구성된다.
라. 반가산기 1개와 OR 게이트로 구성된다.

답 나

[실전문제] AND gate와 EX-OR gate, 그리고 OR gate를 이용하여 3비트를 가산하는 전가산기 회로를 구성하려고 한다. 이 전가산기를 만들기 위하여 각각의 gate는 몇 개씩 필요한가?

가. AND gate: 1개, EX-OR gate: 1개, OR gate: 1개
나. AND gate: 2개, EX-OR gate: 1개, OR gate: 1개
다. AND gate: 2개, EX-OR gate: 2개, OR gate: 1개
라. AND gate: 2개, EX-OR gate: 2개, OR gate: 2개

답 다

㉢ 반감산기(HS : Half Subtracter) : 두 개의 2진수를 감산하여 자리내림수

- B(Borrow)와 차 D(Difference)를 나타내는 논리회로
- $D(차) = A \oplus B = A\overline{B} + \overline{A}B$, $B(자리내림수) = \overline{A}B$

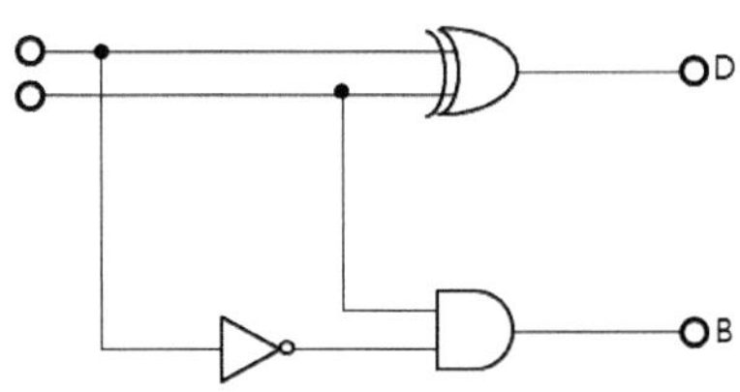


〈그림 3-14〉 반감산기의 회로도

| A | B | B(자리내림수) | D(차) |
|---|---|---|---|
| 0 | 0 | 0 | 0 |
| 0 | 1 | 1 | 1 |
| 1 | 0 | 0 | 1 |
| 1 | 1 | 0 | 0 |

반감산기의 진리치표

㉣ 전감산기(FS : Full Subtracter) : 두 개의 2진수와 전단으로부터의 자리내림수

- B(Borrow)를 감산하여 자리내림수 B와 차 D(Difference)를 나타내는 논리회로
- $D = \overline{A}\,\overline{B_i}C + \overline{A}B_iC + A\overline{B_i}\,\overline{C} + AB_iC$

$B_o = \overline{A}\,\overline{B_i}C + \overline{A}B_i\overline{C} + \overline{A}B_iC + AB_iC$

$= \overline{A}B_i + \overline{A}C + B_iC$

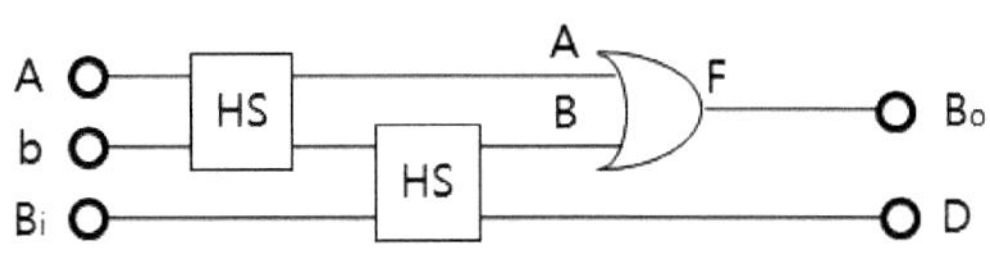


〈그림 3-15〉 전감산기의 회로도

| A | B | $B_i$ | $B_o$ | D |
|---|---|---|---|---|
| 0 | 0 | 0 | 0 | 0 |

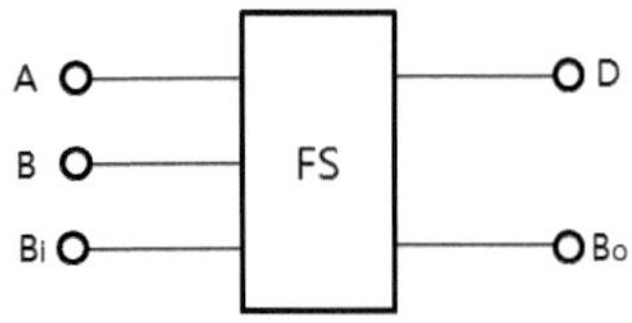


〈그림 3-16〉 전감산기의 블록도

| | | | | |
|---|---|---|---|---|
| 0 | 0 | 1 | 1 | 1 |
| 0 | 1 | 0 | 1 | 1 |
| 0 | 1 | 1 | 1 | 0 |
| 1 | 0 | 0 | 0 | 1 |
| 1 | 0 | 1 | 0 | 0 |
| 1 | 1 | 0 | 0 | 0 |
| 1 | 1 | 1 | 1 | 1 |

전감산기의 진리치표

### ② 디코더(Decoder : 복호기)

- 일명 해독기라고 하는 디코더는 n비트의 2진 코드는 2n개의 서로 다른 정보를 표현할 수 있으므로 n비트의 2진 코드를 입력받아 최대 2n개의 서로 다른 정보를 출력선에 내보내는 회로이며, 메모리의 배열(arry)등에 많이 이용된다.

### ③ 인코더(Incoder : 부호기)

- 2n개의 입력을 받아 n개의 출력을 내보내는 회로로 일명 부호기라고 한다.

**[실전문제] Encoder에 대한 설명으로 적합한 것은?**

가. 입력 신호를 2진수로 부호화하는 회로이다.
나. 2진 부호를 10진 부호로 변환하는 회로이다.
다. 출력 단자에 신호를 보내는 회로이다.
라. 입력 신호를 해독하는 해독기이다.

답 가

### ④ 멀티플렉서(Multiplexer : MUX)

- 여러 개의 입력선 중에서 하나의 입력선을 선택하여, 입력선의 데이터를 출력하는 조합 논리회로이며, 입력선을 선택하여 출력으로 연결시키기 위한 $n$개의 선택선을 갖게 되며, 멀티플렉서의 크기가 입력선의 개수로 정해지는($2^n \times 1$)의 장치로 나타낸다.

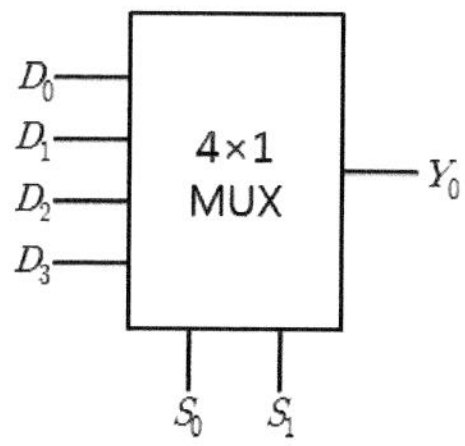


〈그림 3-17〉 4×1 멀티플렉서

| 선택선 | | 입력 |
|---|---|---|
| $S_0$ | $S_1$ | |
| 0 | 0 | $D_0$ |
| 0 | 1 | $D_1$ |
| 1 | 0 | $D_2$ |
| 1 | 1 | $D_3$ |

4×1 멀티플렉서의 진리치표

### ⑤ 디멀티플렉서(Demultiplexer : DEMUX)

- 하나의 입력선으로 데이터를 입력받아 다수의 출력선 중에서 선택된 출력선으로 데이터를 출력하는 조합논리회로로 멀티플렉서의 반대의 동작을 한다.
- 입력을 출력으로 연결시키기 위한 선택선을 갖게 되며, 디멀티플렉서의 크기가 출력선의 개수로 정해지는 $(1 \times 2^n)$의 장치로 나타낸다.

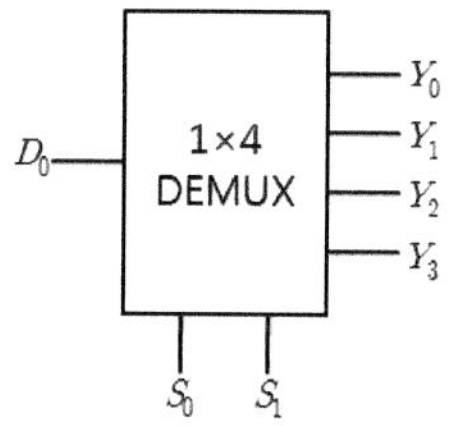


〈그림 3-18〉 1×4 디멀티플렉서

| 선택선 | | 출력 |
|---|---|---|
| $S_0$ | $S_1$ | |
| 0 | 0 | $Y_0$ |
| 0 | 1 | $Y_1$ |
| 1 | 0 | $Y_2$ |
| 1 | 1 | $Y_3$ |

1×4 디멀티플렉서의 진리치표

**[실전문제] 다음 중 조합논리회로의 특성에 해당되지 않는 것은?**

가. 출력은 입력신호의 값에 따라 결정된다.
나. 기억 능력이 없다.
다. 출력은 입력신호와 이전의 입력신호에 따라 결정된다.
라. 논리 게이트의 조합으로 구성된다.

답 다

**[실전문제] 다음 중 조합 논리회로가 아닌 것은?**

가. encoder 나. counter 다. multiplexer 라. full adder

답 나

### 5) 순서논리회로 설계

- 조합 논리 회로와 피드백 기능을 결합하여 메모리 기능을 수행하는 논리 회로로서 동기식과 비동기식이 있다.

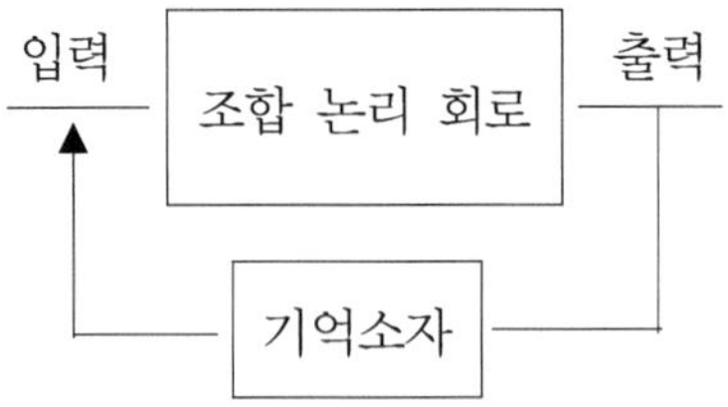


〈그림 3-19〉 순서 논리 회로의 블록도

#### ① 플립플롭((Flip-Flop)

- 플립플롭은 2진 부호 0 또는 1을 기억하는 최소 기억 소자로 임시 기억장소라고 한다.

㉠ RS 플립플롭

- 가장 기본적 플립플롭으로 S(set)와 R(Reset)의 두 입력과 Q와 $\overline{Q_n}$의 출력을 갖는다.

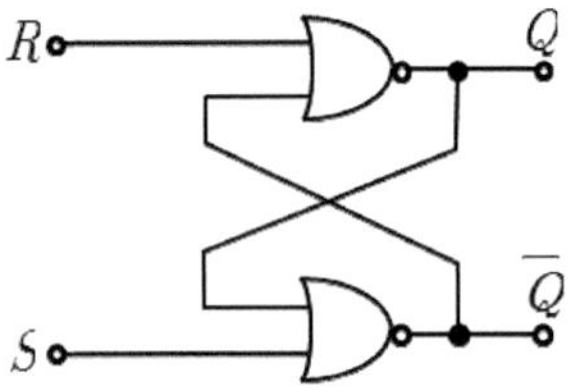


〈그림 3-20〉 RS 플립플롭의 회로

| R | S | $Q_{n+1}$ |
|---|---|---|
| 0 | 0 | $Q_n$ |
| 0 | 1 | 1 |
| 1 | 0 | 0 |
| 1 | 1 | 부정 |

RS F/F의 진리치표

㉡ JK 플립플롭

- JK 플립플롭은 RS 플립플롭으로 만들었으며 두 입력이 동시에 1이 입력되었을 때 Toggle현상이 출력된다.

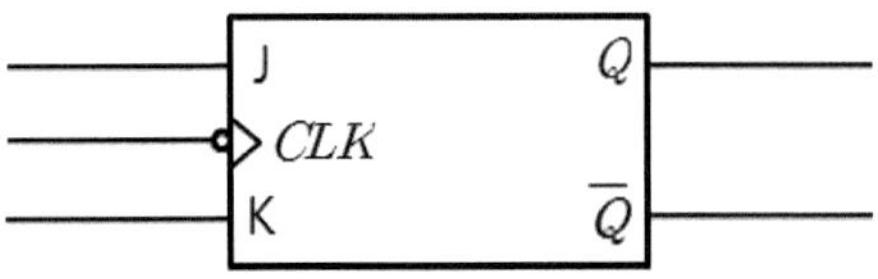


〈그림 3-21〉 JK F/F의 도형

| J | K | $Q_{n+1}$ |
|---|---|---|
| 0 | 0 | $Q_n$(유지상태) |
| 0 | 1 | $Q_n$ |
| 1 | 0 | 0 |
| 1 | 1 | toggle |

JK F/F의 진리치표

ⓒ T 플립플롭

- T 플립플롭은 JK 플립플롭의 두 입력을 하나로 묶어 항상 입력이 동일하게 들어가게 한 플립플롭으로 0 입력 때 유지상태, 1 입력 때 Toggle현상이 출력된다.

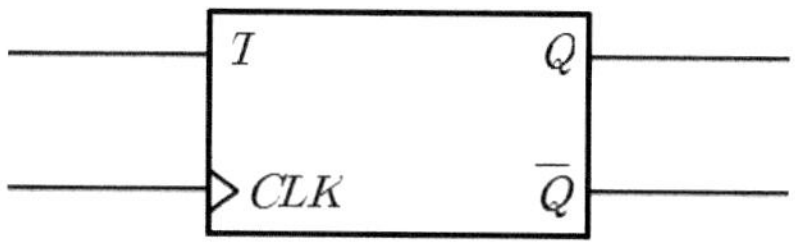


〈그림 3-22〉 T F/F의 도형

| T | JK | $Q_{n+1}$ |
|---|---|---|
| 0 | 00 | $Q_n$(유지상태) |
| × | × | ×(사용안함) |
| × | × | ×(사용안함) |
| 1 | 11 | toggle |

T F/F의 진리치표

ⓔ D 플립플롭

- D 플립플롭은 JK 플립플롭의 두 입력을 하나로 묶고 K입력 앞에는 인버터(inverter)를 달아 놓은 형태로 두 입력에 항상 다른 입력이 들어가 0 입력 때 J=0, K=1, 1 입력 때 J=1, K=0이 출력된다.

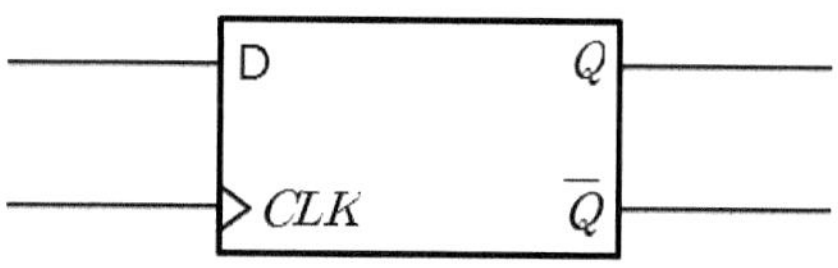


〈그림 3-23〉 D F/F의 도형

| D | JK | $Q_{n+1}$ |
|---|---|---|
| × | × | ×(사용안함) |
| 0 | 01 | 0 |
| 1 | 10 | 1 |
| × | × | ×(사용안함) |

D F/F의 진리치표

**[실전문제] RS플립플롭을 변형한 것으로서, 입력이 1일 경우 클록펄스가 있을 때마다 출력이 번갈아 바뀌는 것은?**

가. D플립플롭　　나. JK플립플롭　　다. M/S플립플롭　　라. T플립플롭

답 라

**[실전문제] 일반적인 정보 단위의 구성에 nibble은 몇 bit인가?**

가. 2　　나. 4　　다. 8　　라. 16

답 나

② **카운터(Counter)**

- 입력 신호에 따라 미리 정해진 순서대로 출력의 상태가 변하는 순서논리회로로서, 펄스의 트리거(trigger)방법에 따라 동기형 카운터와 비동기형 카운터로 분류된다.

㉠ 동기형 카운터(synchronous counter)

- 모든 플립플롭의 클록이 병렬로 연결되어 한 번의 클록 펄스에 대하여 모든 플립플롭이 동시에 동작(트리거)되는 카운터를 말하며, 비동기형 카운터보다 동작속도가 빠르므로 고속회로에 이용한다.

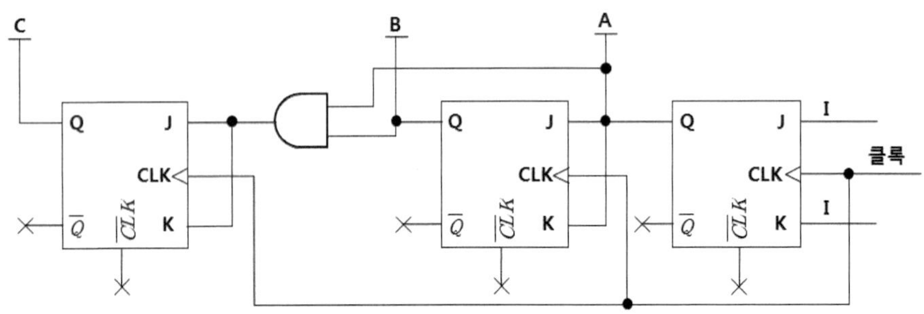


〈그림 3-24〉 동기형 8진 카운터 회로

㉡ 비동기형 카운터(asynchronous counter)

- 모든 플립플롭이 전단의 출력 변화를 클록으로 이용하는 카운터로서 일명 리플카운터라 하며, 동작지연이 발생하므로 동기형보다 속도는 느리나 회로의 구성이 간단하다.

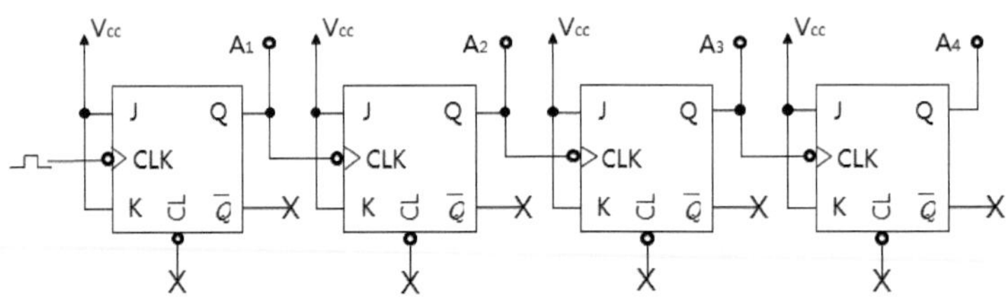


〈그림 3-25〉 비동기형 16진 카운터

③ **레지스터(Resister)**

- 중앙처리장치가 적은 양의 데이터나 처리 과정에 필요한 데이터를 일시적으로 저장하기 위해 사용되는 고속의 기억회로이며, 명령 레지스터, 주소 레지스터, 색인 레지스터 등 보통 플립플롭으로 구성한다.

# 논리회로 핵심문제

01. 모드-6 카운터를 구성하기 위한 플립플롭의 최소수는?

답 3

02. 그레이 코드(Gray code) $(01011111)_g$을 2진 코드로 변환하시오.

답 $(01101010)_2$

03. 전가산기(FA)의 회로 구성은?

답 2개의 반가산기와 1개의 OR Gate로 구성

04. T 플립플롭에서 T=0일 때 $Q_{n+1}$의 동작 상태는?

답 불변

05. 10개의 입력 선과 16개의 출력 선을 갖는 ROM이 있다. 이 ROM의 전체 Bit 수는?

답 $2^{10} \times 16$

06. 다음과 같은 게이트의 출력을 나타낸 것은?

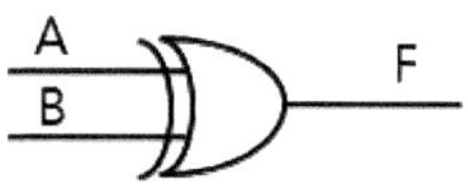


답 $A\overline{B} + \overline{A}B$

07. 다음은 무슨 회로인가?

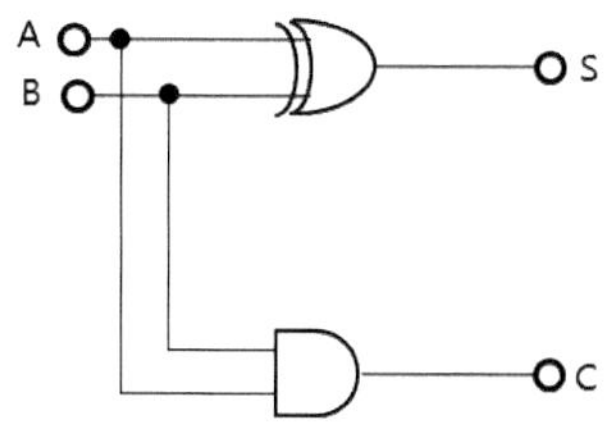


답 반가산기

08. 비동기식 5진 계수 회로는 몇 개의 플립플롭을 필요로 하는가?

답 3개

09. 메모리의 size가 2048 * 16일 때 MAR, MBR의 size는 어떻게 되는가?
(단, MAR: Memory Address Register,
MBR: Memory Buffer Register)

답 MAR=11, MBR=16

10. 디코더(decoder)은 어떤 회로의 집합으로 이루어지는가?

답 AND회로

11. 10진수의 45를 16진수로 변환한 것은?

답 2D

**12.** 다음과 같은 카르노드 맵을 가장 간단한 논리식으로 나타내면?

| C \ AB | 00 | 01 | 11 | 10 |
|---|---|---|---|---|
| 0 | 1 | 0 | 0 | 1 |
| 1 | 1 | 0 | 0 | 1 |

답 $\overline{B}$

**13.** J-K 플립플롭의 특성 방정식은?

답 $Q_{n+1} = J_n \overline{Q_n} + \overline{K_n} Q_n$

**14.** 다음 중 16진수 B6을 2진수로 표시한 것으로 옳은 것은?

답 10110110

**15.** 4 입력 변수의 Decoder는 몇 개의 출력을 갖는가?

답 $2^4$개

**16.** 순서논리회로를 설계하려 할 때 그 순서는?

> ① 상태도를 구성, FF(Flip-Flop)의 종류와 수 결정
> ② 여기 표에 의해 상태 표 구성
> ③ 간략화
> ④ 회로 구성

답 ①-②-③-④

**17.** 마스터슬레이브 플립플롭은 어떤 문제를 해결하기 위한 회로인가?

답 레이스(Race)현상

**18.** A와 B가 입력일 때 반감산기에서 자리 내림수의 기능은?

답 $\overline{A}B$

**19.** 여러 개의 입력 중에서 하나를 선택하여 출력단에 내보내는 장치는?

답 multiplexer

**20.** 다음의 논리 식을 간단히 하면 그 결과로 옳은 것은?

> "F=AB+AC+BC"

답 AC+BC

**21.** 순차회로를 동기 순차회로와 비동기 순차회로로 구별하는 기준은?

답 신호의 타이밍(timing)

**22.** 그림과 같은 논리회로에서 $S_1$과 $S_0$가 각 각 0, 1의 값을 가질 때 y는 어떤 값이 되는가?

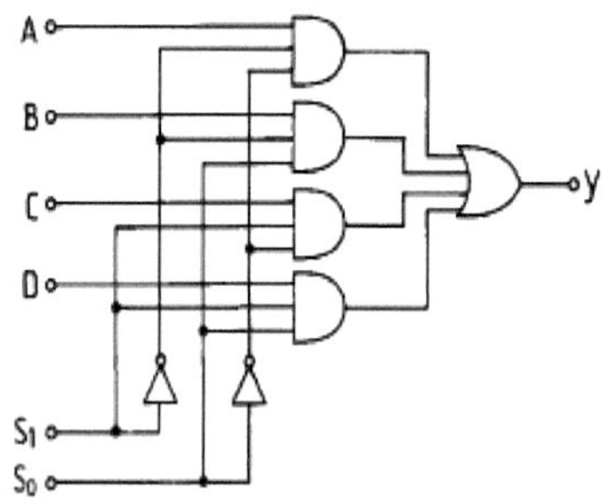


답 B

**23.** 다음 입·출력 표와 같이 동작하는 회로는?

| 입력 | | 출력 | | | |
|---|---|---|---|---|---|
| X | Y | $D_0$ | $D_1$ | $D_2$ | $D_3$ |
| 0 | 0 | 1 | 0 | 0 | 0 |
| 0 | 1 | 0 | 1 | 0 | 0 |
| 1 | 0 | 0 | 0 | 1 | 0 |
| 1 | 1 | 0 | 0 | 0 | 1 |

답 디코더

**24.** 10진수 24를 BCD code로 나타내면?

답 00100100

**25.** JK flip–flop에서 $J_n = K_n = 0$일 때 클록펄스가 인가되면 다음 상태 $Q_{n+1}$은?

(단, 현재 상태는 $Q_n$이다.)

답 $Q_n$

**26.** 병렬 가산기의 특징은?

답 ① 연산 처리가 직렬 가산기에 비해 빠르다.
② 가산 자릿수만큼 가산 회로가 사용된다.
③ 기계가 복잡하다.
④ 가격이 직렬 가산기에 비해 비싸다.

**27.** 산술연산과 논리연산 동작을 수행한 후 결과를 축적하는 register는?

답 누산기

**28.** 다음에 수행할 명령의 주소를 기억하고 있는 레지스터는?

답 Program Counter

**29.** 1001111의 2의 보수를 구하면?

답 0110001

**30.** $2^{12} \times 6$ ROM이 있다. 이 ROM의 입력 신호와 1WORD 당 비트 수는?

답 12개, 6비트

**31.** 플리플롭(flip flop) 중에서 입력 상태가 그대로 출력되는 것은?

답 D플립플롭

**32.** 시간 폭이 매우 좁은 트리거 펄스열이 입력단에 가해진다면, 이 펄스가 나타나는 순간마다 출력 상태가 바뀌는 플립플롭은?

답 T플립플롭

**33.** 한 플립플롭의 출력이 다른 플립플롭을 구동시키는 계수기는?

답 리플 계수기

**34.** 입력 펄스에 따라 미리 정해진 순서대로 상태가 변화하는 레지스터로서 발생 횟수를 세거나 동작 순서를 제어하기 위한 타이밍(timing) 신호를 만드는데 가장 적합한 회로는?

답 카운터

**35.** 다음 회로가 나타내는 것은?

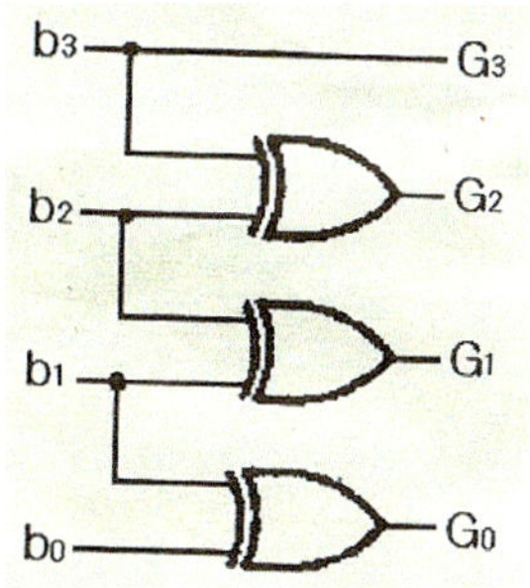


답 2진수를 그레이 코드로 변환하는 회로

**36.** 10진수 943을 3초과 코드로 표시하면?

답 110001110110

**37.** 다음 계수기의 명칭으로 옳은 것은?

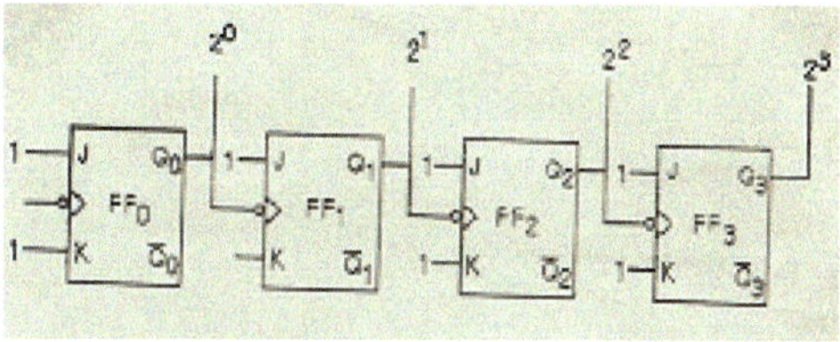


답 4비트 2진 상향 비동기 계수회로

**38.** 2진수 1011.11을 10진수로 표시하면?

답 11.75

**39.** 송신기가 ASCⅡ 코드 1100101을 홀수 패리티를 사용하여 전송한다면 11001011을 보내게 된다. 이 때, 수신 측에서의 논리적인 검사방식에 주로 사용되는 논리회로는?

답 EX-OR

**40.** 다음 중 10개의 플립플롭을 사용하여 만들 수 있는 카운터의 모듈러스 값과 최대 카운터 값은?

답 1024, 1023

**41.** 다음 논리회로의 기능을 나타낸 이름 은?

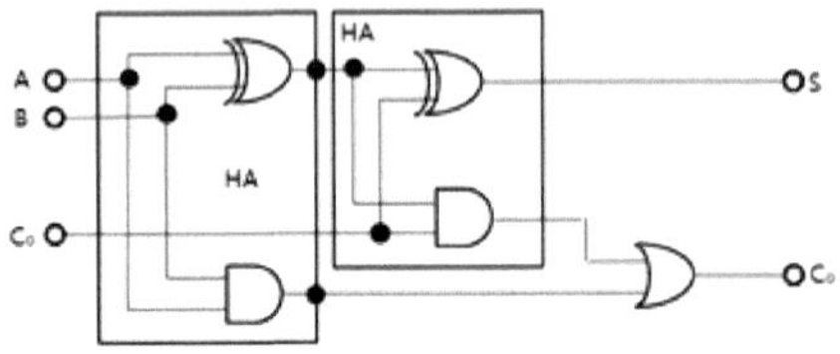


답 전가산기(full-adder)

**42.** 다음 진리표를 보고 논리 식을 바르게 구한 식은?

| A | B | C | X |
|---|---|---|---|
| 0 | 0 | 0 | 0 |
| 0 | 0 | 1 | 1 |
| 0 | 1 | 0 | 1 |
| 0 | 1 | 1 | 1 |
| 1 | 0 | 0 | 0 |
| 1 | 0 | 1 | 1 |
| 1 | 1 | 0 | 0 |
| 1 | 1 | 1 | 1 |

답 $F=\overline{A}B+C$

**43.** 정보비트를 해밍 부호화시 요구되는 해밍비트의 수를 구하는 공식은? (단, p는 데이터 비트를 전송하기 위해 요구되는 중복 비트 수, m은 데이터 비트 수)

답 $2^p \geq p+m+1$

**44.** 다음 그림과 같은 회로는?

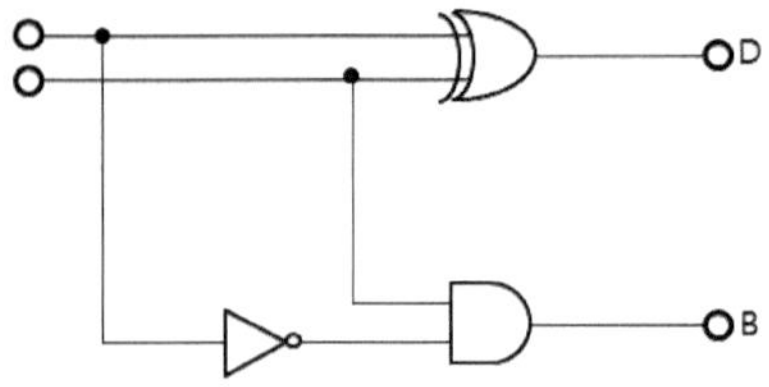


답 반감산기 회로

**45.** 10진수 27을 2진화 10진수로 나타낸 것은?

답 $(0010\ 0111)_{BCD}$

**46.** JK 플립플롭의 4가지 동작 형태 중에서 두 입력이 모두 "1"일 때 어떤 동작 출력이 발생되는가?

답 toggle

**47.** 데이터 전송에 있어 시간 지연을 만드는 플립플롭은?

답 D

**48.** T형 플립플롭 3개를 종속 접속한 회로에 주파수 80[kHz]의 입력 펄스를 인가할 때 출력의 주파수는?

답 10[kHz]

**49.** T형 플립플롭 4개를 종속 접속하고 어떤 주파수를 인가하였더니 출력 주파수가 10[kHz]였다면 입력 주파수는 얼마인가?

답 160[kHz]

**50.** 전 가산기(full adder)의 구조를 올바르게 설명한 것은?

답 2개의 반 가산기와 1개의 OR 회로로 구성

**51.** 전 가산기(full adder)의 입 출력 개수는?

답 입력 3개, 출력 2개

**52.** 컴퓨터의 키(key)를 누르면 어떤 회로를 거쳐서 코드 화되는가?

답 부호기(encoder)

**53.** 인코더(encoder)의 회로 구성 시 사용되는 Gate의 집합은?

답 OR gate

**54.** $2^n$ 보다 적은 출력 선을 가지면서 n개의 입력 선 으로부터의 2진 정보를 최대 $2^n$ 개의 독자적인 출력선 으로 변환시키는 조합 회로는?

답 디코더

**55.** 다음 그림은 3비트 홀수 패리티 발생기 회로이다. 입력이 A=0, B=1, C=1 일 때 출력 P 는?

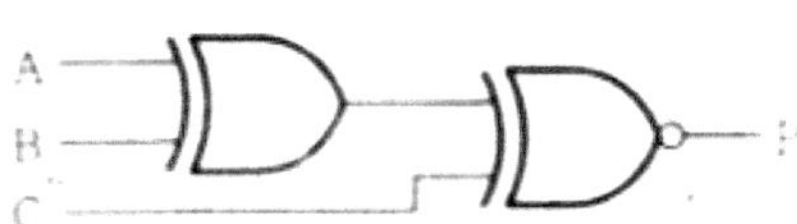


답 1

**56.** 8진수 $(567)_8$을 16진수로 표시하면?

답 $(177)_{16}$

**57.** 2진수로 처리할 때 bit의 뜻은?

답 binary digit

**58.** 다음은 2진 연산이다. □안에 들어갈 것으로 맞는 것은?

$$\begin{array}{r} 1 \\ + \ \square \\ \hline 1\ 0 \end{array}$$

답 $(1)_2$

**59.** 플립플롭이 갖는 안정 상태는?

답 2개

**60.** RS 플립플롭을 JK 플립플롭으로 바꾸고자 할 때 필요한 게이트는?

답 AND 게이트 2개

# 반도체 설계 실습과 이론

초판 1쇄 발행 2012년 06월 25일
초판 5쇄 발행 2021년 11월 05일
저　　자 이병진, 김한기, 엄우용
발 행 인 이범만
발 행 처 **21세기사** (제406-00015호)
경기도 파주시 산남로 72-16 (10882)
Tel. 031-942-7861 Fax. 031-942-7864
E-mail : 21cbook@naver.com
Home-page : www.21cbook.co.kr
ISBN 978-89-8468-436-2

**정가 20,000원**